FENG JING YUAN LIN SHU MU XUE SHI XI JIAO CHENG

风景园林树木学实习教程

南方本

主编 / 廖飞勇　黄琛斐

中国林业出版社

图书在版编目（CIP）数据

风景园林树木学实习教程·南方本 / 廖飞勇 主编.
-- 北京 : 中国林业出版社 , 2015.12（2020.8 重印）
ISBN 978-7-5038-8292-0

Ⅰ.①风… Ⅱ.①廖… Ⅲ.①园林树木—实习—高等学校—教材
Ⅳ.① S68-45

中国版本图书馆 CIP 数据核字 (2015) 第 298401 号

中国林业出版社
责任编辑：李顺　李辰
出版咨询：（010）83143569

出版：中国林业出版社（100009 北京西城区德内大街刘海胡同 7 号）
网站：http://lycb.forestry.gov.cn/
印刷：河北京平诚乾印刷有限公司
发行：中国林业出版社
电话：（010）83143500
版次：2017 年 2 月第 1 版
印次：2020 年 8 月第 2 次
开本：889mm × 1194mm　1 / 16
印张：19
字数：350 千字
定价：58.00 元

前 言

园林树木极具观赏价值。能够在园林中应用的种类较多，实际应用的种类也在不断地增加。本识别手册中的树木种类以中南地区为主，增加了部分热带和南亚热带种类。本书的裸子植物分类系统采用郑万钧的分类系统，被子植物采用克朗奎斯特系统。本手册共计 109 科 780 种。从植物的形态特征、习性、观赏特征和园林应用四个方面进行简要的介绍，并配相关局部的图片，注重园林应用及图片的原创性，适合园林绿化工作者、大专院校学生及广大植物爱好者使用。

在编写过程中，文字资料主要参考了《中国植物志》、陈有民先生主编的《园林树木学》和其他学者的相关资料。本手册以廖飞勇主编的《风景园林树木学》为基础进行修改和编辑，图片主要来源于该教材，增加一些新的品种和种类。颜玉娟、魏薇、连艳芳、蒋慧、夏青芳、蔡思琪、晏丽（吉首大学）参与了文字工作编写工作，廖飞勇和黄琛斐负责全书的编写和审订。建议本手册与《风景园林树木学》配合使用，能更详细了解树树木的习性及园林应用。

在本书的编写过程中，得到了中南林业科技大学资助和中南林业科技大学风景园林学院沈守云教授的大力支持，十分感谢！

由于水平所限，书中不妥之处在所难免，恳请广大读者提出宝贵意见和建议，以臻更加完善。

作　者

2015 年 4 月 10 日于中南林业科技大学

园林树木的识别

对园林树木识别的目的是为了更科学合理地应用树木，在满足树木生态习性的条件下，体现树木的观赏性，营造出健康、生态和赏心悦目的植物景观，因而对树木的识别是园林树木应用的基础。树木的形态特征很多，包括株形、叶、花、果、茎和根，对一种树木不可能也没有必要熟记所有特征，抓住其中的几个关键特别是识别树木的决窍，因而在本手册中，着重叙述了树木识别的关键点。

对树枝的识别，可以宏观到细部、从大到小、从远到近把握。如玉兰，远观为落叶大乔木，树形宽阔，叶大，绿色。如果不能远观判断其是否为玉兰。需要近距离观看，其一是枝上有环状托叶痕，这是木兰科的特征之一；其二是叶基部楔形，叶先端较宽，有突尖；其三，先花后叶，花大，花瓣白色。从这些特征可以明确该树木为玉兰。除此之外，应观赏其生境特点：强光环境，玉兰种置的地点往往较高，无积水，生长较好的个体一般种置于肥沃、排水良好而带微酸性的砂质土壤上。其四，总结树木在园林中的应用形式，玉兰一般用作园路树、庭院树、园景树。古时多在亭、台、楼、阁前栽植。现多见于园林、厂矿中孤植，散植，或于道路两侧作行道树。北方也有作桩景盆栽。

此外，对同类型或有相似特征的树木进行对比，便于识别与区分。如玉兰、二乔玉兰和紫玉兰，玉兰为乔木，花瓣白色，叶最宽的位置在靠叶先端的位置；二乔玉兰为灌木，花瓣外面紫红色，里面白色，叶最宽的位置在叶中间；紫玉兰为玉兰与紫玉兰的杂交种，因而为小乔木，花瓣外面紫红色，里面白色，叶最宽的位置在叶中间；通过比较，三种树木能很好地区分开。野外识别树木种类数量达到一定数量以后，将所掌握的种类进行归类，如按花、果、叶、形等观赏特征进行归类，或按，如耐荫、耐水、耐干旱瘠薄、耐污染或耐火等生态习性进行归类，按园林应用方式进行归纳，以便能更好地园林中应用。

目 录

本手册
共收录

109 科

780 种

一 苏铁科 Cycadaceae

1 苏铁 *Cycas revoluta* Thunb 苏铁属

别名：凤尾蕉、避火蕉、铁树

形态特征：茎干园柱状，不分枝。叶螺旋状排列，叶从茎顶部生出。小叶线形，初生时内卷，后向上斜展，微呈"V"字形。边缘显著向下反卷，叶脉上面的中央无凹槽。种子 10 月成熟，熟时红褐色或橘红色。

习性：喜温暖、湿润气候；不耐寒 (0℃即受冻)。

分布：福建、台湾、广东、海南。长江中下流有栽培。日本、印尼及菲律宾亦有分布。

园林应用：园景树、专类园、盆栽观赏。

2 篦齿苏铁 *Cycas pectinata* Griff. 苏铁属

形态特征：常绿乔木。一回羽状复叶。羽状叶长 1.2 ~ 1.5m，通常直而不弯垂，叶上面深绿色，中脉隆起，脉的中央常有一条凹槽。种子熟时暗红褐色

习性：喜温暖、湿润气候；不耐寒 (0℃即受冻)；忌盐碱化和粘质土；不耐水湿。

分布：云南南部和西双版纳地区。东南亚有分布。

园林应用：园景树、专类园、盆栽观赏。

3 叉叶苏铁 *Cycas micholitzii* Dyer 苏铁属

别名：龙口苏铁、叉叶凤尾草、虾爪铁

形态特征：多年生常绿乔木。主干柱状，大型羽状叶，丛生于茎顶部，羽片作二叉分歧，羽片 20 ~ 40 对。小羽片长 20 ~ 40cm，宽 1.7 ~ 2.5cm，二叉状裂；裂片成条形。

习性：生长海拔上限 700m 生于石灰岩山地的灌丛和草丛中。不耐寒，在湖南不能露地过冬。

分布：广西龙州、大新、崇左及云南弥勒。越南北部。

园林应用：园景树、专类园、盆栽观赏。

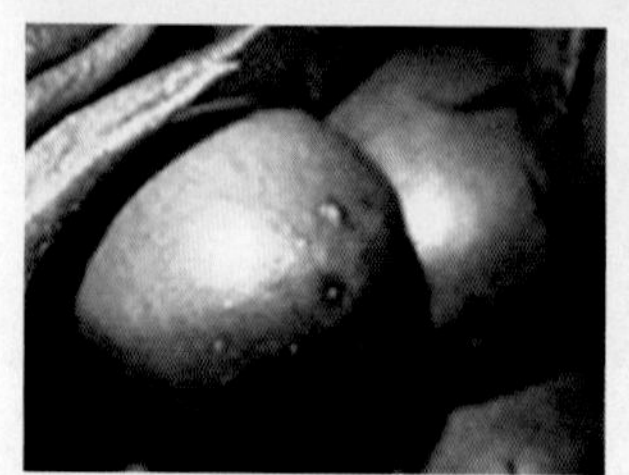

4 多歧苏铁 *Cycas multipinnata* C.J. Chen & S.Y. Yang 苏铁属

形态特征：树干高 20~40cm，直径 10~20cm，褐灰色，叶痕宿存。羽叶 1~2 片，长达 3~4.85m，宽 70~150cm，三回羽状深裂，一回羽片 6~11 对，近对生，披针形，下部一对最长，长 85~105cm，宽 40~60cm；二回羽片 6~11 枚，5~7 枚二叉分歧互生，具 1~2.5cm 的小叶柄；三回羽片 3~5 次二叉分歧；小羽片长 7~22cm，宽 1~2.4cm，中脉两面稍隆起，边缘平或微波状；叶柄长 0.9~2.7m。小孢子叶球圆柱形，黄色，长 35cm，直径 8cm，基部柄长 3.5cm。大孢子叶顶片卵形，两侧约具 15 对钻形裂片，裂片长 2~3.5cm；种子近球形，径约 3cm。花期 4~5 月，果期 9~10 月。

习性：海拔下限 150，海拔上限 1000。生长在中低山石灰岩山地雨林下。

分布：云南省红河以北个旧、蒙自、屏边、河口等县。

园林应用：园景树、专类园、盆栽观赏。

二 泽米杺铁科 Zamiaceae

1 鳞秕泽米 *Zamia furfuracea* Ait. 泽米铁属

别名：南美苏铁、墨西哥苏铁、鳞秕泽米铁

形态特征：多为单干，干桩高 15 ~ 30cm，有时呈丛生状，粗圆柱形，多年生植株的总干基部茎盘处，常着生幼小的萌蘖；叶为大型偶数羽状复叶，丛生于茎顶，长 60 ~ 120cm，硬革质，叶柄长 15 ~ 20cm，疏生坚硬小刺，密被褐色绒，羽状小叶 7 ~ 13 对，小叶长椭圆形，两侧不等，基部 2/3 处全缘，上部密生钝锯齿，顶端钝尖，新叶黄绿色，密被羞涩毛；雌雄异株，雄花序松球状，长 10 ~ 15cm，雌花序掌状。

习性：喜强光，不耐荫。喜湿润的土壤。稍耐寒，能耐 −5 ~ 0℃低温。

分布：原产于墨西哥韦拉克鲁斯州。我国南方有引种。

园林应用：园景树、盆栽及盆景观赏。

三 银杏科 Ginkgoaceae

1 银杏 *Ginkgo biloba* Linn. 银杏属

别名：白果、公孙树、白果树、公孙果、子孙树

形态特征：落叶大乔木，幼树树皮近平滑，浅灰色，大树之皮灰褐色，不规则纵裂，有长枝与生长缓慢的距状短枝。叶互生，在长枝上辐射状散生，在短枝上 3 ~ 5 枚成簇生状，有细长的叶柄，扇形，顶缘多少具缺刻或 2 裂，宽 5 ~ 8cm。雌雄异株；雄球花成葇荑花序状；雌球花有长梗，梗端常分两叉。橙黄色的核果状，直径 1.5 ~ 2cm，被白粉。花期 4 月，果期 10 月。

习性：阳性喜光树木；深根性；较耐干旱；能耐 −32.9℃低温；耐高温多雨环境；不耐积水和盐碱。

分布：仅浙江天目山有野生。辽宁到广州，浙江到云南等 21 省均有栽培。

园林应用：行道树、庭荫树、园路树、园景树、风景林、树林、防护林、盆栽及盆景观赏。

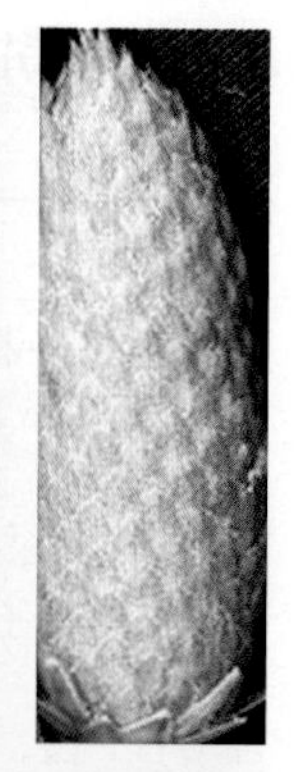

四 南洋杉科 Araucariaceae

1 南洋杉 *Araucaria cunninghamii* Sweet.

南洋杉属

别名：鳞叶南洋杉、尖叶南洋杉、南洋杉

形态特征：常绿乔木，高 60 ~ 70m，胸径 1m 以上，树冠尖塔形，层次分明，老树平顶状。大枝轮生，侧生小枝密生，平展或下垂。叶锥、针形、镰形或三角形，长 7 ~ 17mm，基部宽约 2.5mm，排列疏松，开展。大树及球花枝之叶卵形、三角状卵形或三角形。球果卵形或椭圆形，长 6 ~ 10cm，直径 4.5 ~ 7.5cm。

习性：喜光；稍耐荫，喜半遮荫的生长环境；喜温暖、高湿气候；喜肥沃土壤；不耐干旱和寒冷；较抗风，生长迅速；再生能力强。

分布：原产大洋洲沿海地区。我国华南等地有栽培。

园林应用：园景树、园路树、庭荫树、盆栽观赏及特殊环境绿化。

2 大叶南洋杉 *Araucaria bidwillii* Hook.

南洋杉属

别名：披针叶南洋杉、澳洲南洋杉

形态特征：常绿乔木，树冠塔形，原产地高达 50m，胸径达 1m。大枝平展，侧生小枝密生，下垂；小枝绿色，光滑无毛。叶卵状披针形、披针形或三角状卵形，厚革质，无主脉，具多数并列细脉；下面有多条气孔线；花果枝，老树及小枝两端的叶排列较密，长 0.7 ~ 2.8cm。雄球花单生叶腋，圆柱形。球果大，宽椭圆形或近圆球形，长达 30cm，径 22cm。花期六月，球果第三年秋后成熟。

习性：喜光；稍耐荫；喜温暖、高湿气候；喜肥沃土壤；不耐干旱和寒冷；较抗风。

分布：原产澳大利亚沿海地区。我国福建、厦门、广州等地有栽培。

园林应用：园景树、园路树、庭荫树、盆栽观赏及特殊环境绿化。

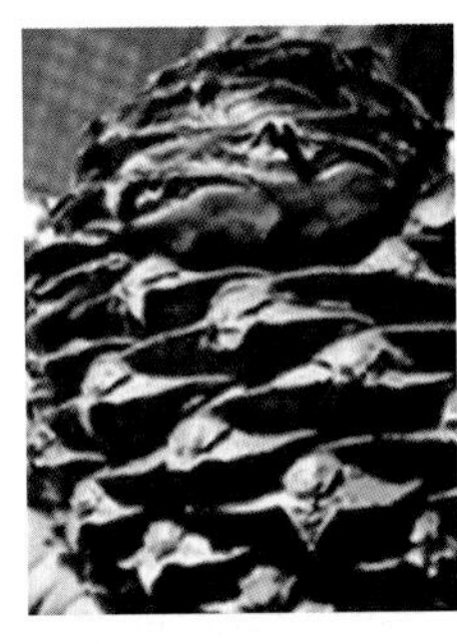

3 贝壳杉 *Agathis dammara* (Lamb.) Rich

贝壳杉属

别名：新西兰贝壳杉、昆士兰贝壳杉

形态特征：常绿乔木，在原产地高达 38m，胸径达 45cm 以上；树皮厚，带红灰色；树冠圆锥形，枝条微下垂，幼枝淡绿色，冬芽顶生，具数枚紧贴的鳞片。叶深绿色，革质，矩圆状披针形或椭圆形，长 5 ~ 12cm，宽 1.2 ~ 5cm，具多数不明显的并列细脉，边缘增厚，反曲或微反曲，先端通常钝圆，叶柄长 3 ~ 8mm。球果近圆球形或宽卵圆形，长达 10cm。

习性：幼苗喜半阴，大树喜阳光。越冬温度不低于 10℃。

分布：原产马来半岛和菲律宾。我国厦门、福州等地引种栽培。

园林应用：园景树。其应用方式常为孤植、列植、丛植，与草坪配合。

五 松科 Pinaceae

1 日本冷杉 *Abies firma* Sieb. et Zuce.　冷杉属

形态特征：常绿大乔木。高达 50m，主干挺拔，阔圆锥形树冠。树皮灰褐色。常龟裂，幼枝淡黄灰色，凹槽中密生细毛。叶线形，扁平，基部扭转呈两列，向上成 V 形，表面深绿色而有光泽，先端钝，微凹或二叉分裂（幼龄树均分叉），背面有两条灰白色气孔带。花期 3 ~ 4 月，果 10 月成熟。

习性：耐寒、抗风。喜凉爽湿润气候。适于土层深厚、肥沃含沙质的酸性 (pH5.5 ~ 6.5) 灰化黄壤。

分布：原产日本。我国大连、青岛、南京、江西庐山、浙江以及台湾等地引种栽培。

园林应用：园路树、园景树。适于公园、陵园、广场甬道之旁或建筑物附近成行配植。

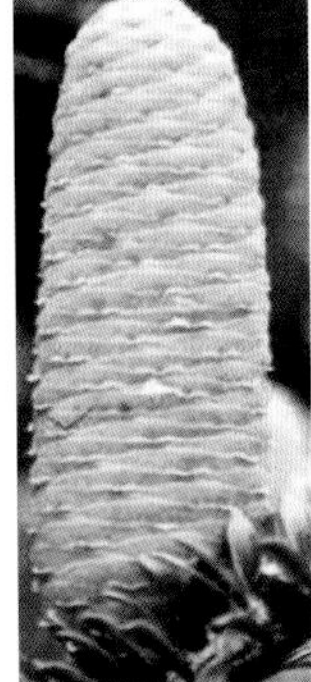

2 铁坚油杉 *Keteleeria davidiana* (Bertr.) Beissn.

油杉属

别名：铁坚杉

形态特征：乔木，高达 50m。2 ~ 3 年枝灰色或淡褐灰色，常有裂纹或裂成薄片。叶扁线形，长 2 ~ 5cm，宽 3 ~ 4mm，先端圆钝或微凹，幼树或萌生枝之叶先端有刺状尖头，上面光绿色，无气孔线或中上部有极少的气孔线，下面淡绿色，中脉两侧各有气孔线 10 ~ 16 条，微被白粉，两面中脉隆起。球果圆柱形，长 8 ~ 21cm。花期 4 月，球果 10 月成熟。

习性：喜光；喜温暖湿润气候；有较强的耐寒性，是油杉属中最耐寒的一种。常散生于海拔 600 ~ 1500m。

分布：甘肃、陕西、四川、湖北、湖南、贵州等省。

园林应用：园景树。

3 黄枝油杉 *Keteleeria calcarea* Cheng et L.K.Fu

形态特征：常绿乔木，高 28m，树皮黑褐色或灰色，纵裂，成片状剥落。当年生枝无毛或近于无毛，黄色；2 ~ 3 年生枝呈淡黄灰色或灰色。叶线形，在侧枝上排成两列，长 1.5 ~ 4cm，宽 3.5 ~ 4.5mm，两面中脉隆起，先端钝或微凹，基部楔形，上面绿色，下面沿中脉两侧各有 18 ~ 21 条白粉气孔线，有短柄。球果圆柱形，长 11 ~ 14cm，直径 4 ~ 5.5cm。花期 3 ~ 4 月，种子 10 ~ 11 月成熟。

习性：亚热带树种。萌蘖性较强。

分布：广西东北部至北部，湖南西南江永和贵州东南部等县。

园林应用：园景树、专类园。

4 黄杉 *Pseudotsuga sinensis* Dode　　黄杉属

别名：短片花旗松、罗汉松

形态特征：常绿乔木，高达 50m。树干高大通直，树皮裂成不规则块状；小枝淡黄色绿色，或灰色，主枝通常无毛，侧枝被灰褐色短毛，叶条形短柄，长 1.3 ~ 3cm，宽约 2mm，先端凹缺，上面中脉凹陷，下面中脉隆起，有两条白色气孔带，整个叶呈黄绿，先端有小微凹。球果下垂，卵圆形或椭圆状卵圆形，长 4.5 ~ 8cm。花期 4 ~ 5 月，球果 10 ~ 11 月成熟。

习性：喜温暖、湿润气候；要求夏季多雨。喜光；耐干旱；耐瘠薄；抗风力强。浅根性，侧根发达。

分布：云南、四川、陕西、湖北、湖南及贵州等地。

园林应用：园景树、专类园。

5 南方铁杉 *Tsuga chinensis* (Franch.) Pritz. var. *tchekiangensis* (Flous) Cheng et L. K. Fu　　铁杉属

别名：浙江铁杉、华东铁杉

形态特征：常绿乔木，高达 30m。大枝平展，枝稍下垂。叶螺旋状排列，基部扭转排成二列，线形，长 1.2 ~ 2.7cm，宽 2 ~ 2.5mm，先端有凹缺，上面中脉凹陷，下面沿中脉两侧有白色气孔带，有短柄。雄球花单生叶腋。球果下垂，卵圆形成长卵圆形，长 1.5 ~ 2.7cm，直径 1.2 ~ 2.7cm。花期 4 ~ 5 月，果成熟 10 月。

习性：喜凉润气候。喜酸性山地，最适深厚肥土；最耐荫。

分布：我国特有树种，产于浙江、安徽黄山、福建武夷山、江西武功山、湖南莽山、广东乳源、广西兴安及云南麻栗坡。

园林应用：园景树。

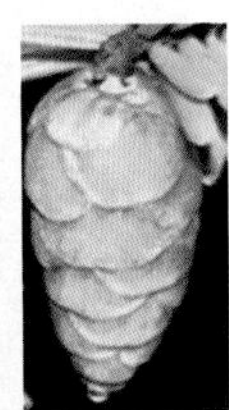

6 银杉 *Cathaya argyrophylla* Chun et Kuang 银杉属

形态特征：常绿乔木，高达 20m。树干通直，裂成不规则的薄片。叶螺旋状排列，辐射状散生，线形，微曲或直，长 4 ~ 6cm，宽 2.5 ~ 3mm，先端圆或钝尖，基部渐窄成不明显的叶柄，上面中脉凹陷，深绿色；下面沿中脉两侧有明显的白色气孔带，边缘微反卷。雌雄同株。球果卵圆形，长 3 ~ 5cm，直径 1.5 ~ 3cm。

习性：阳性树，喜温暖、湿润气候和排水良好的酸性土壤。

分布：中国特有树种。广西龙胜花坪林区，四川东南部南川，湖南新宁、贵州道真县沙河林区。

园林应用：园景树。

7 云杉 *Picea asperata* Mast. 云杉属

别名：大果云杉、茂县云杉、大云杉、白松

形态特征：常绿乔木，高达 45m。主枝之叶辐射伸展，侧枝上面之叶向上伸展，下面及两侧之叶向上方弯伸，四棱状条形，长 1 ~ 2cm，宽 1 ~ 1.5mm，微弯曲，先端微尖或急尖，横切面四棱形，四面有气孔线，上面每边 4 ~ 8 条，下面每边 4 ~ 6 条。球果圆柱状矩圆形或圆柱形，熟时淡褐色或栗褐色，长 5 ~ 16cm，径 2.5 ~ 3.5cm。花期 4 ~ 5 月，球果 9 ~ 10 月成熟。

习性：耐荫、耐寒、喜欢凉爽湿润的气候；浅根性树种；喜排水性良好、疏松肥沃的砂壤土。

分布：我国特有树种，产四川、陕西、甘肃海拔 2400 ~ 3600m 山区。

园林应用：园景树，树林，盆栽观赏。

8 白杄 *Picea meyeri* Rehd.et Wils. 云杉属

别名：白杄、红扦、白儿松、钝叶杉、红扦云杉、刺

儿松

形态特征：常绿乔木，高可达 30m。树皮灰褐色，薄片状剥落。大枝伸展，当年生枝黄褐色。叶线形，长 1.3 ~ 3cm，宽约 0.2cm，先端钝尖，横切面菱形，有白色气孔线，叶螺旋状排列在小枝上，小枝上有木质叶枕。球果卵圆柱形，长 4 ~ 8cm，径 3cm 左右。花期 5 月上中旬，10 月种子成熟。

习性：耐寒，喜生长在冷凉、湿润、肥沃、排水良好的微酸性、中性棕壤土或森林腐殖土中。

分布：山西、河北，内蒙古等地。

园林应用：园景树

9 青杆 *Picea wilsonii* Mast. 云杉属

别名：魏氏云杉、细叶云杉、刺儿松、细叶松

形态特征：常绿乔木，高达 50m。树冠阔圆锥形。树皮淡黄色，浅裂或不规则鳞片状剥落。枝细长开展，淡灰色或淡黄色，光滑。叶线形、坚硬，长 0.8 ~ 1.3cm，宽约 0.1 ~ 0.2cm，先端尖，粗细多变异，横断面菱形，各面均有白色气孔线 4 ~ 6 条。球果卵状圆柱形，长 4 ~ 8cm，径 2.5 ~ 4cm，成熟后褐色。花期 4 月下旬至 5 月上旬，果熟期 10 月。

习性：喜光，喜气候冷凉，耐寒，尚耐瘠薄，忌高温干旱、水涝及盐碱土。

分布：陕西、湖北、四川、山西、甘肃、河北及内蒙古等省。

园林应用：园景树。

10 日本落叶松 *Larix kaempferi* (Lamb.) Carr. 落叶松属

形态特征：落叶乔木，高达 30m，树皮鳞片状剥落。枝平展，有长枝、短枝之分，长枝上叶螺旋状散生，短枝上叶簇生。当年生短枝环痕明显，叶扁平条形，长 1.5 ~ 3.5cm，背面中脉隆起，有明显的气孔线 5 ~ 8 条。雌雄同株异花。球果小，卵圆形。花期 4 ~ 5 月，果熟秋季。

习性：喜光；喜肥；喜水；喜温暖湿润的气候环境；抗风力差；不耐干旱也不耐积水；较耐寒。

分布：原产日本。山东、河北、河南、湖南、江西以及北京、天津、西安等地均有栽培。

园林应用：园景树，风景林，树林，盆栽及盆景观赏等。

11 金钱松 *Pseudolarix amabilis* (J. Nelson) Rehder 金钱松属

别名：金松、水树、落叶松

形态特征：落叶乔木，高可达 40 m。2 ~ 3 年生长枝淡黄灰色或淡褐色。叶长 2 ~ 5.5m，宽 1.5 ~ 4mm、上部稍宽，先端锐尖或尖。绿色，秋后呈鲜艳的金黄色，叶在长枝上螺旋状排列，散生，在短枝上簇生状，辐射平展半圆盘形、条形叶。花期 4 ~ 5 月，球果当年 10 ~ 11 月上旬成熟。

习性：喜光，喜温凉湿润气候和深厚肥沃、排水良好的酸、中性土壤；能耐短时间的 -18℃低温，但不耐干旱瘠薄、盐碱和积水。

分布：江苏，浙江、安徽、福建、江西、湖南、湖北至四川。

园林应用：庭荫树、园景树、风景林、树林、盆栽及盆景观赏。

12 雪松 *Cedrus deodara* (Roxb) Loud. 雪松属

别名：宝塔松、喜马拉雅山雪松、喜马拉雅松

形态特征：常绿乔木，高可达 50 m。大枝一般平展、为不规则轮生，小枝略下垂。叶在长枝上为螺旋状散生，在短枝上簇生，叶针状、质硬，先端尖细，叶色淡绿至蓝绿，叶横切断呈三角形。雌雄异株，花单生枝顶，10 ~ 11 月开花。球果翌年 10 月成熟，椭圆至椭圆状卵形。

习性：阳性，喜温暖、湿润的环境，要求土壤肥沃、深厚，抗污染能力不强，忌低洼积水。浅根性树种，易遭风倒。

分布：原产喜马拉雅山地区。现广泛栽培于南北各地园林中。

园林应用：园景树、园路树。

13 日本五针松 *Pinus parviflora* Siebold et Zuccarini 松属

别名：日本五须松、五钗松

形态特征：常绿乔木，高可达 30m。枝条斜上展出，小枝绿褐色，有疏毛。针叶 5 针一束，长仅 2 ~ 5cm 左右，有明显的白色气孔线而成蓝绿色，稍弯曲，在枝上着生 3 ~ 4 年后脱落。4 ~ 5 月开花，球果翌年成熟

习性：温带阳性树种，但耐荫蔽。喜深厚、肥沃而湿润土壤，但要求排水良好、忌湿热、生长缓慢、嫁接后均为灌木状。

分布：原产日本，我国青岛、长江流域许多城市园林中均有栽培和应用。

园林应用：园景树、水边绿化、造型树和盆栽及盆景观赏。

14 华南五针松 *Pinus kwangtungensis* Chun ex Tsiang 松属

别名：广东五针松

形态特征：常绿乔木，高达 30m。叶针形，5 针一束，长 3.5 ~ 7cm，宽 1 ~ 1.5mm，绿色，腹面每侧有 4 ~ 5 条白色气孔线，横切面三角形；叶鞘早落；鳞叶不下延生长。球果圆形或卵圆形，长 5 ~ 12cm，直径 3 ~ 7cm；成熟时淡红褐色。花期 4 ~ 5 月，球果翌年 10 月成熟。

习性：阳性树种。能适应多种土壤。

分布：湖南南部和西部，广西北部，广东北部，海南五指山，贵州南部。

园林应用：园景树，水边绿化，造型树和盆栽及盆景观赏。

15 白皮松 *Pinus bungeana* Zucc. et Endi 松属

别名：白骨松、三针松、蟠龙松

形态特征：常绿乔木，高达 30m。树皮淡灰绿色或粉白色，呈不规则鳞片状剥落。针叶 3 针一束，长 5 ~ 10cm，边缘有细锯齿，基部叶鞘早落。雄球花序长约 10 cm，鲜黄色，球果圆锥状卵形，长 5 ~ 7cm，径约 5cm，成熟时淡黄褐色。花期 4 ~ 5 月，翌年 9 ~ 11 月球果成熟。

习性：阳性树种。略耐半荫，能忍耐 -30℃低温。喜排水良好土壤，亦耐干旱。

分布：山东、山西、河北、陕西、四川、湖北、甘肃等省。栽培分布于辽宁以南至长江中下流地区。

园林应用：园路树、园景树、树林、水边绿化、盆栽及盆景观赏。

16 黑松 *Pinus thunbergii* Parl. 松属

别名：日本黑松

形态特征：常绿乔木，高可达 30m。叶 2 针一束，叶色深绿，质坚硬，长 6 ~ 11cm，树脂道 6 ~ 11 个，中生。球果圆锥状卵形至卵圆形，有短梗。花期 4 ~ 5 月，球果翌午 9 ~ 10 月成熟。

习性：阳性树种。喜温暖湿润的海洋气候，抗风抗海雾力强。耐干旱瘠薄。

分布：原产日本及朝鲜南部。现各地园林均有栽培。

园林应用：园景树、树林、防护林。

17 湿地松 *Pinus elliottii* Engelm. 松属

别名：爱氏松

形态特征：常绿大乔木。原产地可高达30m。针叶2针一束与3针一束并存，长18～30cm，粗硬，深绿色，腹背均有气孔线，边缘具细踞齿。球果常2～4枚聚生，圆锥形。开花3月中旬，果熟翌年9月。

习性：喜光树种，极不耐荫。在中性至强酸性红壤丘陵地以及表土50～60 cm以下铁结核层的沙粘土地均生长良好，而在低洼沼泽地边缘尤佳。也较耐旱。

分布：原产美国南部暖带。现东起台湾省，西达成都的广大地区都有种植。

园林应用：园景树、树林、防护林。

18 马尾松 *Pinus massoniana* Lamb. 松属

别名：青松

形态特征：树高可达45m，树冠壮年期呈狭圆锥形，老年期则开张如伞状；树皮红褐色。针叶2针1束，罕3针1束，质软，长12～20cm。

习性：强阳性树；耐干旱瘠薄；为荒山荒地先锋树种，与栎属、枫香、黄檀、化香、木荷、杉木、毛竹等混植；挥发性物质杀菌能力强。

分布：北自河南及山东南部，南至两广、台湾，东自沿海；西至四川中部及贵州。

园林应用：风景林、防护林。

19 油松 *Pinus tabuliformis* Carr. 松属

别名：短叶马尾松、红皮松、东北黑松

形态特征：常绿乔木，高达30m。针叶2针一束，暗绿色，较粗硬，长10～15(20)cm，径1.3～1.5mm，边缘有细锯齿，两面均有气孔线，横切面半圆形。雄球花柱形，长1.2～1.8cm。球果卵形或卵圆形，长4～7cm，成熟后黄褐色。花期5月，球果第二年10月上、中旬成熟。

习性：适应性强，根系发达，树姿雄伟，枝叶繁茂，有良好的保持水土和美化环境的功能。

分布：北方广大地区最主要的造林树种之一。

园林应用：园景树、园路树和树林。

20 长叶松 *Pinus palustris* Mill. 松属

形态特征：乔木，高达45m，枝条每年生长一轮。针叶3针一束，长20~45cm，径约2mm，刚硬，先端，呈垂发状，叶鞘宿存；横切面三角形。

习性：喜湿热海洋性气候环境。南京、无锡、上海、杭州、福州等地生长良好，青岛、庐山则生长缓慢。

分布：原产美国东南沿海和亚热带南部。现我国南京、无锡、杭州等地引种栽培。

园林应用：园景树、专类园。

21 黄山松 *Pinus taiwanensis* Hayata 松属

形态特征：高达30m乔木；一年生枝淡黄褐色或暗红褐色。针叶2针一束，稍硬直，长5 ~ 13cm，多为7 ~ 10cm，边缘有细锯齿，两面有气孔线；横切面半圆形。花期4 ~ 5月，球果第二年10月成熟。

习性：喜光、深根性树种，喜凉润、相对湿度较大的高山气候，喜酸性土；耐瘠薄。

分布：台湾、福建、浙江、安徽、江西、湖南、湖北、河南。

园林应用：园景树、专类园。

22 北美短叶松 *Pinus banksiana* Lamb. 松属

形态特征：高达25m，有时成灌木状。针叶2针一束，粗短，通常扭曲，长2 ~ 4cm，径约2mm，先端钝尖、两面有气孔线，边缘全缘；横切面扁半圆形，树脂道通常2个，中生。

习性：多生于低海拔排水良好的沙质及砾质土壤上，耐严寒，喜阳但不耐荫。

分布：产加拿大和美国北部。我国许多植物园中有栽培。

园林应用：园景树、专类园。

六 杉科 Taxodiaceae

1 金松 *Sciadopitys verticillata* (Thunb.) Sieb.et Zucc. 金松属

别名：日本金松

形态特征：常绿乔木，原产地高达40m；枝近轮生，水平展开。叶2种：鳞片状，膜质叶，散生于嫩枝上；完全叶聚簇枝梢，呈轮生状，每轮20～30，呈扁平条状，长5～16cm，宽2.5～3.0mm，上面亮绿色，下面有2条白色气孔线，上下两面均有沟槽，生于鳞叶腋部的退化短枝顶上，辐射开展，在枝端呈伞形。雌雄同株。

习性：喜光，有一定的耐寒能力，喜生于肥沃深厚壤土上，不适于过湿及石灰质土壤。

分布：原产日本。青岛、庐山、南京、上海、杭州、武汉等地有栽培。

园林应用：庭园树、园景树。

2 杉木 *Cunninghamia lanceolata* (Lamb.) Hook

杉木属

别名：刺杉、杉

形态特征：常绿乔木。高达30m。树皮裂成长条片状脱落。叶披针形或条状披针形，常略弯而呈镰状，硬革质，边缘有极细的齿；长2～6cm，宽3～5mm，亦常有反卷状；球果卵圆形至圆球形，长2.5～5cm，径2～4cm。花期在4月，球果10月下旬成熟。

习性：阳性树，喜温暖湿润气候。不耐寒。最喜深厚、肥沃、排水良好的酸性土壤。

分布：北自淮河以南，西至青藏高原东南部。

园林应用：园路树、树林。

3 台湾杉 *Taiwania cryptomerioides* Hayata

台湾杉属

别名：秃杉

形态特征：常绿乔木，高约40m。叶棱状钻形或钻形，排列紧密，长2～5mm，两侧宽1～1.5mm，直或上端微弯。球花单性同株。球果圆柱形或长椭圆形，长1.5～2.5cm，直径约1cm，熟时褐色。

习性：幼树耐荫，大树喜光。浅根性，侧根和须根发达，多集中于80cm的土层中。

分布：云南、湖北、湖南、四川、贵州、台湾及缅甸北部局部地区。长江中下游地区有栽培。

园林应用：园景村、庭荫树、风景林、防护林。

4 柳杉 *Cryptomeria fortunei* Hooibrenk ex Otto et Dietr.

柳杉属

别名：长叶孔雀松

形态特征：常绿乔木，高达 40m。树冠塔圆锥形，树皮红棕色，裂成长条片。大枝斜展，小枝细长下垂。叶钻形，端略向内弯曲。球果近球形，深褐色，。花期 4 月；果熟期 10 ~ 11 月。

习性：喜光、略耐荫；有一定耐寒性，喜温暖湿润气候；喜肥沃酸性土；畏炎热、干旱，不耐积水。

分布：我国特有树种。产长江以南地区。

园林应用：风景林、防护林、园路树、园景树及特殊环境绿化。

5 北美红杉 *Sequoia sempervirens* (D. Don) Endl.

北美红杉属

别名：长叶世界爷、红杉

形态特征：常绿叶大乔木。树高 100m，胸径 10m，为世界第一大树。叶卵形，鳞状钻形螺旋状着生，下部贴生小枝，小叶背面有灰绿色气孔带 2 条。球花雌雄同株。球果卵状长椭圆形。

习性：耐半荫，不耐干旱，耐水湿，冬季能耐短期 -10℃低温，喜肥沃、排水良好的土壤。

分布：原产美国加利福尼亚州海岸，中国上海、南京、杭州有引种栽培。

园林应用：园路树、园景树、水边绿化。

6 落羽杉 *Taxodium distichum* (Linn.) Rich.

落羽杉属

别名：落羽松

形态特征：落叶大乔木，高达 50m。叶条形，长 1 ~ 1.5cm，排成二列，羽状，互生。球果圆球形或矩圆状球形，有短梗，向下斜垂，熟时褐黄色。花期 3 ~ 4 月，球果 10 月成熟。呼吸根很明显。

习性：强阳性树；极耐水湿，也耐干旱。

分布：原产北美东南部，中国广州、杭州、上海、南京、武汉均引种栽培。

园林应用：水边绿化、风景林、防护林。

7 池杉 *Taxodium ascendens* Brongn. 落羽杉属

形态特征：落叶乔木，原产地高达 25m，树干基部膨大，常有屈膝状的呼吸根。叶多钻形，略内曲，常在枝上螺旋状伸展，下部多贴近小枝，基部下延。叶上面中脉略隆起，下面有棱脊，每边有气孔线2 ~ 4。花期3 ~ 4月，球果10 ~ 11月成熟。

习性：强阳性树种，不耐荫；喜温暖湿润气候，耐水湿，耐寒，也耐干旱，对耐盐碱土不适应。

分布：原产北美东南部。我国20世纪初引种，长江南北水网地区广为栽培。

园林应用：园路树、风景林、防护林。

8 水杉 *Metasequoia glyptostroboides* Hu et W. C. Cheng　　水杉属

形态特征：落叶乔木。树高达35m。大枝近轮生，小枝对生。叶交互对生，叶基扭转排列2列，呈羽状，条形，扁平，长0.8 ~ 3.5cm，冬季与无芽小枝一同脱落。球果近球形，长1.8 ~ 2.5cm。花期在2月，球果当年11月成熟。

习性：阳性树，喜温暖湿润气候。最低适应温度为零下 −8 ~ −38℃。喜深厚、肥沃的酸性土，不耐涝，耐水湿。

分布：四川东部、湖北西部。国内、国外多有栽培。

园林应用：园路树、庭荫树、园景树、风景林、水边绿化。

七 柏科 Cupressaceae

1 罗汉柏 *Thujopsis dolabrata* (Thunberg ex L. f.) Sieb. et Zucc.　　罗汉柏属

别名：蜈蚣柏

形态特征：常绿乔木，高达15m。鳞叶质地较厚，叶鳞片状，对生，卵状披针形，叶端尖；在中央的叶卵状长圆形，叶端钝；叶表绿色，叶背有较宽而明显的粉白色气孔带，叶长4 ~ 7mm，宽1.5 ~ 2.2mm。球果近圆形，径1.2 ~ 1.5cm。

习性：喜光，喜生长于冷凉湿润土地（年平均气温8℃左右处）。

分布：原产日本的本州岛及九州岛。我国青岛、庐山、南京、上海、杭州、武汉、南岳等地均有引种。

园林应用：盆栽及盆景观赏，园景树；幼苗期可以用作地被、绿篱。

2 北美香柏 *Thuja occidentalis* L. 崖柏属

别名：美国侧柏、香柏

形态特征：乔木，高 20m，胸径 2m。枝开展，树冠圆锥形。鳞叶先端突尖，表面暗绿色，背面黄绿色，有透明的圆形腺点，鳞叶揉碎有浓烈的苹果芳香。球果长椭圆形。

习性：阳性，有一定耐荫力，耐寒，喜湿润气候。

分布：原产北美。我国青岛、庐山、南京、上海、浙江、杭州、武汉、长沙等地引种栽培

园林应用：园景树、盆栽、盆景观赏、特殊环境绿化，多用于整形式园林中。

3 侧柏 *Platycladus orientalis* (L.)Franco 侧柏属

别名：扁柏、扁松、香树

形态特征：常绿乔木，树高达 20m。叶、枝扁平，排成一竖直平面，两面同型，枝条向上伸展或斜展。鳞叶小，鳞叶长 1 ~ 3mm，先端微钝，背面有腺点。雌雄同株。球果当年成熟，开裂。花期 3 ~ 4 月，种熟悉期 9 ~ 10 月。

习性：喜光，喜深厚、肥沃、湿润、排水良好的钙质土壤。不耐积水，萌芽性强，耐修剪。寿命长，抗二氧化硫、氯化氢等有害气体。

分布：中国特产种，华北地区有野生。除青海、新疆外，全国均有分布。人工栽培遍及全国。

园林应用：特殊环境绿化、园路树、园景树。

4 千头柏 *Platycladus orientalis* Franco 'Sieboldii' Dallimore and Jackson 侧柏属

别名：凤尾柏、扫帚柏

形态特征：侧柏的栽培变种。无主干，树冠紧密，近球形；小枝片明显直立排列。叶鳞片状，先端微钝，对生。

习性：喜光，稍耐荫；较耐干旱瘠薄；耐修剪。

分布：华北、西北至华南。

园林应用：绿篱、模纹花坛，与其它树群植。

5 柏木 *Cupressus funebris* Endl. 柏木属

别名：柏树、垂丝柏、柏香树、柏、柏木树

形态特征：高达 30m，胸径 2m。生鳞叶小枝扁平，排成一平面，细长下垂。鳞叶长 1 ~ 2mm，两面同型，先端锐尖。球果近球形，径 0.8 ~ 1.2mm。花期 3 ~ 5 月，球果翌年 5 ~ 6 月成熟。

习性：喜光，喜温暖湿润的气候条件。浅根性，侧根发达，萌芽性强、耐修剪、寿命长，抗烟尘，抗二氧化硫、氯化氢等有害气体。天然更新能力强。

分布：秦岭北坡以南，云南以东。各地普遍栽培。

园林应用：园景树、防护林、特殊条件下绿化（石灰岩山地绿化）。

6 日本扁柏 *Chamaecyparis obtusa* (Siebold et Zuccarini) Enelicher 扁柏属

别名：钝叶扁柏、扁柏

形态特征：常绿乔木，在原产地树高达 40m。鳞叶较厚，先端钝，两侧之叶对生成 Y 形，且较中间之叶大。生鳞叶小枝背面微有白粉，背面的白色气孔线呈“Y”字形；鳞叶紧贴小枝排成一平面。雌雄同株。球果径 8 ~ 10mm，开裂。花期 4 月，种熟期 10 ~ 11 月。

习性：较耐荫，喜温暖湿润的气候，能耐 -20℃低温，喜肥沃、排水良好的土壤。

分布：青岛、南京、上海、庐山、河南鸡公山、杭州、广州及台湾等地引种栽培。

园林应用：园景树、园路树、树林、绿篱、基础种植材料及风景林。

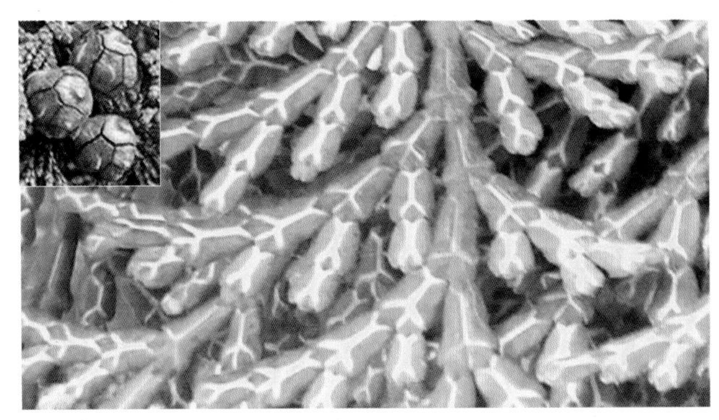

7 日本花柏 *Chamaecyparis pisifera* (Siebold et Zuccarini) Enelicher 扁柏属

别名：花柏

形态特征：树冠尖塔形。生鳞叶小枝下面白粉显着，鳞叶先端锐尖，略开展，两侧叶较中间叶稍长，鳞叶背面气孔线呈”蝴蝶形”。球果径约 6mm，种鳞 5 ~ 6 对。花期 3 月，种熟期 11 月。常见变种线柏 cv. ‘filifera’和绒柏 cv. ‘Squarrosa’。

习性：中性而略耐荫，喜温暖湿润气候，喜湿润土壤，适应平原环境能力较强，较耐寒、耐修剪。

分布：原产日本；我国华东、湖南、北京等地园林中有栽培。

园林应用：园景树、风景林、树林、特殊环境绿化。

8 福建柏 *Fokienia hodginsii* (Dunn) A. Henry et Thomas 福建柏属

别名：建柏、滇福建柏

形态特征：常绿乔木，高达 20m。三出羽状分枝。叶、枝扁平，排成一平面。鳞叶 2 型，中央的叶较小，两侧的叶较长，明显成节。雌雄同株。花期 3 ~ 4 月，种熟期 10 ~ 11 月。

习性：喜光，浅根性；稍耐荫；喜温暖多雨气候及酸性土壤。

分布：亚热带至南亚热带，局部产区可伸入北热带。

园林应用：园景树、风景林、防护林。

9 桧柏 *Sabina chinensis* (L.) Ant. 圆柏属

别名：圆柏

形态特征：高达 20m 乔木。树冠尖塔形或圆锥形。叶有两种，鳞叶交互对生，多见于老树或老枝上，刺叶常 3 枚轮生，叶上面微凹，有 2 条白色气孔带。雌雄异株。球果球形，径 6 ~ 8mm。花期 4 月；球果次年 10 ~ 11 月成熟。栽培变种有龙柏、金叶桧柏、匍地龙柏等。

习性：喜光、耐荫耐寒耐热，能生长于酸性、中性、石灰质土壤上，为石灰岩山 地常见的绿化树种。

分布：北自内蒙古、辽宁，南至两广北部，西到四川、西藏，东达华东，均有栽培。

园林应用：园景树、盆栽及盆景观赏、树林、防护林、造型树。

10 铺地柏 *Sabina procumbens* (Endl.)Iwata et Kusaka 圆柏属

别名：匍地柏、矮桧

形态特征：常绿匍匐灌木。枝干贴近地面伸展，小枝密生。叶均为刺形叶，先端尖锐，3 叶交互轮生，表面有 2 条白粉带，气孔带常在上部汇合，绿色中脉仅上部明显，不达叶之先端。

习性：喜光，稍耐阴，适生于滨海湿润气候，耐瘠薄，对土质要求不严，在砂地及石灰质壤土上生长良好，耐寒力、萌生力均较强。

分布：原产日本。我国黄河流域至长江流域广泛栽培。

园林应用：地被、特殊环境绿化、基础种植、盆栽及盆景观赏等。

11 砂地柏 *Sabina vulgaris* Ant. 圆柏属

别名：叉子圆柏、新疆圆柏

形态特征：匍匐状灌木，高不及 1m。幼树常为刺叶，交叉对生；壮龄树几乎全为鳞叶；叶揉碎后有不愉快的香味，3枚轮生，灰绿色，顶端有角质锐尖头，背面沿中脉有纵槽。球果倒三角形或叉状球形。花期4～5，果期9～10月。

习性：喜光；多生于石山坡及沙丘地；耐干旱；适应性强。

分布：内蒙古、陕西、新疆、宁夏、甘肃、青海等地。

园林应用：地被植物、特殊环境绿化（岩石园）、基础种植。

12 刺柏 *Juniperus formosana* Hayata 刺柏属

别名：台湾柏、山刺柏

形态特征：常绿乔木。树皮褐色，纵裂成长条薄片脱落。大枝斜展或直伸，小枝下垂，三棱形。3叶轮生，全为披针形，长12～20mm，宽1.2～2mm，先端尖锐，基部不下延。表面平凹，中脉绿色而隆起，两侧各有1条白色孔带，较绿色的边带宽。

习性：喜光，耐寒，耐旱，主侧根均甚发达，在干旱沙地、向阳山坡以及岩石缝隙处均可生长。

分布：西北、华北、西南、华中、华东等地。

园林应用：园景树、风景林、盆栽及盆景观赏等。

13 杜松 *Juniperus rigida* Sieb. et Zucc. 刺柏属

形态特征：灌木或小乔木，高达10m；小枝下垂，幼枝三棱形，无毛。叶三叶轮生，条状刺形，坚硬，长1.2～1.7cm，宽约1mm，上面凹下成深槽，槽内有1条窄白粉带，横切面成内凹的"V"状三角形。

习性：喜光树种，耐荫。喜冷凉气候，耐寒。对土壤的适应性强，喜石灰岩形成的栗钙土或黄土形成的灰钙土，可在岩缝间或沙砾地生长。

分布：黑龙江、吉林、辽宁、内蒙古、河北北部、山西、陕西、甘肃及宁夏等省区。

园林应用：园景树、专类园。

八 罗汉松科（竹柏科）Podocarpaceae

1 罗汉松 *Podocarpus macrophyllus* (Thunb.) Sweet 罗汉松属

别名：罗汉杉、长青罗汉杉

形态特征：乔木，高达20m。叶条状披针形，螺旋状着生，长7～12cm，端尖，两面中脉明显。雌雄异株。种子卵圆形，熟时假种皮紫黑色，被白粉，着生在红色肉质圆柱形的种托上。花期4～5月，8～9月果熟。

习性：喜光，耐半荫，喜温暖湿润气候，耐寒性差，喜肥沃沙壤土。萌芽力强，耐修剪，抗病虫害及多种有害气体。

分布：华东、华中、华南、西南各省，在长江以南各省均有栽培。

园林应用：园路树、庭荫树、园景树、树林、造型树、盆栽及盆景观赏。

2 竹柏 *Podocarpus nagi* (Thunb.) Zoll. et Mor ex Zoll. 罗汉松属

别名：大果竹柏

形态特征：树高达 20m。叶对生或近对生，卵形至椭圆状披针形，厚革质，长 3.5 ~ 9cm，无中脉，具多数平行细脉。花期 3 ~ 4 月，种熟期 9 ~ 10 月。

习性：喜温暖湿润气候，适生于深厚肥沃疏松的沙质壤土，在贫瘠干旱的土壤生长极差，不耐修剪。耐荫树种。

分布：浙江、福建、江西、湖南、广东、广西、四川等地，长江流域有栽培。

园林应用：园路树、园景树、风景林、水边绿化。

3 长叶竹柏 *Podocarpus fleuryi* Hick. 罗汉松属

别名：桐叶树

形态特征：常绿乔木，高 20 ~ 30m。叶交叉对生，革质，宽披针形或椭圆状披针形，无中脉，有多数并列细脉，长 8 ~ 18cm，宽 2.2 ~ 5cm，先端渐尖，基部窄成扁平短柄，上面深绿色，有光泽，下面有多条气孔线。雌雄异株。花期 3 ~ 4 月，10 ~ 11 月果熟。

习性：中性偏阴树种。喜深厚、疏松、湿润、多腐殖质的砂壤土或轻粘土上。

分布：广东、海南、广西、云南等省。

园林应用：园路树、园景树、风景林、水边绿化。

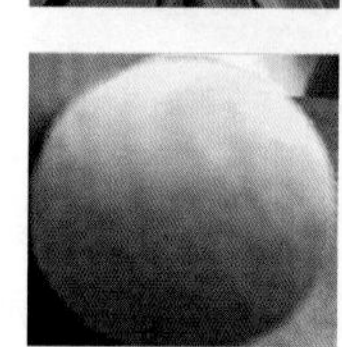

九 三尖杉科 Cephalotaxaceae

1 三尖杉 *Cephalotaxus fortune* Hook.f. 三尖杉属

别名：三尖松、山榧树

形态特征：常绿乔木。叶螺旋状着生，基部扭转排成二列状，披针状条形，常略弯曲，长约 5 ~ 8cm，宽 3 ~ 4mm，约由中部向上渐狭，先端有渐尖的长尖头，基部楔形，上面亮绿色，中脉隆起，下面有白色气孔带，中脉明显。

习性：较耐荫，不耐寒。能适应亚热带湿润季风气候和半湿润的高原气候。

分布：贵州、甘肃、陕西、四川、华南及西南、长江中下流地区。

园林应用：园景树。

2 粗榧 *Cephalotaxus sinensis* (Rehd.et Wils.)Li.

三尖杉属

别名：中国粗精榧、粗榧杉

形态特征：常绿灌木或小乔木，高达 12m。叶片条状披针形，直，长 2 ~ 5cm，宽约 3mm，先端有微急尖或渐尖的短尖头，基部近圆或广契形，几无柄，上面绿色，下面气孔带白色。4 月开花；种子次年 10 月成熟。

习性：阳性树，较喜温暖，耐荫，较耐寒。喜生于富含有机质之壤土内，抗虫害能力很强，生长缓慢。

分布：我国特有树种。产于西南、华南、陕西、甘肃及长江中下流地区。

园林应用：园景树。

十 红豆杉科 Taxaceae

1 南方红豆杉 *Taxus chinensis* (Pilger) Rehd. var. *mairei* (Lemee et Levl.) Cheng et L. K. Fu

红豆杉属

形态特征：常绿乔木，高达 20m。叶长 2 ~ 3.5cm，宽 3 ~ 4mm，多呈弯镰状，排成 2 列，中脉带上密生微小圆形角质乳头状突起，质地较柔软。种子卵圆形，上部具 2 钝脊。假种皮杯状，红色。花期 5 ~ 6 月，种熟悉期 9 ~ 10 月。

习性：极耐荫，喜生于肥沃、湿润、疏松、排水良好的棕色森林土上，在积水地、沼泽地、岩石裸露地生长不良。浅根性，寿命长。

分布：甘肃、陕西，西南、华南及长江中下流地区。

园林应用：用作树林、园景树、盆栽及盆景观赏。

2 东北红豆杉 *Taxus cuspidata* Sieb. et Zucc

红豆杉属

别名：紫杉

形态特征：常绿乔木，高达 20m。叶排成不规则的二列，斜上伸展，约成 45 度角，条形，通常直，稀微弯，长 1 ~ 2.5cm，宽 2.5 ~ 3mm，稀长达 4cm，基部窄，有短柄，先端通常凸尖，上面深绿色，有光泽，下面有两条灰绿色气孔带，气孔带较绿色边带宽二倍，中脉带上无角质乳头状突起点。种子长约 6mm，上部具 3 ~ 4 钝脊。花期 5 ~ 6 月，种子 9 ~ 10 月成熟。

习性：阴性树，生长迟缓，浅根性，侧根发达，喜生于富含有机质之潮润土壤中，性耐寒冷，在空气湿度较高处生长良好。

分布：吉林老爷岭、长白山区。山东、江苏、江西等省有栽培。

园林应用：绿篱、园景树、盆栽及盆景观赏。

3 白豆杉 *Pseudotaxus chienii* (W. C. Cheng) W. C. Cheng　白豆杉属

别名：短水松

形态特征：常绿灌木；枝条通常轮生；小枝近对生或近轮生。叶条形，螺旋状着生，基部扭转排成两列，基部近圆形，两面中脉隆起，下面有两条白色气孔带，有短柄。雌雄异株。假种皮肉质、杯状、白色。花期3～5月，种子当年10月成熟。

习性：阴性树种，喜荫蔽。生于亚热带中山地区的林下，气候温凉湿润，云雾重，光照弱。

分布：浙江、江西、湖南、广东、广西等省。

园林应用：绿篱、树林、园景树、盆栽及盆景观赏。

4 榧树 *Torreya grandis* Fort. ex Lindl.　榧树属

别名：榧、大圆榧、王榧

形态特征：常绿乔木，树高达25m。树皮淡灰黄色，纵裂，树冠广卵形。叶条形，直伸，长1.1～2.5cm，上面亮绿色，下面淡绿色。种子熟时假种皮淡紫褐色，外被白粉。花期4月，种子翌年10月成熟。

习性：喜光，能耐荫，喜温暖湿润多雾气候；耐寒，喜酸性土。肉质根怕湿、怕积水。不耐旱和瘠薄。耐修剪，生长慢。

分布：江苏南部、浙江、福建北部、安徽南部以及湖南新宁等地。

园林应用：园景树、庭荫树、园路树、风景林。

十一 木兰科 Magnoliaceae

1 紫玉兰 *Magnolia liliiflora* Desr.　木兰属

别名：木兰、辛夷、木笔

形态特征：落叶灌木，高达3m，常丛生。叶椭圆状倒卵形或倒卵形，长8～18cm，宽3～10cm，先端急尖或渐尖，基部渐狭沿叶柄下沿至托叶痕，上面深绿色，下面灰绿色。先花后叶，花瓣6片，外面紫色，里面近白色，萼片小，3枚，披针形，绿色。花期3～4月，果期8～9月。

习性：喜光，不耐荫；较耐寒，忌黏质土壤，不耐盐碱；忌水湿；萌蘖力强。

分布：福建、湖北、四川、云南。中国各大城市都有栽培。

园林应用：园景树、水边绿化、基础种植、盆栽及盆景观赏。

2 玉兰 *Magnolia denudate* Desr. 木兰属

别名：白玉兰、望春花、玉兰花

形态特征：落叶乔木，高可达 21m。叶纸质，倒卵形，长 10 ~ 18cm，宽 4.5 ~ 10cm，先端急尖或急短渐尖，基部楔形，叶柄托叶痕细小。花先叶开放，杯状，有芳香，花萼、花瓣相似，共 9 片，纯白色，厚肉质。聚合果圆柱形，蓇葖果扁圆成熟时褐色。花期 3 ~ 4 月，果期 8 ~ 9 月。

习性：喜光，较耐寒，忌低湿。喜肥沃、排水良好而带微酸性的砂质土壤。

分布：原产长江流域。各大城市园林中广泛栽培。

园林应用：园路树、庭荫树、园景树。

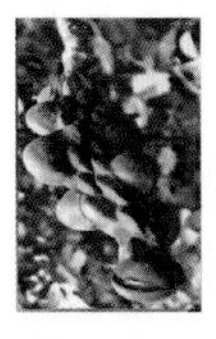

3 二乔玉兰 *Magnolia× soulangeana* Soul. 木兰属

别名：朱砂玉兰、紫砂玉兰

形态特征：落叶乔木，高 6 ~ 10m。玉兰和木兰的杂交种。形态介于二者之间。花外面淡紫色，里面白色，有香气。叶倒卵形、宽倒卵形，先端宽圆，1/3 以下渐窄成楔形。花瓣 6，外面呈淡紫红色，内面白色，萼片 3，常花瓣状，长度只达其半或与之等长。聚合蓇葖果长约 8cm，卵形或倒卵形。花期 2 ~ 3 月；果期 9 ~ 10 月。

习性：喜光和温暖湿润的气候。耐 -20℃低温。不耐积水。

分布：华北、华中及江苏、陕西、四川、云南栽培。

园林应用：园路树、园景树、水边绿化、基础种植、盆栽及盆景观赏。

4 荷花玉兰 *Magnolia grandiflora* L. 木兰属

别名：广玉兰、洋玉兰

形态特征：常绿大乔木，高 20 ~ 30m。叶卵状长椭圆形，厚革质，长 10 ~ 20cm，宽 4 ~ 10cm，先端钝或渐尖，基部楔形，上面深绿色，有光泽，下面淡绿色，有锈色细毛。花芳香，白色，呈杯状。聚合果圆柱状长圆形或卵形，密被褐色或灰黄色绒毛。花期 5 ~ 6 月，果期 9 ~ 10 月。

习性：喜光，喜温暖湿润气候，有一定的抗寒能力，忌积水和排水不良。

分布：长江流域及以南。上海、南京、杭州较多见。

园林应用：行道树、园路树、庭荫树、园景树、防护林、专类园。

5 山玉兰 *Magnolia delavayi* Franch.　木兰属

别名：优昙花

形态特征：常绿乔木，高达12m。叶厚革质，卵形，卵状长圆形，先端圆钝，基部宽圆，有时微心形，边缘波状，中脉在叶面平坦或凹入，叶背密被交织长绒毛及白粉，后仅脉上残留有毛；侧脉每边11 ~ 16条，网脉致密，干时两面凸起；托叶痕几达叶柄全长。花芳香，奶油白色。聚合果卵状长圆体形。花期4 ~ 6月，果期8 ~ 10月。

习性：阳性，稍耐荫，耐干旱，忌水湿。海拔1500 ~ 2800m。

分布：四川西南部、贵州西南部、云南。

园林应用：园路树、庭荫树、园景树、专类园。

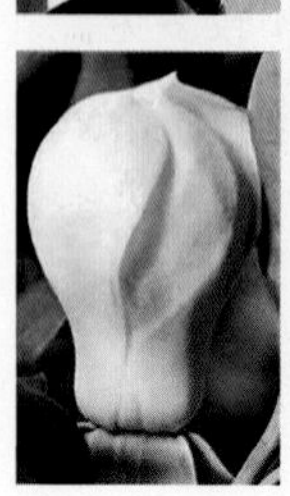

6 厚朴 *Magnolia officinalis* Rehd.et Wils.　木兰属

别名：厚皮

形态特征：落叶乔木，高达20m。叶大，近革质，7 ~ 9片聚生于枝端，长22 ~ 45cm，宽10 ~ 24cm，先端具短急尖或圆钝，基部楔形，全缘而微波状；叶柄粗壮，托叶痕长为叶柄的2/3。花白色，芳香。聚合果长圆状卵圆形。花期5月下旬~ 6月，果期8 ~ 10月

习性：喜光、喜凉爽、湿润、多云雾、相对湿度大的气候环境。

分布：陕西、甘肃、河南、湖北、湖南、广西、江西、浙江。

园林应用：庭荫树、园景树、风景林、专类园。

7 凹叶厚朴 *Magnolia officinalis* Rehd.et Wils. subsp. biloba Law.　木兰属

形态特征：落叶乔木，高达20m。叶大，近革质，长22 ~ 45cm，宽10 ~ 24cm，叶先端凹缺，成2钝圆的浅裂片，但幼苗之叶先端钝圆，并不凹缺，基部楔形，全缘而微波状；叶柄粗壮，托叶痕长为叶柄的2/3。花白色，芳香。聚合果长圆状卵圆形。花期4 ~ 5月，果期10月。

习性：喜生于温凉，湿润，酸性，肥沃而排水良好的砂质土壤上。

分布：安徽、浙江、江西、福建、湖南、两广。

园林应用：庭荫树、园景树、专类园。

8 木莲 *Manglietia fordiana* Oliv. 木莲属

别名：黄心树

形态特征：乔木，高达 20m。叶革质、狭倒卵形、狭椭圆状倒卵形，或倒披针形。先端短急尖，通常尖头钝，基部楔形，沿叶柄稍下延，下面疏生红褐色短毛；叶长 1 ~ 3cm，基部稍膨大；托叶痕半椭圆形。花被片纯白色，每轮 3 片。聚合果褐色，卵球形，长 2 ~ 5cm。花期 5 月，果期 10 月。

习性：喜光，喜温暖湿润气候及深厚肥沃的酸性土。绝对低温 -7.6 ~ 6.8℃下顶部略有枯萎现象，不耐酷暑。

分布：长江中下游地区。

园林应用：庭荫树、园景树、专类园。

9 红花木莲 *Manglietia insignis* (Wall.) Bl. Fl. Jav. Magnol. 木莲属

别名：红色木莲

形态特征：常绿乔木，高达 30m。叶革质，倒披针形，长圆形或长圆状椭圆形，长 10 ~ 26cm，宽 4 ~ 10cm，先端渐尖，自 2/3 以下渐窄至基部，上面无毛，下面中脉具红褐色柔毛或散生平伏微毛。花芳香，花被片 9 ~ 12，外轮 3 片褐色，腹面染红色或紫红色。花期 5 ~ 6 月，果期 8 ~ 9 月。

习性：耐荫，喜湿润、肥沃的土壤。

分布：湖南、广西、四川、贵州、云南、西藏东南部。

园林应用：庭荫树、园景树、专类园。

10 南方木莲 *Manglietia chingii* Dandy 木莲属

别名：南方木莲

形态特征：常绿乔木，高达 20m。叶革质，倒披针形或窄倒卵状椭圆形，长 12 ~ 15cm，宽 2 ~ 5cm，先端短渐尖或钝，基部窄楔形或楔形，上面深绿色，有光泽，下面灰绿色，背面稍有白粉；叶柄长 2 ~ 3cm；上面具窄沟，托叶痕长 3 ~ 5mm。花白色，花被片 9 ~ 11。花期 5 ~ 6 月，肥水条件较好时 10 ~ 11 月可第二次开花。

习性：抗寒、抗旱、耐贫瘠、对土壤要求不严。

分布：云南、贵州、湖南、广西、广东等省。

园林应用：庭荫树、园景树、专类园。

11 海南木莲 *Manglietia hainanensis* Dandy 木莲属

别名：龙楠树

形态特征：高达20m乔木。叶薄革质，倒卵形；狭椭圆状倒卵形,长10～16cm;宽3～6cm,边缘波状起伏，先端急尖或渐尖，基部楔形，沿叶柄稍下延，上面深绿色，下面较淡，叶柄细弱，长3～4cm，基部稍膨大，托叶痕半圆形。花白色。聚合果褐色，卵圆形或椭状卵圆形，长5～6cm。花期4～5月，果期9～10月。

习性：生于海拔300～1200m的溪边、向阳山坡杂木林中。

分布：海南特产植物。热带亚热带地区广为栽培。

园林应用：庭荫树、园景树、专类园。

12 白兰 *Michelia alba* DC. 含笑属

别名：白兰花

形态特征:落叶乔木，高达17～20m，盆栽通常3～4m高。树皮灰白，幼枝常绿，叶片长圆，单叶互生，青绿色，革质有光泽,长椭圆形。其花蕾好像毛笔的笔头,瓣有8枚，白如皑雪，生于叶腋之间。花白色或略带黄色，花瓣肥厚，长披针形，有浓香。花期长，6～10月开花不断。

习性：喜光，较耐寒。忌低湿，栽植地渍水易烂根。喜肥沃、排水良好而带微酸性的砂质土壤。

分布：福建、广东、广西、云南等省区栽培极多。

园林应用：行道树、园路树、庭荫树、园景树、树林、专类园、盆栽。

13 含笑 *Michelia figo*（Lour.）Spreng. 含笑属

别名：香蕉花、含笑花、含笑梅

形态特征：常绿灌木或小乔木。单叶互生，叶椭圆形，绿色，光亮，厚革质，全缘。茎干因有微小的疣状突粒故略显粗糙。直立状的花朵系单生于叶腋，于3～5月盛开，花径约2～3公分，乳白色或淡黄色的花瓣通常为六片，边缘带紫晕，具有浓烈的香蕉香气，花瓣常微张半开，又常稍往下垂。花期3～4个月。果卵圆形，9月果熟。

习性：喜温湿，不甚耐寒，不耐烈日曝晒。

分布：原产华南南部各省区。现广植于全国各地。

园林应用：园景树、专类园、盆栽。

14 紫花含笑 *Michelia crassipes* Law 含笑属

别名：粗柄含笑

形态特征：小乔木或灌木，高2～5m。树皮灰褐色；芽、嫩枝、叶柄、花梗均密被红褐色或黄褐色长绒毛。叶革质，狭长圆形、倒卵形或狭倒卵形，很少狭椭圆形，长7～13cm，宽2.5～4cm，先端长尾状渐尖或急尖，基部楔形或阔楔形，脉上被长柔毛。花梗长3～4mm，花极芳香；紫红色或深紫色，花被片6，长椭圆形，聚合果长2.5～5cm，具蓇葖10枚以上。花期4～5月，果期8～9月。

习性：耐荫、耐寒能力均比含笑强，且栽培容易。

分布：广东北部、湖南南部、广西东北部。

园林应用：园景树、专类园。

15 乐昌含笑 *Michelia chapensis* Dandy 含笑属

别名：景烈白兰

形态特征：常绿乔木，高15～30m。叶薄革质，倒卵形，狭倒卵形或长圆状倒卵形，长6.5～15 cm，宽3.5～6.5 cm，先端骤狭短渐尖，或短渐尖，尖头钝，基部楔形或阔楔形，上面深绿色，有光泽，叶缘波状。花被片6，黄白色带绿色。聚合果长约10cm。花期3～4月，果期8～9月。

习性：喜温暖湿润的气候，能抗41℃的高温，亦能耐寒。喜光，喜土壤深厚、疏松、肥沃、排水良好的酸性至微碱性土壤。

分布：江西、湖南、广东、广西、贵州等地。

园林应用：行道树、园路树、庭荫树、园景树、树林、防护林、专类园。

16 金叶含笑 *Michelia foveolata* Merr.ex Dandy 含笑属

形态特征：常绿乔木，高达30m。叶厚革质，长圆状椭圆形，椭圆状卵形或阔披针形，长17～23cm，宽6～11cm，先端渐尖或短渐尖，基部阔楔形，圆钝或近心形，通常两侧不对称，上面深绿色，有光泽，下面被红铜色短绒毛，侧脉末端纤细，直至近叶缘开叉网结，网脉致密。花被片9-12，白色。聚合果长7～20cm。花期3～5月，果期9～10月。

习性：喜光、好温暖环境；幼苗耐荫湿环境。

分布：贵州东南部、湖北西部、湖南南部、江西、广东、广西南部、云南东南部。

园林应用：庭荫树、园景树、专类园。

17 深山含笑 *Michelia maudiae* Dunn　含笑属

别名：光叶白兰

形态特征：乔木，高达 20m。叶革质，长圆状椭圆形，很少卵状椭圆形，长 7 ~ 18cm，宽 3.5 ~ 8.5cm，先端骤狭短渐尖或短渐尖而尖头钝，基部楔形，阔楔形或近圆钝，上面深绿色，有光泽，下面灰绿色，被白粉。叶柄长 1 ~ 3cm，无托叶痕。花纯白色，花被片 9。聚合果长 7 ~ 15cm。花期 2 ~ 3 月，果期 9 ~ 10 月。

习性：喜光、喜温暖、湿润环境，能耐 -9℃低温。

分布：浙江、福建、湖南、广东、广西、贵州。

园林应用：庭荫树、园景树、专类园。

18 醉香含笑 *Michelia macclurei* Dandy 含笑属

别名：火力楠

形态特征：常绿乔木，高 35m。树干通直圆满。芽、幼枝、幼叶均密被锈褐色绢毛。叶革质，倒卵形，长 7~14cm，宽 5~7cm，先端短急尖或渐尖，基部楔形或宽楔形，上面初被短柔毛，后脱落无毛，下面被灰色毛杂有褐色平伏短绒毛，侧脉在叶面不明显，网脉细，蜂窝状。花白色，或淡黄白色，花被 9 ~ 12 片，芳香。聚合果，种子卵形，红色。花期 1 ~ 3 月，果期 10 月。

习性：喜光稍耐荫，忌干旱，喜土层深厚的酸性土壤。耐旱耐瘠，萌芽力强。耐寒性较强，还有一定的抗风能力。

分布：分布于我国广东、广西南亚热带地方。

园林应用：园路树、庭荫树、园景树、专类园。

19 阔瓣含笑 *Michelia platypetala* Hand.-Mazz. 含笑属

别名：阔瓣白兰花、云山白兰

形态特征：常绿乔木，高达 20m 乔木。叶薄革质，长圆形、椭圆状长圆形，长 11 ~ 18 cm，宽 4 ~ 6m，先端渐尖，基部宽楔形或圆钝，下面被灰白色或杂有红褐色平伏微柔毛；叶柄长 1 ~ 3cm，无托叶痕，被红褐色平伏毛。花被片 9，白色。聚合果长 5 ~ 15cm。花期 3 ~ 4 月，果期 8 ~ 9 月。

习性：喜温暖湿润气候，能耐 40℃的酷暑和 -10℃ ~ -15℃的低温。喜光，亦耐半荫。喜土层深厚、疏松、肥沃、排水良好、富含有机质的酸性至微碱性土壤。

分布：湖北、湖南、广东、广西、贵州。

园林应用：庭荫树、园景树、专类园、盆栽观赏。

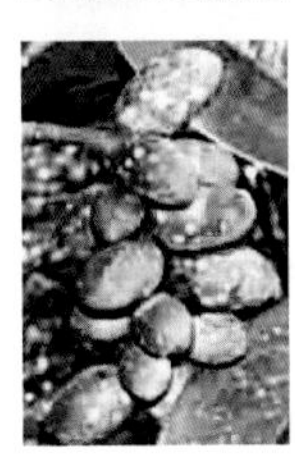

20 观光木 *Tsoongiodendron odorum* Chun 观光木属

别名：香花木、香木楠

形态特征：常绿绿木，高达 25m。小枝；芽叶柄、叶下面和花梗均被黄棕色糙状毛。叶互生，全缘，椭圆形或倒卵状椭圆形，长 8 ~ 15cm，宽 8 ~ 40cm，先端渐尖或钝，基部楔形，上面绿色，中脉被小柔毛。托叶痕几达叶柄中部。花两性，单生叶腋，淡紫红色，芳香。聚合蓇葖果长椭圆形，下垂，长 10 ~ 18cm，径 7 ~ 9cm，厚木质，成熟时沿背缝线开裂。花期 3 ~ 4 月，果期 9 ~ 10 月。

习性：喜温暖湿润气候及深厚肥沃的土壤。弱阳性树种，幼龄耐荫，长大喜光。

分布：云南、贵州、广西、湖南、福建、广东和海南。

园林应用：庭荫树、园景树、专类园。

21 鹅掌楸 *Liriodendron chinense* (Hemsl.) Sargent. 鹅掌楸属

别名：马褂木

形态特征：落叶乔木，树高达 40m。叶互生，长 4 ~ 18cm，宽 5 ~ 19cm，每边常有 2 裂片，背面粉白色；叶柄长 4 ~ 8cm。叶形如马褂。花单生枝顶，花被片 9 枚，外轮 3 片萼状，绿色。聚合果纺锤形，长 6 ~ 8cm，直径 1.5 ~ 2cm。花期 5 ~ 6 月，果期 9 月。

习性：喜光及温和湿润气候，可经受 -15℃低温。忌低湿水涝。

分布：长江流域以南地区，西直至云南省金平县，北界为陕西省紫阳县，南至广西。

园林应用：行道树、园路树、庭荫树、园景树、风景林、水边绿化、专类园。

22 北美鹅掌楸 *Liriodendron tulipifera* L. 鹅掌楸属

别名：美国马褂木、郁金香树

形态特征：落叶大乔木，株高 60m。叶鹅掌形，或称马褂状，两侧各有 1 ~ 3 浅裂，先端近截形。花浅黄绿色，郁金香状。

习性：喜光，耐寒、耐半荫，不耐干旱和水湿，生长适温 15 ~ 25℃，冬季能耐 -17℃低温。

分布：青岛、庐山、南京、杭州、昆明等地有栽培。

园林应用：行道树、园路树、庭荫树、园景树、风景林、水边绿化、专类园。

23 乐东拟单性木兰 *Parakmeria lotungensis* (Chun et C. Tsoong) Law 拟单性木兰属

别名：乐东木兰

形态特征：常绿乔木，高达30m。叶革质，狭倒卵状椭圆形，长6～11cm，宽2～3.5cm，先端尖而尖头钝，基部楔形，或狭楔形；上面深绿色，有光泽；侧脉每边9～13条，干时两面明显凸起，叶柄长1～2cm。花杂性；花白色，花被片9～14。聚合果卵状长圆形体或椭圆状卵圆形，长3～6cm。花期4～5月，果期8～9月。

习性：喜光，喜温暖湿润气候，能抗41℃的高温和耐-12℃的严寒。喜深厚、肥沃、排水良好的土壤。

分布：海南、两广、贵州、湖南、江西、福建、浙江等地。

园林应用：庭荫树、园景树、专类园。

十二 番荔枝科 Annonaceae

1 垂枝长叶暗罗 *Polyalthia longifolia* (Sonn.) Thwaites 'Pendula' 暗罗属

别名：垂枝暗罗

形态特征：常绿乔木，株高可达8m。下垂的枝叶甚密集，树冠整洁美观，呈锥形或塔状；主干高耸挺直，侧枝纤，细下垂；叶互生，下垂，狭披针形，叶缘具波状。3月中旬开花，花黄绿色，味清香。

习性：喜高温、高湿和强光环境，耐热、耐干旱、耐贫瘠土壤，成株较耐风，但不耐荫。

分布：华南有有栽培。

园林应用：行道树、园景树、造型树、绿篱、盆栽观赏等。

2 鹰爪花 *Artabotrys hexapetalus* (L. f.) Bhandari 鹰爪花属

别名：鹰爪、鹰爪兰

形态特征：常绿攀援灌木，高达4m。单叶互生，叶矩圆形或广披针形，长7～16cm，宽3～5cm，先端渐尖。花朵1～2朵生于钩状的花序柄上，淡绿或淡黄色，极香。萼片绿色，卵形。花瓣6，2轮，雄蕊多数，花药长圆形。浆果卵圆形，长2.5～4cm，数个簇生。花期5～8月，果期5～12月。

习性：喜温和气候和较肥沃的排水良好的土壤，喜光，耐荫，耐修剪，但不耐寒。

分布：华南地区。

园林应用：造型树、绿篱、垂直绿化、盆栽观赏等。

十三 蜡梅科 Calycanthaceae

1 夏蜡梅 *Calycanthus chinensis* Cheng et S. Y. Chang 夏蜡梅属

别名：夏梅、大叶柴、黄梅花

形态特征：落叶灌木，高 1 ~ 3m，小枝对生。叶宽卵状椭圆形、卵圆形或倒卵形，长 11 ~ 26cm，宽 8 ~ 16cm，基部两侧略不对称，叶缘全缘或有不规则的细齿，叶面有光泽，略粗糙，无毛；叶柄长 1.2 ~ 1.8cm，被黄色硬毛，后变无毛。花无香气，直径 4.5 ~ 7cm；花梗长 2 ~ 2.5cm。果托钟状或近顶口紧缩，长 3 ~ 4.5cm，直径 1.5 ~ 3cm，密被柔毛。花期 5 月中、下旬，果期 10 月上旬。

习性：喜温暖湿润和半荫的环境。较耐寒，怕强光暴晒，怕干旱。喜肥沃、疏松和排水良好的砂土。

分布：浙江昌化及天台等地。

园林应用：园景树、基础种植、专类园、盆栽观赏。

2 蜡梅 *Chimonanthus praecox* (L.) Link 蜡梅属

别名：腊梅、素心蜡梅

形态特征：落叶灌木，高达 4m；幼枝四方形。叶纸质至近革质，卵圆形、椭圆形、宽椭圆形至卵状椭圆形，有时长圆状披针形，长 5 ~ 25cm，宽 2 ~ 8cm，顶端急尖至渐尖，有时具尾尖，基部急尖至圆形，除叶背脉上被疏微毛外无毛。先花后叶，芳香，直径 2 ~ 4cm。果托近木质化，坛状或倒卵状椭圆形。花期 11 月至翌年 3 月，果期 4 ~ 11 月。

习性：喜光，略耐侧荫。耐寒。喜肥，耐干旱，忌水湿。耐修剪。

分布：华北、华东、华中、西南、广西、广东等省。

园林应用：园景树、基础种植、专类园、盆栽观赏。

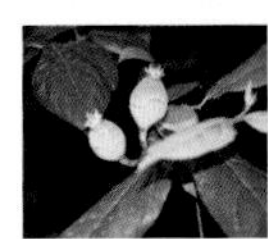

3 山蜡梅 *Chimonanthus nitens* Oliv. 蜡梅属

别名：秋蜡梅、亮叶蜡梅、野蜡梅

形态特征：常绿灌木，高 1 ~ 3m。叶纸质至近革质，椭圆形至卵状披针形，长 2 ~ 13cm，宽 1.5 ~ 5.5cm，顶端渐尖，基部钝至急尖，叶面略粗糙，有光泽，基部有不明显的腺毛，叶背无毛；叶脉在叶面扁平，在叶背凸起，网脉不明显。花小，直径 7 ~ 10mm，黄色或黄白色。果托坛状，长 2 ~ 5cm，直径 1 ~ 2.5cm。花期 10 月 ~ 翌年 1 月，果期 4 ~ 7 月。

习性：喜疏松砂壤土。

分布：长江中下游、福建、、广西、云南、贵州和陕西等省区。

园林应用：园景树、水边绿化、基础种植、专类园、盆栽观赏。

十四 樟科 Lauraceae

1 樟树 *Cinnamomum camphora* (L.) Presl 樟属

别名：香樟、樟木

形态特征：常绿大乔木，高可达 30m。枝、叶及木材均有樟脑气味。叶互生，卵状椭圆形，长 6 ~ 12cm，宽 2.5 ~ 5.5cm，先端急尖，基部宽楔形至近圆形，边缘全缘，软骨质，有时呈微波状，具离基三出脉，中脉两面明显；叶柄纤细，长 2 ~ 3cm，腹凹背凸，无毛。圆锥花序腋生，长 3.5 ~ 7cm。花绿白或带黄色。果卵球形或近球形，直径 6 ~ 8mm。花期 4 ~ 5 月，果期 8 ~ 11 月。

习性：喜光，稍耐荫；喜温暖湿润气候，耐寒性不强，较耐水湿，但不耐干旱、瘠薄和盐碱土。深根性，能抗风。萌芽力强，耐修剪。

分布：南方及西南各省区。

园林应用：行道树、园路树、庭荫树、园景树、风景林、树林、防护林、水边绿化、特殊环境绿化等。

2 肉桂 *Cinnamomum cassia* Presl 樟属

别名：桂、桂皮、筒桂

形态特征：常绿乔木，植株高 12 ~ 17m，全株有芳香气。叶互生或近对生，长椭圆形至近披针形，长 8 ~ 16(34) cm，先端稍急尖，基部急尖，革质，有光泽，离基三出脉，侧脉近对生；圆锥花序腋生或近顶生，花白色。浆果椭圆形，长约 1cm，熟时黑紫色。花期 6 ~ 8 月，果期至 10 ~ 12 月。

习性：喜温湿，能忍耐短期 -2℃的温度。喜土层深厚、质地疏松的肥沃土壤。

分布：广东、广西、福建、台湾、云南等省。

园林应用：行道树、园路树、庭荫树、园景树、盆栽观赏等。

3 天竺桂 *Cinnamomum japonicum* Sieb. 樟属

别名：大叶天竺桂、山肉桂、土肉桂

形态特征：常绿乔木，高 10 ~ 15m。叶近对生或在枝条上部者互生，卵圆状长圆形至长圆状披针形，长 7 ~ 10cm，宽 3 ~ 3.5cm，先端锐尖至渐尖，基部宽楔形或钝形，革质，离基三出脉，中脉直贯叶端，中脉及侧脉两面隆起；叶柄粗壮，红褐色。圆锥花序腋生，长 3 ~ 4.5cm，总梗长 1.5 ~ 3cm。花长约 4.5mm。

果长圆形，长7mm。花期4～5月，果期7～9月。

习性：喜温暖湿润气候和排水良好的微酸性土壤。

分布：江苏、浙江、安徽、江西、福建及台湾。

园林应用：行道树、园路树、庭荫树、园景树、风景林、树林、防护林、特殊环境绿化等。

4 阴香 *Cinnamomum burmanni* (C.G. et Th. Nees) Bl. 樟属

别名：常绿桂树、野桂树、小桂皮

形态特征：乔木，高达14m。树皮的内层红色。叶互生或近对生，卵圆形、长圆形至披针形，长5.5～10.5cm，宽2～5cm，先端短渐尖，基部宽楔形，革质，具离基三出脉，中脉及侧脉在上面明显，下面十分凸起；叶柄长0.5～1.2cm。圆锥花序腋生或近顶生，长3～6cm，少花。花绿白色，长约5mm。果卵球形，长约8mm，宽5mm。花期主要在秋、冬季，果期主要在冬末及春季。

习性：喜光，喜暖热湿润气候及肥沃湿润土壤。

分布：广东、广西、云南及福建。

园林应用：行道树、园路树、庭荫树、园景树、风景林、树林、防护林、特殊环境绿化等。

5 檫木 *Sassafras tzumu* (Hemsl.) Hemsl. 檫木属

别名：檫树、桐梓树、梓木

形态特征：落叶乔木，高可达35m。叶互生，聚集于枝顶，卵形或倒卵形，长9～18cm，宽6～10 cm，先端渐尖，基部楔形，全缘或2～3浅裂，裂片先端略钝，坚纸质，羽状脉或离基三出脉；叶柄纤细。花序顶生，先叶开放，长4～5cm，多花。花黄色，长约4mm，雌雄异株。果近球形，直径达8mm。花期3～4月，果期5～9月。

习性：喜光，不耐旱，忌水湿，生长快。

分布：长江中下游、华南、西南、福建等省区。

园林应用：行道树、园路树、庭荫树、园景树、风景林、树林等。

6 闽楠 *Phoebe bournei* (Hemsl.) Yang　楠木属

别名：楠木、竹叶楠

形态特征：常绿大乔木，高达 15 ~ 20m。叶革质或厚革质，披针形或倒披针形，长 7 ~ 13cm，宽 2 ~ 4cm，先端渐尖或长渐尖，基部渐窄或楔形，上面发亮，下面被短柔毛，脉上被伸展长柔毛，中脉上面下陷，侧脉 10 ~ 14 条，网脉致密，在下面呈明显的网格状；叶柄长 0.5 ~ 2cm。圆锥花序生于新枝中、下部，长 3 ~ 7cm。果椭圆形或长圆形，长 1.1 ~ 1.5cm，直径 6 ~ 7mm。花期 4 月，果期 10 ~ 11 月。

习性：喜湿，耐荫。能耐间隙性的短期水浸。

分布：江西、福建、浙江、广东、广西、湖南、湖北、贵州。

园林应用：园路树、庭荫树、园景树、风景林、树林、盆栽观赏等。

7 紫楠 *Phoebe sheareri* (Hemsl.) Gamble　楠木属

别名：金丝楠、黄心楠

形态特征：常绿大灌木至乔木，高 5 ~ 15m.。叶革质，倒卵形、椭圆状倒卵形或阔倒披针形，长 8 ~ 27cm，宽 3.5 ~ 9cm，通常长 12 ~ 18cm，宽 4 ~ 7cm，先端突渐尖或突尾状渐尖，基部渐狭，中脉和侧脉上面下陷，结成明显网格状；叶柄长 1 ~ 2.5cm。圆锥花序长 7 ~ 15cm，在顶端分枝。果卵形，长约 1cm，直径 5 ~ 6mm，果梗略增粗，被毛。花期 4 ~ 5 月，果期 9 ~ 10 月。

习性：耐荫树种；在全光照下常生长不良，有一定的耐寒能力。

分布：长江流域及其以南和西南各省。

园林应用：园路树、庭荫树、园景树、风景林、树林、防护林等。

8 红楠 *Machilus thunbergii* Sieb. et Zucc. 润楠属

别名：猪脚楠

形态特征：常绿中等乔木，通常高 10 ~ 15(20)m。嫩枝紫红色。叶倒卵形至倒卵状披针形，革质，浓绿富光泽，老叶暗红色。花顶生或在新枝上腋生，圆锥花序黄绿色。果扁球形，直径 8 ~ 10mm，初时绿色，后变黑紫色；果梗鲜红色。花期 2 月，果期 6 ~ 8 月。

习性：喜温暖湿润气候，能耐 -10℃的短期低温。喜排水良好土壤。有较强的耐盐性及抗风能力。

分布：山东、江苏、浙江、安徽、台湾、福建、江西、湖南、广东、广西。

园林应用：行道树、园路树、庭荫树、园景树、风景林、防护林等。

9 薄叶润楠 *Machilus leptophylla* Hand.-Mazz. 润楠属

别名：大叶楠

形态特征：高大乔木，高达 28m。叶常集生枝顶而呈轮生状，倒卵状长圆形，长 14 ~ 24cm，宽 3.5 ~ 7cm，幼时下面被平伏的银色绢毛，老时上面深绿，无毛，下面带灰白色，仍有稍疏绢毛；侧脉 14 ~ 20(24) 对，略带红色。圆锥花序 6 ~ 10 个，长 8 ~ 12(15)cm，多花；果球形，直径约 1cm，成熟时变紫黑色；果梗长 5 ~ 10mm，鲜红色。

习性：耐荫性强，喜肥沃湿润的酸性黄壤。海拔 450 ~ 1200m。

分布：福建、浙江、江苏、湖南、两广、贵州。

园林应用：园路树、庭荫树、园景树、风景林、树林等。

10 山苍子 *Litsea cubeba* (Lour.) Pers. 木姜子属

别名：木姜子、山胡椒、山苍树

形态特征：落叶灌木或小乔木，高达 8 ~ 10m。小枝绿色，枝、叶具芳香味。叶互生，披针形或长圆形，长 4 ~ 11cm，宽 1.1 ~ 2.4cm，先端渐尖，基部楔形，纸质，上面深绿色，下面粉绿色，中脉、侧脉在两面均突起。伞形花序单生或簇生，总梗细长，长 6 ~ 10mm。果近球形，直径约 5mm，成熟时黑色。花期 2 ~ 3 月，果期 7 ~ 8 月。

习性：喜光或稍耐荫，浅根性。萌芽性强。

分布：长江以南各省区西南直至西藏均有分布。

园林应用：园景树、风景林、树林、基础种植等。

11 山橿 *Lindera reflexa* Hemsl. 山胡椒属

别名：钓樟、甘橿、大叶钓樟

形态特征：落叶灌木或小乔木。幼枝条黄绿色，光滑。叶互生，通常卵形或倒卵状椭圆形，有时为狭倒卵形或狭椭圆形，长 9 ~ 12cm，宽 5.5 ~ 8cm，先端渐尖，基部圆或宽楔形，有时稍心形，纸质，羽状脉。伞形花序着生于叶芽两侧各一；总苞片 4，内有花约 5 朵。花被片 6，黄色。果球形，直径约 7mm，熟时红色。花期 4 月，果期 8 月。

习性：喜土层深厚、土壤肥沃、半荫凉的环境中。

分布：河南、长江中下游各省、西南、华南地区。

园林应用：园景树、风景林、绿篱、盆栽及盆景观赏等。

12 山胡椒 *Lindera glauca* (Sieb. et Zucc.) Bl.

山胡椒属

别名：假死柴、牛筋树、野胡椒

形态特征：落叶灌木或小乔木，高可达 8m。叶互生，宽椭圆形、椭圆形、倒卵形到狭倒卵形，长 4 ~ 9cm，宽 2 ~ 4(6)cm，上面深绿色，下面淡绿色，被白色柔毛，纸质，羽状脉；叶枯后不落，翌年新叶发出时落下。伞形花序腋生，每总苞有 3 ~ 8 朵花。花被片黄色。花期 3 ~ 4 月，果期 7 ~ 8 月。

习性：喜光，耐干旱瘠薄，也稍耐荫湿，抗寒力强，对土壤适应性广。深根性。

分布：山东、陕西、四川、甘肃以南各省。

园林应用：园景树、风景林、树林等。

13 乌药 *Lindera aggregata* (Sims) Kosterm.

山胡椒属

别名：白背树、香叶子

形态特征：常绿灌木或小乔木，高可达 5m。幼枝青绿色。叶互生，卵形，椭圆形至近圆形，先端长渐尖或尾尖，基部圆形，革质或有时近革质，上面绿色，有光泽，下面苍白色，三出脉；叶柄长 0.5 ~ 1cm。伞形花序腋生，无总梗，常 6 ~ 8 花序集生于一 1 ~ 2mm 长的短枝上。果卵形或有时近圆形，长 0.6 ~ 1cm，直径 4 ~ 7mm。花期 3 ~ 4 月，果期 5 ~ 11 月。

习性：喜光，喜深厚、肥沃、排水良好的微酸性红黄壤。

分布：浙江、江西、福建、安徽、湖南、两广、台湾等省区。

园林应用：园景树、盆栽观赏等。

14 大果山胡椒(油乌药) *Lindera praecox* (Sieb. et Zucc.)Bl.G

山胡椒属

别名：油乌药

形态特征：落叶灌木，高达 4m。叶互生，先端渐尖，基部宽楔形，长 5 ~ 9cm，宽 2.5 ~ 4cm，上面深绿色，下面淡绿色，无毛，羽状脉；叶柄长 0.5 ~ 1cm，无毛，叶冬天枯黄不落，至翌年发叶时落下。果球形，直径可达 1.5cm，熟时黄褐色。花期 3 月，果期 9 月。

习性：生于低山、山坡灌丛中。

分布：浙江、安徽、湖北等省。

园林应用：园景树、基础种植。

15 香粉叶 *Lindera pulcherrima* (Wall.) Benth. *var. attenuata* Allen

山胡椒属

别名：香叶树、假桂皮

形态特征：常绿乔木，高 7 ~ 10m；枝条绿色。叶互生，长卵形、长圆形到长圆状披针形，长 8 ~ 13cm，宽 2 ~ 4.5cm，先端具长尾尖，上面绿色，下面蓝灰色；三出脉，中、侧脉黄色。雌花未见。果椭圆形，直径 6mm。果期 6 ~ 8 月。

习性：生于海拔 65 ~ 1590m 的山坡、溪边。

分布：两广、湖南、湖北、云南、贵州、四川等省。

园林应用：园景树、树林。

16 红果山胡椒 *Lindera erythrocarpa* Makino

山胡椒属

别名：红果钓樟

形态特征：落叶灌木，高可达 5m；树皮灰褐色，多皮孔。叶互生，通常为倒披针形，先端渐尖，基部狭楔形，常下延，长 9 ~ 12cm，宽 4 ~ 5cm，纸质，上面绿色，有稀疏贴服柔毛或无毛，下面带绿苍白色，被贴服柔毛，在脉上较密，羽状脉。果球形，直径 7 ~ 8mm，熟时红色。花期 4 月，果期 9 ~ 10 月。

习性：生于海拔 1000m 以下山坡、山谷、溪边、林下等处。

分布：陕西、河南、山东、长江中下游各省、福建、台湾、华南、四川等省区。

园林应用：园景树。

17 大叶新木姜子 *Neolitsea levinei* Merr.

新木姜子属

别名：假玉桂、大叶新木姜

形态特征：常绿乔木，高达 22m。叶轮生，4 ~ 5 片一轮，长圆状披针形，长 15 ~ 31cm，宽 4.5 ~ 9cm，先端短尖或突尖，基部尖锐，革质，离基三出脉，侧脉每边 3 ~ 4 条；叶柄长 1.5 ~ 2cm，密被黄褐色柔毛。伞形花序数个；每一花序有花 5 朵。果椭圆形或球形，长 1.2 ~ 1.8cm，直径 0.8 ~ 1.5cm，成熟时黑色。花期 3 ~ 4 月，果期 8 ~ 10 月。

习性：喜光亦耐荫，喜温暖潮湿环境及深厚肥沃的土壤。

分布：产广东、广西、湖南、湖北、江西、福建、四川、贵州及云南。

园林应用：园路树、庭荫树、园景树、风景林、树林等。

18 舟山新木姜子 *Neolitsea sericea* (Bl.) Koidz

新木姜子属

别名：男刁樟

形态特征：高达 10m。嫩枝密被金黄色丝状柔毛。叶互生，椭圆形至披针状椭圆形，长6.6～20cm，宽3～4.5cm，两端渐狭，而先端钝，革质，幼叶两面密被金黄色绢毛，老叶上面毛脱落呈绿色而有光泽，下面粉绿，有贴伏黄褐或橙褐色绢毛，离基三出脉。果径约1.3cm。花期9～10月，果期翌年1～2月。

习性：根系发达，具有耐旱、抗风等特性，根基萌发力较强。分布于丘陵谷地。分布区地处中亚热带沿海岛屿。

分布：浙江（舟山）及上海（崇明）。

园林应用：园景树、风景林、树林。

十五 八角科 Illiciaceae

1 莽草 *Illicium lanceolatum* A.C. Smith 八角属

别名：披针叶八角、披针叶茴香、红茴香

形态特征：常绿灌木或小乔木，高3～10m。叶互生或稀疏地簇生于小枝近顶端或排成假轮生，革质，披针形、倒披针形或倒卵状椭圆形，长5～15cm，宽1.5～4.5cm，先端尾尖或渐尖、基部窄楔形；中脉在叶面微凹陷，叶下面稍隆起，网脉不明显。花腋生或近顶生，单生或2～3朵，红色、深红色；花被片10～15。肉质蓇葖果10～14枚轮状排列。花期4～6月，果期8～10月。

习性：极耐荫，怕晒，耐一定的干旱瘠薄，抗二氧化硫等有毒气体。

分布：产于江苏南部、安徽、浙江、江西、福建、湖北、湖南、贵州。

园林应用：基础种植、园景树。

2 八角 *Illicium verum* Hook.f. 八角属

别名：大茴香、八角茴香

形态特征：常绿乔木，株高10～15m。单叶互生，叶片革质，椭圆状倒卵形至椭圆状倒披针形，长5～11cm，宽1.5～4cm。春季花单生于叶，粉红色至深红色。聚合果放射星芒状，直径3.5cm，红褐色；蓇葖顶端钝呈鸟嘴形，每一蓇葖含种子一粒。

习性：喜温暖、潮湿气候。幼树喜荫，成年树喜光。忌强光和干旱，怕强风。喜偏酸性的砂土。

分布：广西、云南、福建南部、广东西部。

园林应用：园景树、庭荫树、专类园。

十六 五味子科 Schizandraceae

1 南五味子 *Kadsura longipedunculata* Finet et Gagnep. 南五味子属

形态特征：常绿藤本。叶长圆状披针形、倒卵状披针形或卵状长圆形，长5～13cm，宽2～6cm，先端渐尖或尖，基部狭楔形或宽楔形，边有疏齿；上面具淡褐色透明腺点，

叶柄长0.6～2.5cm。花单生于叶腋，花被片白色或淡黄色，8～17片。聚合果球形，径1.5～3.5cm；小浆果倒卵圆形，长8～14mm。花期6～9月，果期9～12月。

习性：喜温暖湿润气候。五味子适应性很强，对土壤要求不太严格，栽培、管理方法简单。

分布：黄河流域以南，主要分布于华中、西南、华东等地区。

园林应用：垂直绿化。

十七 毛茛科 Ranunculaceae

1 铁线莲 *Clematis florida* Thunb. 铁线莲属

形态特征：落叶或半常绿木质藤本。蔓茎瘦长，达4m。叶对生，有柄，单叶或1或2回三出复叶，叶柄能卷缘他物；小叶卵形或卵状披针形，全缘，或2～3缺刻。花单生或圆锥花序，白色，花径5～8cm。瘦果聚集成头状。花期5～6月。

习性：喜肥沃、排水良好的碱性壤土，忌积水或夏季干旱而不能保水的土壤。可耐-20℃低温。

分布：广东、广西、江西、湖南等地均有分布。

园林应用：垂直绿化、地被植物。

十八 小檗科 Berberidaceae

1 小檗 *Berberis thunbergii* DC. 小檗属

别名：日本小檗

形态特征：落叶灌木，一般高约1m。茎刺单一，偶3分叉，长5～15mm。叶薄纸质，倒卵形、匙形或菱状卵形，长1～2cm，宽5～12mm，先端骤尖或钝圆，基部狭而呈楔形，全缘，上面绿色，背面灰绿色，中脉微隆起，两面网脉不明显。花2～5朵组成具总梗的伞形花序，花黄色。浆果椭圆形，长约8mm，直径约4mm，亮鲜红色。花期4～6月，果期7～10月。

习性：喜光，稍耐荫，耐寒。萌芽力强，耐修剪。

分布：大部分省区特别是各大城市常栽培。

园林应用：基础种植、绿篱、盆栽观赏等。

2 细叶小檗 *Berberis poiretii* Schneid. 小檗属

形态特征：落叶灌木，高1～2m。茎刺缺或单一，有时三分叉，长4～9mm。叶纸质，倒披针形至狭倒披针形，偶披针状匙形。长1.5～4cm，宽5～10mm，先端渐尖或急尖，具小尖头，基部渐狭，上面深绿色，中脉凹陷，背面淡绿色或灰绿色，中脉隆起，侧脉和网脉明显，两面无毛，叶缘平展，全缘，偶中上部边缘具数枚细小刺齿；近无柄。穗状总状花序具8～15朵花；花黄色。浆果长圆形，红色，长约9mm，直径约4～5mm。花期5～6月，果期7～9月。

习性：耐寒，对土壤要求不严，耐旱。

分布：吉林、辽宁、内蒙古、青海、陕西、山西、河北。

园林应用：基础种植。常植于庭院中观赏。

3 大叶小檗 *Berberis ferdinandi-coburgii* Schneid. 小檗属

形态特征：常绿灌木，高约 2m。茎刺细弱，三分叉，长 7 ~ 15mm，腹面具槽。叶革质，椭圆状倒披针形，长 4 ~ 9cm，宽 1.5 ~ 2.5cm，先端急尖，具 1 刺尖，基部楔形，中脉和侧脉凹陷，中脉和侧脉隆起，两面网脉显著，叶缘每边具 35 ~ 60 刺齿。花 8 ~ 18 朵簇生，黄色。浆果红色，熟时黑色，椭圆形或卵形，长 7 ~ 8mm，直径 5 ~ 6mm。果期 6 ~ 10 月。

习性：生于山坡及路边灌丛中。海拔 100 ~ 2700m。

分布：云南。

园林应用：基础种植、绿篱、盆栽观赏等。

4 豪猪刺 *Berberis julianae* Schneid. 小檗属

别名：三颗针

形态特征：常绿灌木，高 1 ~ 3m。茎刺粗壮，三分叉，长 1 ~ 4cm。叶革质，椭圆形，披针形或倒披针形，长 3 ~ 10cm，宽 1 ~ 3cm，先端渐尖，基部楔形，上面深绿色，中脉凹陷，背面淡绿色，叶缘每边具 10 ~ 20 刺齿；叶柄长 1 ~ 4mm。花 10 ~ 25 多簇生，花黄色；花瓣基部具 2 枚长圆形腺体。浆果长圆形，蓝黑色，长 7 ~ 8mm，直径 3.5 ~ 4mm。花期 3 月，果期 5 ~ 11 月。

习性：生于山坡、沟边、林中、林缘、灌丛中或竹林中。海拔 1100 ~ 2100m。

分布：湖北、四川、贵州、湖南、广西。

园林应用：基础种植、绿篱、盆栽观赏等。

5 狭叶十大功劳 *Mahonia fortunei* (Lindl.) Fedde 十大功劳属

别名：十大功劳

形态特征：灌木，高 0.5 ~ 2m。叶倒卵圆形至倒卵状披针形，长 10 ~ 28cm，宽 8 ~ 18cm，具 2 ~ 5 对小叶，最下一对小叶外形与往上小叶相似，距叶柄基部 2 ~ 9cm，叶脉不明显，背面淡黄色，偶稍苍白色，叶脉隆起。小叶无柄或近无柄，狭披针形至狭椭圆形，长 4.5 ~ 14cm，宽 0.9 ~ 2.5cm，基部楔形，边缘每边具 5 ~ 10 刺齿，先端急尖或渐尖。总状花序 4 ~ 10 个簇生，长 3 ~ 7cm；花黄色。浆果球形，直径 4 ~ 6mm，紫黑色。花期 7 ~ 9 月，果期 9 ~ 11 月。

习性：耐荫，喜温暖气候及肥沃、湿润、排水良好的土壤，耐寒性不强。

分布：广西、四川、贵州、湖北、江西、浙江。各地有栽培。

园林应用：绿篱、基础种植、盆栽观赏。

6 阔叶十大功劳 *Mahonia bealei* (Fort.) Carr. 十大功劳属

别名：土黄柏、八角刺、刺黄柏

形态特征：常绿灌木或小乔木，高 0.5 ~ 4m。叶狭倒卵形至长圆形，长 27 ~ 51cm，宽 10 ~ 20cm，具 4 ~ 10 对小叶；小叶厚革质，硬直，自叶下部往上小叶渐次变长而狭，最下一对小叶卵形，长 1.2 ~ 3.5cm，宽 1 ~ 2cm，具 1 ~ 2 粗锯齿，边缘每边具 2 ~ 6 粗锯齿，先端具硬尖，顶生小叶较大。总状花序直立，通常 3 ~ 9 个簇生；花瓣倒卵状椭圆形，长 6 ~ 7mm，宽 3 ~ 4mm，基部腺体明显。浆果卵形，长约 1.5cm，直径约 1 ~ 1.2cm，深蓝色，被白粉。花期 9 月至翌年 1 月，果期 3 ~ 5 月。

习性：耐荫，喜温暖气候及肥沃、湿润、排水良好的土壤，耐寒性不强。

分布：于浙江、安徽、江西、湖南、湖北、陕西、河南、广东、广西、四川。

园林应用：园景树、绿篱、基础种植、盆栽观赏。

7 南天竹 *Nandina domestica* Thunb. 南天竹属

别名：南天竺

形态特征：常绿小灌木。茎常丛生而少分枝，高 1 ~ 3m。叶互生，集生于茎的上部，三回羽状复叶，长 30 ~ 50cm；小叶薄革质，椭圆形或椭圆状披针形，长 2 ~ 10cm，宽 0.5 ~ 2cm，顶端渐尖，基部楔形，全缘，上面深绿色，冬季变红色。圆锥花序直立，长 20 ~ 35cm；花小，白色。浆果球形，直径 5 ~ 8mm，熟时新红色。花期 3 ~ 6 月，果期 5 ~ 11 月。

习性：喜半荫，喜温暖气候及肥沃、湿润而排水良好之土壤，耐寒性不强，对水分要求不严。

分布：西南、四川、贵州、长江中下游地区。

园林应用：基础种植、绿篱、盆栽桩景观赏等。

十九 大血藤科 Sargentodoxaceae

1 大血藤 *Sargentodoxa cuneata* (Oliv.) Rehd. et Wils. 大血藤属

形态特征：落叶木质藤本。三出复叶，或兼具单叶；小叶革质，顶生小叶近棱状倒卵圆形，长 4 ~ 12.5cm，宽 3 ~ 9cm，先端急尖，基部渐狭，全缘，侧生小叶斜卵形，先端急尖，基部内面楔形，外面截形或圆形。雄花与雌花同序或异序。浆果近球形，直径约 1cm，成熟时黑蓝色。花期 4 ~ 5 月，果期 6 ~ 9 月。

习性：喜光，常生于海拔较高的阳坡疏林中。

分布：陕西、四川、贵州、湖北、湖南、云南、广西、广东、海南、江西、浙江、安徽。

园林应用：垂直绿化。

二十 木通科 Lardizabalaceae

1 木通 *Akebia quinata* (Houttuyn) Decaisne

木通属

别名：野木瓜、附通子

形态特征：落叶木质藤本。掌状复叶互生或在短枝上的簇生，通常有小叶5片，偶有3～4片或6～7片；叶柄纤细，长4.5～10cm；小叶纸质，倒卵形或倒卵状椭圆形，长2～5cm，宽1.5～2.5cm，先端圆或凹入，具小凸尖，基部圆或阔楔形，上面深绿色，下面青白色；中脉在上面凹入，下面凸起。伞房花序式的总状花序腋生，长6～12cm，疏花，基部有雌花1～2朵。果孪生或单生，长圆形或椭圆形，长5～8cm，直径3～4cm，成熟时紫色。花期4～5月，果期6～8月。

习性：稍耐荫，喜温暖气候及湿润而排水良好的土壤，通常见于山坡疏林或水田畦畔。

分布：长江流域、华南及东南沿海各省区。

园林应用：垂直绿化、盆栽桩景观赏等。

2 三叶木通 *Akebia trifoliata* (Thunb.)Koidz.

木通属

别名：八月瓜藤、八月楂、八月瓜

形态特征：落叶木质藤本。掌状复叶互生或在短枝上的簇生；叶柄直，长7～11cm；小叶3片，纸质或薄革质，卵形至阔卵形，长4～7.5cm，宽2～6cm，先端通常钝或略凹入，具小凸尖，基部截平或圆形，边缘具波状齿或浅裂，上面深绿色，下面浅绿色。总状花序自短枝上簇生叶重抽出，下部有1～2朵雌花，花淡紫色。果长圆形，长6～8cm，直径2～4cm。花期4～5月，果期7～8月。

习性：稍耐荫，喜温暖气候及湿润而排水良好的土壤，通常见于山坡疏林或水田畦畔。

分布：河北、山西、山东、河南、陕西南部、甘肃东南部至长江流域各省区。

园林应用：垂直绿化、盆栽桩景观赏等。

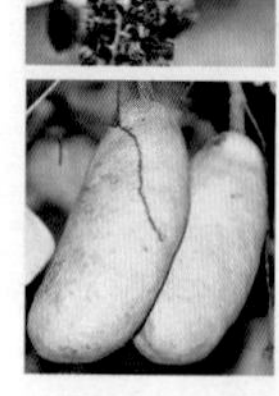

二十一防己科 Menispermaceae

1 木防己 *Cocculus orbiculatus* (L.) DC. 木防己属

形态特征：缠绕性木质藤本。叶片纸质至近革质，形状变异极大，自线状披针形至阔卵状近圆形、狭椭圆形至近圆形、倒披针形至倒心形，有时卵状心形，顶端短尖或钝而有小凸尖，有时微缺或2裂，边全缘或3裂，有时掌状5裂，长通常3～8cm，很少超过10cm，宽不等。聚伞花序少花，腋生，或排成多花，狭窄聚伞圆锥花序，顶生或腋生，长可达10cm或更长。核果近球形，红色至紫红色，径通常7～8mm；果核骨质，径约5~6mm。

习性：生于灌丛、村边、林缘等处。

分布：除西北部和西藏，大部分地区都有分布，以长江流域中下游及其以南各省区常见。

园林应用：垂直绿化、专类园。

二十二 连香树科 Cercidiphyllaceae

1 连香树 *Cercidiphyllum japonicum* Sieb. et Zucc. 连香树属

形态特征：落叶大乔木，高10～20m。生短枝上的近圆形、宽卵形或心形；生长枝上的椭圆形或三角形，长4～7cm，宽3.5～6cm，先端圆钝或急尖，基部心形或截形，边缘有圆钝锯齿，先端具腺体，两面无毛，下面灰绿色带粉霜，掌状脉7条直达边缘；叶柄长1～2.5cm。雄花常4朵丛生，苞片在花期红色。蓇葖果2～4个，荚果状，长10～18mm，宽2～3mm。花期12月，果期8月。

习性：耐荫性较强，深根性，抗风，耐湿，萌蘖性强，喜酸性土壤。

分布：山西西南部、河南、陕西、甘肃、安徽、浙江、江西、湖北及四川。

园林应用：园路树、庭荫树、园景树、风景林、水边绿化、盆栽及盆景观赏。

二十三 悬铃木科 Platanaceae

1 二球悬铃木 *Platanus acerifolia* Willd. 悬铃木属

别名：英国梧桐、法国梧桐、法桐

形态特征：落叶乔木，高达30～35m；树皮灰绿色，薄片状剥落。剥落后呈绿白色，光滑。叶近三角形，长9 ~ 15cm。3 ~ 5掌状裂，缘有不规则大锯齿，幼叶有星状毛，后脱落。果球（聚花果）常2个一串。花期5月；果熟期9 ~ 10月。

习性：喜光，不耐荫。耐干旱、瘠薄，亦耐湿。根系浅易风倒，耐修剪。抗烟尘、硫化氢等有害气体。对氯气、氯化氢抗性弱。

分布：北自大连、北京、河北，西至陕西、甘肃，西南至四川、云南，南至广及东部沿海各省都有栽培。

园林应用：行道树、园路树、庭荫树。

二十四 金缕梅科 Hamamelidaceae

1 檵木 *Loropetalum chinense* (R. Br.) Oliv 檵木属

别名：白花檵木

形态特征：常绿灌木，小枝有星毛。叶革质，卵形，长2 ~ 5cm，宽1.5 ~ 2.5cm，先端尖锐，基部钝，上面略有粗毛或秃净，下面被星毛，侧脉在上面明显，在下面突起，全缘。花3 ~ 8朵簇生，白色，比新叶先开放;花瓣4片，带状，长1 ~ 2cm,。蒴果卵圆形，长7 ~ 8mm，宽6 ~ 7mm。花期3 ~ 4月。

习性：稍耐荫，喜温暖气候及酸性土壤。

分布：中部、南部及西南各省。

园林应用：水边绿化、绿篱及绿雕、基础种植、地被植物、盆栽及盆景观赏。

2 红檵木 *Loropetalum chinense* (R. Br.) Oliv *var.rubrum* Yieh 檵木属

别名：红花继木、红桎木、红檵花

形态特征：常绿灌木或小乔木，高达10m；小枝、嫩叶及花萼均有锈色星状毛。单叶互生，暗紫色，卵形或椭圆形，长2 ~ 5cm，先端短尖，基部不对称，全缘。花瓣4，带状条形，长1 ~ 2cm，紫红色（因品种不同，花色、叶色略有区别），3 ~ 8朵簇生小枝端。花期3 ~ 4月。有双面红、透骨红、嫩叶红三大类型。

习性:喜光，稍耐阴，但阴时叶色容易变绿。适应性强，耐旱。喜温暖，耐寒冷。萌芽力和发枝力强，耐修剪。耐瘠薄，但适宜在肥沃、湿润的微酸性土壤中生长。

分布：长江中、下游以南，北回归线以北地区。

园林应用:园景树、水边绿化、绿篱及绿雕、基础种植、地被植物、盆栽及盆景观赏。

3 金缕梅 *Hamamelis mollis* Oliv 金缕梅属

别名：牛踏果

形态特征：落叶灌木或小乔木，高可达9m。细枝密生星状绒毛；裸芽有柄。叶倒卵圆形，长8~15cm，先端急尖，基部歪心形，缘有波状齿，表面略粗糙，背面密生绒毛。花瓣4片，狭长如带，长1.5~2cm，淡黄色，基部带红色，芳香；萼背有锈色绒毛。蒴果卵球形，长约1.2cm。2~3月叶前开花；果10月成熟。

习性：耐寒力较强。喜光，能在半阴条件下生长。对土壤要求不严。

分布：广西、湖南、湖北、安徽、江西、浙江。

园林应用：园景树、树林、盆栽及盆景观赏。在庭院角隅、池边、溪畔、山石间及树丛外缘都很合适。

4 蜡瓣花 *Corylopsis sinensis* Hemsl. 蜡瓣花属

形态特征：落叶灌木。叶薄革质，倒卵圆形或倒卵形，长5～9cm，宽3～6cm；先端急短尖或略钝，基部不等侧心形；侧脉7～8对，最下一对侧脉靠近基部，第二次分支侧脉不强烈；边缘有锯齿，齿尖刺毛状；叶柄长约1cm，有星毛；托叶窄矩形，长约2cm，略有毛。总状花序长3～4cm；花序轴长1.5～2.5cm，花黄色。果序长4～6cm；蒴果近圆球形，长7～9mm，被褐色柔毛。

习性：喜光，耐半荫，喜温暖湿润气候及肥沃、湿润而排水良好之酸性土壤，有一定耐寒能力，但忌干燥土壤。垂直海拔一般在1200～1800m。

分布：湖北、安徽、浙江、福建、江西、湖南、广东、广西及贵州等省。

园林应用：园景树、基础种植、盆栽及盆景观赏。

5 蚊母树 *Distylium racemosum* Sieb. et Zucc. 蚊母树属

别名：蚊母、蚊子树

形态特征：常绿灌木或中乔木，高达9m，栽培常成灌木状。嫩枝及裸芽被垢鳞。单叶互生，倒卵状长椭圆形，长3～7cm，全缘，或近端略有齿裂状，先端钝或稍圆，侧脉5～6对，在表面不显著；在叶下面明显突起，革质而有光泽，无毛。花小而无花瓣，但红色的雄蕊十分显眼；腋生短总状花序，具星状短柔毛。花期4～5月。蒴果有2宿存花拄。

习性：喜光，稍耐荫，耐寒性不强。萌芽、发枝力强，耐修剪。对烟尘、多种有毒气体抗生很强。

分布：福建、浙江、台湾、广东海南岛。

园林应用：园景树、防护林、基础种植、地被植物。

6 杨梅叶蚊母树 *Distylium myricoides* Hemsl. 蚊母树属

别名：萍柴

形态特征：常绿灌木或小乔木。嫩枝有鳞垢，老枝无毛，有皮孔。叶革质，矩圆形或倒披针形，长 5 ~ 11cm，宽 2 ~ 4cm，先端锐尖，基部楔形，上面绿色，干后暗晦无光泽，下面秃净无毛；网脉在上面不明显，在下面能见；边缘上半部有数个小齿突；叶柄长 5 ~ 8mm；托叶早落。总状花序腋生，长 1 ~ 3cm，雄花与两性花同在 1 个花序上，花红色。蒴果卵圆形，长 1 ~ 1.2cm。

习性：喜温暖湿润气候，抗寒性不是很强。

分布：四川、安徽、浙江、福建、江西、广东、广西、湖南、贵州东部。

园林应用：园景树。

7 中华蚊母 *Distylium chinense* (Fr.) Diels 蚊母树属

形态特征：常绿灌木，高约 1m。叶革质，矩圆形，长 2 ~ 4cm，宽约 1cm，先端略尖，基部阔楔形，上面绿色，稍发亮；侧脉 5 对，在上面不明显，在下面隐约可见；边缘在靠近先端近有 2 ~ 3 个小锯齿；叶柄长 2mm。雄花穗状花序长 1 ~ 1.5cm，花无柄；雄蕊 2 ~ 7 个。蒴果卵圆形，长 7 ~ 8mm，外面有褐色星状柔毛。

习性：喜湿润和阳光充足的环境，耐半荫；耐低温高热，又耐寒耐涝，易塑造。稍耐寒。抗性强、防尘及隔音效果好。

分布：乌江流域。

园林应用：水边绿化、园景树、防护林、绿篱、基础种植、盆栽及盆景观赏。

8 枫香 *Liquidambar formosana* Hance 枫香树属

别名：枫树、路路通

形态特征：落叶乔木。高达 30 m，胸径 1m。叶互生，长 6 ~ 12cm；常 3 裂，中央裂片较长，先尾状渐尖；两侧裂片平展；基部心形成截形；上面绿色，不发亮，网脉明显可见；缘有锯齿，齿尖有腺状突；幼叶有毛，后渐脱落；叶柄长达 11cm。头状花序。果序较大，径 3 ~ 4cm，宿存花柱长达 1.5cm；刺状萼片宿存。花期 3 月 ~ 4 月，10 月果成熟。

习性：喜光，幼树稍耐荫；耐干旱瘠薄，但较不耐水湿。海拔 1000 ~ 1500m 以下。

分布：北起河南、山东，东至台湾，西至四川、云南及西藏，南至广东、海南。

园林应用：行道树、园路树、庭荫树、园景树、风景林、树林、防护林。

9 蕈树 *Altingia chinensis* (champ.) Oliver ex Hance　　蕈树属

别名：阿丁枫

形态特征：常绿乔木，高 20m。叶革质或厚革质，倒卵状矩圆形，长 7 ~ 13cm，宽 3 ~ 4.5cm；先端短急尖，有时略钝，基部楔形；上面深绿色，干后稍发亮；下面浅绿色，无毛；侧脉约 7 对，在上下两面均突起，边缘有钝锯齿，叶柄长约 1cm；托叶细小，早落。雄花短穗状花序长约 1cm。雌花头状花序单生或数个排成圆锥花序，有花 15 ~ 26 朵，苞片 4 ~ 5 片。头状果序近于球形，基底平截，宽 1.7 ~ 2.8cm。

习性：海拔 600 ~ 1000m 的亚热带常绿林。

分布：广东、海南、广西、贵州、云南东南部、湖南、福建、江西、浙江。

园林应用：园景树、树林。

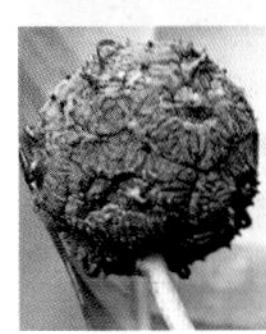

10 红花荷 *Rhodoleia championii* Hook. f.　　红花荷属

别名：红苞木

形态特征：常绿乔木高 12m。叶厚革质，卵形，长 7 ~ 13cm，宽 4.5 ~ 6.5cm，先端钝或略尖，基部阔楔形，有三出脉，上面深绿色，发亮；侧脉在两面均明显，网脉不显著；叶柄长 3 ~ 5.5cm。头状花序长 3 ~ 4cm，花红色。头状果序宽 2.5 ~ 3.5cm，有蒴果 5 个；蒴果卵圆形，长 1.2cm，无宿存花柱。花期 3 ~ 4 月。

习性：中性偏阳树种，红花荷幼树耐阴，成年后较喜光。耐绝对低温 -4.5℃。喜深厚肥沃的坡地。

分布：广东中部及西部、香港。

园林应用：园路树、庭荫树、园景树、盆栽及盆景观赏。

11 壳菜果 *Mytilaria laosensis* Lec.　　壳菜果属

别名：米老排

形态特征：常绿乔木，高达 30m，有环状托叶痕。叶革质，阔卵圆形，全缘，或幼叶先端 3 浅裂（幼叶常盾状着生），长 10 ~ 13cm，宽 7 ~ 10cm，先端短尖，基部心形；上面干后橄榄绿色，有光泽；掌状脉 5 条，在上面明显。叶柄长 7 ~ 10cm。肉穗状花序，花序轴长 4cm。花多数，紧密排列在花序轴。蒴果长 1.5 ~ 2cm。

习性：耐半荫，喜暖热气候及酸性土壤。

分布：云南、广东、广西。

园林应用：庭荫树、园景树。

12 长柄双花木 *Disanthus cercidifolius* Maxim. *var. longipes* Chang.　　双花木属

形态特征：落叶灌木，高 2 ~ 4m。叶互生，卵圆形，长5～7.5cm，宽6～9cm，先端钝圆，基部心形，全缘，掌状脉5～7；叶柄长5cm。头状花序有两朵对生无梗的花；花序梗长1～2.5cm；花两性；花瓣5，红色。蒴果倒卵圆形，长1.2～1.6cm，直径1.1～1.5cm，木质，室背开裂。

习性：喜温凉多雨，云雾重，湿度大的环境。耐荫。

分布：湖南道县空树岩、常宁阳山、宜章莽山，江西南丰军峰山及龙泉佳佳溪等地。

园林应用：园景树、水边绿化、基础种植、盆栽及盆景观赏。

二十五 虎皮楠科（交让木科）Daphniphyllaceae

1 交让木 *Daphniphyllum macropodum* Miq. 虎皮楠属

别名：山黄树

形态特征：常绿灌木或小乔木，高3～10m。叶革质，长圆形至倒披针形，长14～25cm，宽3～6.5cm，先端渐尖，顶端具细尖头，基部楔形至阔楔形，叶面具光泽，侧脉纤细而密，12～18对，两面清晰；叶柄紫红色，粗壮，长3～6cm。雄花序长5～7cm，果椭圆形，长约10mm，径5～6mm。花期3～5月，果期8～10月。

习性：好生于湿润之地，生长较缓。

分布：云南、四川、贵州、湖南、湖北、江西、浙江、安徽、广西、广东、台湾等省区。

园林应用：园景树、树林。

2 虎皮楠 *Daphniphyllum oldhamii* (Hemsl.) Rosenthal 虎皮楠属

别名：四川虎皮楠、南宁虎皮楠

形态特征：常绿小乔木，高5～10m。叶纸质，披针形或倒卵状披针形或长圆形或长圆状披针形，长9～14cm，宽2.5～4cm，最宽处常在叶的上部，先端急尖或渐尖或短尾尖，基部楔形或钝，边缘反卷，叶背通常显著被白粉，侧脉两面突起；叶柄长2～3.5cm，上面具槽。雄花序长2～4cm；雌花序长4～6cm。果椭圆或倒卵圆形，长约8mm，径约6mm。花期3～5月，果期8～11月。

习性：生于海拔150～1400m的阔叶林中。

分布：长江以南各省区。

园林应用：园景树、树林。

3 牛耳枫 *Daphniphyllum calycinum* Benth. 虎皮楠属

别名：南岭虎皮楠

形态特征：常绿灌木，高 1.5 ~ 4m。叶纸质，阔椭圆形或倒卵形，长 12 ~ 16cm，宽 4 ~ 9cm，先端钝或圆形，具短尖头，基部阔楔形，全缘，略反卷，叶背多少被白粉，侧脉在叶面清晰，叶背突起；叶柄长 4 ~ 8cm，在顶端叶柄长度明显不同，上面平或略具槽。总状花序腋生，长 2 ~ 3cm。果序长 4 ~ 5cm，果卵圆形，较小，长约 7mm。花期 4 ~ 6 月，果期 8 ~ 11 月。

习性：生于海拔 250 ~ 700m 的疏林或灌丛中。

分布：广西、广东、福建、江西等省区。

园林应用：园景树、基础种植、盆栽及盆景。

二十六杜仲科 Eucommiaceae

1 杜仲 *Eucommia ulmoides* Oliver 杜仲属

别名：丝棉皮

形态特征：落叶乔木，高可达 20m。植物体各部具白色胶丝。髓心隔片状。单叶互生，羽状脉先端渐尖，叶缘具锯齿；基部圆形或宽楔形。幼叶下面脉上有毛；无托叶。花单性，雌雄异株；无花被。翅果扁平顶端微凹，果翅位于周围，熟时棕褐色或黄褐色。花期 3 ~ 4 月，果成熟期 10 ~ 11 月。

习性：喜光、喜温和湿润气候，以深厚疏松、肥沃湿润、排水良好、ph5.5 ~ 7.5 的土壤最为适宜。

分布：陕西、甘肃、河南、湖北、湖南、贵州、云南及浙等省区。现各地广泛栽培。

园林应用：园路树、庭荫树。

二十七 榆科 Ulmaceae

1 榔榆 *Ulmus parvifolia* Jacq. 榆属

别名：小叶榆、秋榆

形态特征：落叶乔木，高达 25m。树皮灰色或灰褐，裂成不规则鳞状薄片剥落，露出红褐色内皮，近平滑。叶质地厚，披针状卵形或窄椭圆形，稀卵形或倒卵形，中脉两侧长宽不等，长 1.7 ~ 8cm，宽 0.8 ~ 3cm，先端尖或钝，基部偏斜，楔形或一边圆，叶面深绿色，有光泽，中脉凹陷处有疏柔毛，边缘从基部到先端有钝而整齐的单锯齿，细脉在两面均明显，叶柄长 2 ~ 6mm，仅上面有毛。花 3 ~ 6 数在叶脉簇生或排成簇状聚伞花序。翅果椭圆形或卵状椭圆形，长 10 ~ 13mm，宽 6 ~ 8mm。花果期 8 ~ 10 月。

习性：喜光，喜温暖湿润气候，耐干旱瘠薄；深根性，萌芽力强，适应性广，土壤酸碱均可。

分布：河北、山东、四川、陕西、长江中下流各省、华南及台湾。

园林应用：行道树、园路树、庭荫树、园景树、盆栽及盆景观赏。

2 红果榆 *Ulmus szechuanica* Fang　　榆属

别名：明陵榆

形态特征：落叶乔木，高达 28m。叶倒卵形、椭圆状倒卵形、卵状长圆形或椭圆状卵形，长 2.5 ~ 9cm，宽 1.7 ~ 5.5cm，先端急尖或渐尖，稀尾状，基部偏斜，边缘具重锯齿，叶柄长 5 ~ 12mm。翅果近圆形或倒卵状圆形，长 11 ~ 16mm，宽 9 ~ 13mm，果核部分位于翅果的中部或近中部，果柄较花被短，淡红色。花果期 3 ~ 4 月。

习性：生于平原、低丘或溪涧旁酸性土及微酸性土之阔叶林中。生长中速。

分布：安徽、江苏、浙江、江西及四川。

园林应用：园路树、庭荫树、园景树、盆栽及盆景观赏。

3 榆树 *Ulmus pumila* L.　　榆属

别名：榆、白榆、家榆

形态特征：落叶乔木，高达 25m，树皮不规则深纵裂，粗糙。叶椭圆状卵形，长 2 ~ 8cm，宽 1.2 ~ 3.5cm，先端渐尖或长渐尖，基部偏斜或近对称，一侧楔形至圆，另一侧圆至半心脏形，叶面平滑无毛，边缘具重锯齿或单锯齿，叶柄长 4 ~ 10mm。花先叶开放。翅果近圆形，长 1.2 ~ 2cm，果核部分位于翅果的中部。花果期 3 ~ 6 月。

习性：阳性树，根系发达，能耐干冷气候及中度盐碱，但不耐水湿。抗风能力强，寿命长，抗有毒气体。

分布：东北、华北、西北及西南各省区。长江下游各省有栽培。

园林应用：行道树、园路树、庭荫树、园景树、树林、防护林、造型树、盆栽及盆景观赏。

4 长序榆 *Ulmus elongata* L.K.Fu et C.S.Ding 榆属

形态特征：高达 30m 落叶乔木，树皮灰白色，裂成不规则片状脱落。叶椭圆形或披针状椭圆形，长 7 ~ 19cm，宽 3 ~ 8cm，基部微偏斜或近对称，楔形或圆，叶面不粗糙或微粗糙，除主脉凹陷处有疏毛外，余处无毛或有极疏的短毛，边缘具大而深的重锯齿，锯齿先端尖而内曲，外侧具 2 ~ 5 小齿；托叶披针形至窄披针形。果序轴长 4 ~ 8cm；翅果窄长。

习性：喜光树种，适生于温暖湿润的东南季风气候和较肥沃的山地黄壤。生于海拔 250 ~ 900m 地带的常绿阔叶林中。

分布：浙江南部、福建北部、江西东部及安徽南部。

园林应用：庭荫树、园景树、风景林、树林。

5 垂枝榆 *Ulmus pumila* Linn. 'Tenue' S.Y.Wang 榆属

别名：龙爪榆

形态特征：落叶小乔木。单叶互生，椭圆状窄卵形或椭圆状披针形，长 2 ~ 9cm，基部偏斜，叶缘具单锯齿。枝条柔软、细长下垂、生长快、自然造型好、树冠丰满，花先叶开放。翅果近圆形。

习性：喜光，耐寒，抗旱，喜肥沃、湿润而排水良好的土壤，不耐水湿，但能耐干旱瘠薄和盐碱土壤。抗风，萌芽力强，耐修剪。

分布：东北、西北、华北均有分布。

园林应用：园景树、盆栽及盆景观赏。

6 榉树 *Zelkove schneideriana* Hand.Mazz. 榉属

别名：大叶榉

形态特征：落叶乔木，高达 30m。叶厚纸质，长椭圆状卵形至椭圆状披针形，长 2 ~ 10cm，先端渐尖或尾状渐尖，基部近圆形，锯齿整齐，近桃形，侧脉 7 ~ 15 对，上面粗糙，下面密生淡灰色柔毛。果小，径约 4mm。花期 3 ~ 4 月，果期 10 ~ 11 月。

习性：喜光，喜温暖气候及肥沃湿润土壤，不耐水湿，不耐干瘠。深根性，侧根发达，抗风力强，耐烟尘，少病虫害。

分布：陕西南部、甘肃南部、安徽、长江中下流各省、华南、西南和西藏东南部。

园林应用:行道树、园路树、庭荫树、园景树、风景林、树林、盆栽及盆景观赏。

7 朴树 *Celtis sinensis* Pers. 朴属

别名:小叶朴

形态特征:落叶乔木,高达 20m。叶广卵形或椭圆形,先端短渐尖,基部歪斜,边缘上半部有浅锯齿,叶脉三出,侧脉在六对以下,不直达叶缘,叶面无毛,叶脉沿背疏生短柔毛。花期 4 月,花 1 ~ 3 朵生于当年生枝叶腋。果 10 月成熟,核果近球形,熟时橙红色,最后变黑色。

习性:喜光,稍耐荫,耐水湿,有一定的抗寒能力。喜肥沃湿润而深厚的土壤,耐轻盐碱。抗风力强,对二氧化硫、氯气等有毒气体的抗性强。

分布:淮河流域、秦岭以南至华南各省区。

园林应用:园路树、庭荫树、园景树、盆栽及盆景观赏。

8 黑弹树 *Celtis bungeana* Bl. 朴属

别名:黑弹朴

形态特征:落叶乔木,高达 10m。叶厚纸质,狭卵形、长圆形、卵状椭圆形至卵形,长 3 ~ 7 cm,宽 2 ~ 4cm,基部宽楔形至近圆形,稍偏斜至几乎不偏斜,先端尖至渐尖,中部以上疏具不规则浅齿,有时一侧近全缘,无毛;叶柄淡黄色,长 5 ~ 15mm,上面有沟槽。果单生叶腋,长 10 ~ 25mm,果成熟时兰黑色,近球形,直径 6 ~ 8mm。花期 4 ~ 5 月,果期 10 ~ 11 月。

习性:喜光耐荫,耐寒,耐旱,喜黏质土;深根性,萌蘖力强,生长慢,寿命长。

分布:辽宁南部和西部、华北、华中、华东、西南、青海、西藏东部等地区。

园林应用:园路树、庭荫树、园景树、盆栽及盆景观赏。

9 糙叶树 *Aphananthe aspera* (Thunb.) Planch. 糙叶树属

别名:牛筋树

形态特征:落叶乔木,高达 20m。叶卵形至狭卵形,三出脉,边缘具单锯齿,两面粗糙,均具粗糙平伏硬毛。花单性,雌雄同株;雄花成伞房花序;雌花单生;花被 5 裂,宿存。核果近球形或卵球形,长 8 ~ 10mm,紫黑色。

习性:喜光,略耐荫,喜温暖湿润气候及潮湿,肥沃而深厚的酸性土壤。

分布:华东、华南、西南、山西和陕西。

园林应用:园路树、园景树、防护林。

10 青檀 *Pteroceltis tatarinowii* Maxim. 青檀属

别名：檀树、摇钱树

形态特征：落叶乔木，高达20m。叶纸质，宽卵形至长卵形，长3 ~ 10cm，宽2 ~ 5cm，先端渐尖至尾状渐尖，基部不对称，楔形、圆形或截形，边缘有不整齐的锯齿，基部3出脉，侧出的一对近直伸达叶的上部，侧脉4 ~ 6对，叶面绿；叶柄长5 ~ 15mm，被短柔毛。翅果状坚果近圆形或近四方形，直径10 ~ 17mm，黄绿色或黄褐色。花期3 ~ 5月，果期8 ~ 10月。

习性：喜光，抗干旱、耐盐碱、耐土壤瘠薄，耐旱，耐寒，-35℃无冻梢。不耐水湿。根系发达，对有害气体有较强的抗性。

分布：黄河及长江流域。

园林应用：园路树、庭荫树、园景树。

二十八桑科 Moraceae

1 桑树 *Morus alba* L. 桑属

别名：家桑、桑

形态特征：落叶乔木或为灌木，高3 ~ 10m或更高。树皮灰色。叶卵形或广卵形，长5 ~ 15cm，宽5 ~ 12cm，先端急尖、渐尖或圆钝，基部圆形至浅心形，边缘锯齿粗钝，有时叶为各种分裂，表面鲜绿色；叶柄长1.5 ~ 5.5cm，具柔毛；托叶披针形，早落。雄花序下垂，长2 ~ 3.5cm。花被片宽椭圆形，淡绿色。雌花序长1 ~ 2cm，被毛，雌花无梗，花被片倒卵形。聚花果卵状椭圆形，长1 ~ 2.5cm，成熟时红色或暗紫色。花期4 ~ 5月，果期5 ~ 8月。

习性：喜光，喜温暖湿润气候，耐寒、耐干旱瘠薄、不耐积水。对土壤适应性强；萌芽力强，耐修剪，易更新。

分布：原产中国中部和北部，现由东北至西南各省区，西北直至新疆均有栽培。

园林应用：庭荫树、园景树、树林、防护林、水边绿化、盆栽及盆景观赏。

2 构 树 *Broussonetia papyrifera* (Linnaeus) L'Heritier ex Ventenat 构属

别名：谷桑

形态特征：落叶乔木，高 10 ~ 20m。树皮平滑，小枝密生白色绒毛，叶片卵形，长 7 ~ 20cm，先端渐尖或短尖，基部圆形或近心形，缘具粗锯齿，叶不裂或 3 ~ 5 深裂，两面密被粗毛。叶柄长 2.5 ~ 8cm，密生粗毛。果熟时桔红色，径约 3cm。花期 5 月，果期 9 月。

习性：喜光，适应性强。耐干旱瘠薄又能生长于水边。萌芽力强，生长快，病虫害少。抗烟尘，对多种有毒气体、粉尘都有较强的抗性。

分布：华东、华中、华南、西南及华北。

园林应用：行道树、园路树、庭荫树、园景树、防护林、特殊环境绿化。

3 小构树 *Broussonetia kazinoki* Sieb. 构属

别名：楮

形态特征：落叶灌木，高 2 ~ 4m。叶卵形至斜卵形，长 3 ~ 7cm，宽 3 ~ 4.5cm，先端渐尖至尾尖，基部近圆形或斜圆形，边缘具三角形锯齿，不裂或 3 裂，表面粗糙，背面近无毛；叶柄长约 1cm；托叶小，线状披针形。花雌雄同株；雄花序球形头状，直径 8 ~ 10mm；雌花序球形。聚花果球形，直径 8 ~ 10mm；瘦果扁球形，外果皮壳质，表面具瘤体。花期 4 ~ 5 月，果期 5 ~ 6 月。

习性：生长在海拔 200 ~ 1700m 的山坡灌丛、溪边路旁、住宅近旁或次生杂木林中。

分布：台湾、华南、华中、西南、长江中下游各省及陕西。

园林应用：水边绿化、园景树。

4 柘树 *Cudrania tricuspidata* (Carr.) Bur. ex Lavallee 柘树属

别名：柘

形态特征：落叶灌木或小乔木，高 1 ~ 7m。小枝有棘刺，刺长 5 ~ 20mm。叶卵形或菱状卵形，偶为三裂，长 5 ~ 14cm，宽 3 ~ 6cm，先端渐尖，基部楔形至圆形，表面深绿色，背面绿白色；叶柄长 1 ~ 2cm。雌雄异株，雌雄花序均为球形头状花序。聚花果近球形，直径约 2.5cm，肉质，成熟时桔红色。花期 5 ~ 6 月，果期 6 ~ 7 月。

习性：喜光亦耐荫。耐寒，喜钙土树种，耐干旱瘠薄。

根系发达，生长较慢。

分布：华东、中南及西南及河北南部、山西、陕西各地。

园林应用：园景树、绿篱、盆栽及盆景观赏。

5 构棘 *Cudrania cochinchinensis* (Lour.) Kudo et Masam.

柘树属

形态特征：落叶直立或攀援状灌木；枝无毛，具粗壮弯曲无叶的腋生刺，刺长约 1cm。叶革质，椭圆状披针形或长圆形，长 3 ~ 8cm，宽 2 ~ 2.5cm，全缘，先端钝或短渐尖，基部楔形，两面无毛；叶柄长约 1cm。聚合果肉质，直径 2 ~ 5cm，成熟时橙红色。花期 4 ~ 5 月，果期 6 ~ 7 月。

习性：生于海拔 200 ~ 1500m 的阳光充足的荒坡、山地、林绿和溪旁。

分布：我国东南部至西南部的亚热带地区。

园林应用：基础种植。

6 波罗蜜 *Artocarpus heterophyllus* Lam.

波罗蜜属

别名：木波罗、树波罗

形态特征：常绿乔木，高 10 ~ 20m。枝有托叶抱茎环状。叶革质，螺旋状排列，椭圆形或倒卵形，长 7 ~ 15cm 或更长，宽 3 ~ 7cm，先端钝或渐尖，基部楔形，成熟之叶全缘，表面墨绿色，中脉在背面显著凸起；叶柄长 1 ~ 3cm；托叶抱茎。花雌雄同株；花序生老茎或短枝上。聚花果椭圆形至球形，或不规则形状，长 30 ~ 100cm，直径 25 ~ 50cm，熟时黄褐色，表面有坚硬六角形瘤状凸体和粗毛。花期 2 ~ 3 月。

习性：喜热带气候，适生于无霜炼、年雨量充沛的地区。喜光，生长迅速，幼时稍耐荫，喜深厚肥沃土壤，忌积水。

分布：广东、海南、广西、福建、云南（南部）常有栽培。

园林应用：园路树、庭荫树、园景树。

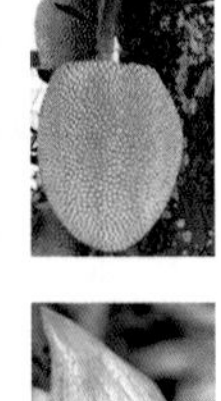

7 面包树 *Artocarpus incisa* (Thunb.) L. 波罗蜜属

别名：面包果树

形态特征：10 ~ 15m 常绿乔木。叶大，互生，厚革质，卵形至卵状椭圆形，长 10 ~ 50cm，成熟之叶羽状分裂，两侧多为 3 ~ 8 羽状深裂，裂片披针形，先端渐尖，两面无毛，表面深绿色，有光泽，背面浅绿色，全缘；叶柄长 8 ~ 12cm；托叶披针形或宽披针形，长 10 ~ 25cm。聚花果倒卵圆形或近球形，长 15 ~ 30cm，直径 8 ~ 15cm，绿色至黄色。

习性：热带树种，阳性植物，生长快速。需强光，耐热、耐旱、耐湿、耐瘠、稍耐阴。

分布：台湾、海南的万宁、保亭、儋州，台湾的宜兰、屏东、花莲有零星种植。

园林应用：园路树、庭荫树、园景树、树林、盆栽观赏。

8 桂　木 *Artocarpus nitidus* Trec. *subsp. lingnanensis* (Merr.) Jarr. 波罗蜜属

形态特征：常绿乔木，高可达 17m。叶互生，革质，长圆状椭圆形至倒卵椭圆形，长 7 ~ 15cm，宽 3 ~ 7cm，先端短尖或具短尾，基部楔形或近圆形，全缘或具不规则浅疏锯齿，表面深绿色，背面淡绿色，两面均无毛，侧脉在表面微隆起，背面明显隆起；叶柄长 5 ~ 15mm；托叶早落。聚花果近球形，直径约 5cm，成熟红色，肉质。花期 4 ~ 5 月。

习性：生于中海拔 700m 以下的湿润杂木林中。

分布：广东、海南、广西等地。

园林应用：园景树。

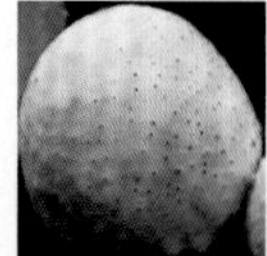

9 薜荔 *Ficus pumila* Linn. 榕属

别名：凉粉果、凉粉子

形态特征：攀援或匍匐灌木。叶两型，不结果枝节上生不定根，叶卵状心形，长约 2.5cm，薄革质，基部稍不对称，尖端渐尖，叶柄很短；结果枝上无不定根，革质，卵状椭圆形，长 5 ~ 10cm，宽 2 ~ 3.5cm，先端急尖至钝形，基部圆形至浅心形，全缘，叶脉表面下陷，背面凸起；叶柄长 5 ~ 10mm；托叶 2，披针形，被黄褐色丝状毛。榕果直径 3 ~ 5cm。花果期 5 ~ 8 月。

习性：喜温暖湿润气候，喜荫而耐旱，耐寒性差。适生于含腐殖质的酸性土壤，中性土也能生长。

分布：台湾、福建、长江中下流各省、华南、西南及陕西。北方偶有栽培。

园林应用：地被植物、垂直绿化、盆栽及盆景观赏。

10 爱玉子 *Ficus pumila* Linn. *var. awkeotsang* (Makino) Corner 榕属

别名：爱玉

形态特征：多年生常绿大藤本植物。叶长在普通茎枝上的较小，长在着生花果茎枝上的则较大，呈长椭圆状披针形；新叶颜色淡红，老叶色转为深绿。花雌雄异株，隐头花序，椭圆形。花期 5 ~ 8 月间。

习性：喜光、温暖湿润气候，不耐寒。喜疏松、肥沃而不积水的土壤。

分布：台湾、福建、浙江等地有栽培。

园林应用：庭荫树、园景树、盆栽及盆景观赏。

11 珍珠莲 *Ficus sarmentosa Buch.*-Ham.ex J.E. Sm. *var. henryi* (King et Oliv.) Corner　榕属

别名：凉粉树、冰粉树

形态特征：常绿木质攀援匍匐藤状灌木，幼枝密被褐色长柔毛。叶革质，卵状椭圆形，长 8 ~ 10cm，宽 3 ~ 4cm，先端渐尖，基部圆形至楔形，表面无毛，背面密被褐色柔毛或长柔毛，基生侧脉延长；叶柄长 5 ~ 10mm，被毛。榕果成对腋生，圆锥形，直径 1 ~ 1.5cm。

习性：喜温暖湿润气候。常生于阔叶林下或灌木丛中。

分布：西南、华南、华中、华东、台湾、四川、陕西、甘肃。

园林应用：地被植物、垂直绿化。

12 无花果 *Ficus carica* L.　榕属

别名：救荒本草

形态特征：落叶灌木，高 3 ~ 10m。叶互生，厚纸质，广卵圆形，长宽近相等，10 ~ 20cm，通常 3 ~ 5 裂，小裂片卵形，边缘具不规则钝齿，基部浅心形，基生侧脉 3 ~ 5 条，侧脉 5 ~ 7 对；叶柄长 2 ~ 5cm；托叶卵状披针形，长约 1cm，红色。雌雄异株，雄花和瘿花同生于一榕果内壁。榕果单生叶腋，大而梨形，直径 3 ~ 5cm，成熟时紫红色或黄色。花果期 5 ~ 7 月。

习性：喜温暖湿润气候，耐瘠，抗旱，不耐寒，不耐涝。

分布：长江流域、山东、河南、陕西及其以南各地均有栽培，新疆南部也有。

园林应用：庭荫树、园景树、盆栽及盆景观赏。

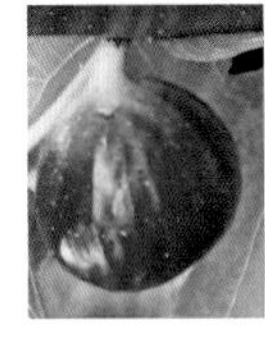

13 菩提树 *Ficus religiosa* Linn.　榕属

别名：思维树

形态特征：常绿乔木，高可达 25m。叶三角状卵形或心脏形，长 9 ~ 17cm，宽 8 ~ 12cm，边缘为波状，基生 3 出脉，先端骤狭而成一长尾尖，约等于叶长的 1/3。雌雄同株。隐花果实球形或扁球形，径 1 ~ 1.5cm，成熟时红色。花期 3 ~ 4 月，果熟期 5 ~ 6 月。

习性：喜光，不耐阴温，喜高温，抗污染能力强。对土壤要求不严。

分布：广东、广西、云南多为栽培。

园林应用：园路树、庭荫树、园景树、风景林、树林、水边绿化、盆栽及盆景观赏。

14 天仙果 *Ficus erecta* Thunb. *var. beecheyana* (Hook. Et Arn.) King　榕属

形态特征：落叶小乔木或灌木，高 1 ~ 3m。小枝密生硬毛。叶厚纸质，倒卵状椭圆形，长 7 ~ 20cm，宽 3 ~ 9cm，先端短渐尖，基部圆形至浅心形，全缘或上部偶有疏齿，表面较粗糙，疏生柔毛，背面被柔毛，侧脉 5 ~ 7 对，弯拱向上，基生脉延长；叶柄长 1 ~ 4cm。托叶三角状披针形，膜质，早落。榕果单生叶腋，具总梗，球形或梨形，直径 1.2 ~ 2cm。花果期 5 ~ 6 月。

习性：生于山坡林下或溪边。

分布：广东、广西、贵州、湖北、湖南、江西、福建、浙江、台湾。

园林应用：庭荫树、园景树。

15 垂叶榕 *Ficus benjamina* Linn.　榕属

别名：小叶榕

形态特征：常绿乔木，高达 20m；小枝下垂。叶薄革质，卵形至卵状椭圆形，长 4 ~ 8cm，宽 2 ~ 4cm，先端短渐尖，基部圆形或楔形，全缘，一级侧脉与二级侧脉难区分，平行展出，直达近叶边缘，网结成边脉，两面光滑无毛；叶柄长 1 ~ 2cm，上面有沟槽；托叶披针形，长约 6mm。榕果成对或单生叶腋，基部缢缩成柄，成熟时红色至黄色，直径 8 ~ 15cm。花期 8 ~ 11 月。

习性：喜光，喜高温多湿气候，抗风，耐贫瘠，抗大气污染。忌低温干燥环境。

分布：广东、广西、海南、云南、贵州。

园林应用：园路树、庭荫树、园景树、基础种植、绿篱、地被植物、盆栽及盆景观赏。

16 榕树 *Ficus microcarpa* L. 榕属

别名：细叶榕

形态特征：常绿大乔木，高达 15 ~ 25m。叶薄革质，狭椭圆形，长 4 ~ 8cm，宽 3 ~ 4cm，先端钝尖，基部楔形，表面深绿色，干后深褐色，有光泽，全缘，基生叶脉延长；叶柄长 5 ~ 10mm，无毛；托叶小，披针形，长约 8mm。榕果成对腋生或生于已落叶枝叶腋，熟时黄或微红色，直径 6 ~ 8mm。花期 5 ~ 6 月，果期 9 ~ 10 月。

习性：喜温暖多雨气候，对土壤要求不严，根系发达，对风害和煤烟有一定抗性。

分布：浙江南部、福建、台湾、江西南部、海南、广东、广西、贵州南部、云南东南部。

园林应用：行道树、园路树、庭荫树、园景树、树林、造型树、盆栽及盆景观赏。

17 印度橡皮榕 *Ficus elastica* Roxb. ex Hornem. 榕属

别名：橡皮树、印度榕

形态特征：常绿乔木，高达 30m。叶具长柄，互生，厚革质，长椭圆形至椭圆形，长 8 ~ 30cm，宽 7 ~ 9cm，顶端圆形，基部圆形，全缘，深绿色，有光泽，侧脉多而明显，平行；托叶单生，披针形，包被顶芽，长达叶的 1/2，紫红色，迟落，脱落后有环状的遗痕。雌雄同株。果实成对生于已落叶的叶腋，熟悉时带黄绿色，卵状长椭圆形。花期 9 月上旬 ~ 11 月下旬。

习性：喜光、喜温暖、湿润气候，耐荫，耐湿，畏寒。喜大水大肥，不耐瘠薄和干旱。

分布：我国南部各省区有分布。

园林应用：行道树、园路树、庭荫树、风景林、盆栽及盆景观赏。

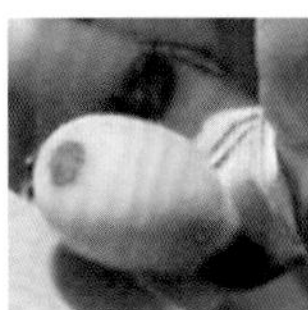

18 高山榕 *Ficus altissima* Bl. 榕属

别名：鸡榕 、大叶榕

形态特征：常绿大乔木，高 25 ~ 30m。叶厚革质，广卵形至广卵状椭圆形，长 10 ~ 19cm，宽 8 ~ 11cm，先端钝，急尖，基部宽楔形，全缘，两面光滑，无毛，基生侧脉延长，侧脉 5 ~ 7 对；叶柄长 2 ~ 5cm；托叶厚革质，长 2 ~ 3cm，外面被灰色绢丝状毛。榕果成对腋生，椭圆状卵圆形，直径 7 ~ 28mm，成熟时红色或带黄色。花期 3 ~ 4 月，果期 5 ~ 7 月。

习性：阳性，喜高温多湿气候，耐干旱瘠薄，抗风，抗大气污染，生长迅速，移栽容易成活。

分布：海南、广西、云南（南部至中部、西北部）、四川。

园林应用：园路树、庭荫树、园景树、盆栽及盆景观赏。

19 金钱榕 *Ficus deltoidea* Jack　　榕属

形态特征：常绿大乔木。盆栽高 1 ~ 2m，树皮光滑，有白色乳汁。叶片宽大矩圆形或椭圆形，深绿色，有光泽，厚革质，先端尖，全缘。幼芽红色，具苞片。果成对腋生，矩圆形，成熟时橙红色。

习性：喜温暖湿润环境，需充足阳光，较耐寒，也耐阴，土壤要求肥沃、排水良好。冬季温度不低于 5℃。

园林应用：园路树、庭荫树、园景树、绿篱及绿雕、盆栽及盆景观赏。

分布：我国广泛盆栽观赏。

20 大琴叶榕 *Ficus lyrata* Warb.　　榕属

形态特征：常绿乔木。琴叶榕高可达 12m，茎干直立，极少分枝；叶片密集生长，蓬勃向上，叶片厚革质、深绿色、具光泽、全缘常呈波状起、叶脉凹陷、节间较短。

习性：喜温暖、湿润和阳光充足的环境，5℃以上可安全越冬。

分布：华南各栽培。

园林应用：园路树、庭荫树、园景树、盆栽及盆景观赏。

21 钝叶榕 *Ficus curtipes* Corner　　榕属

形态特征：高 5 ~ 15m 乔木；小枝绿色，无毛。叶厚革质，长椭圆形或倒卵状椭圆形，长 10 ~ 16cm，宽 5 ~ 6cm，表面深绿色，背面浅绿色，先端钝圆，基部楔形，全缘，基生侧脉短，侧脉 8 ~ 12 对，两面不明显，叶柄长 1.5 ~ 2cm，粗壮；托叶长 1 ~ 2cm。榕果成对腋生，无总梗，直径 1 ~ 1.5cm，成熟时深红至紫红。花果期 9 ~ 11 月。

习性：生长于海拔 530 ~ 1350m 的地区，见于石灰岩山地或村寨附近，目前已由人工引种栽培。幼树是附生于其他植物，成年后可将寄主缠绕并掠夺营养致死。

分布：云南南部至西南部，贵州。

园林应用：园景树、风景林、树林。

22 黄葛树 *Ficus virens* Ait. *var. sublanceolata* (Miq.) Corner　　榕属

别名：黄桷树

形态特征：落叶或半落叶乔木。叶薄革质或皮纸质，卵状披针形至椭圆状卵形，长 10 ~ 20cm，宽 4 ~ 7cm，先端渐尖，基部钝圆或楔形至浅心形，全缘；叶柄长 2 ~ 5cm；托叶披针状卵形，先端急尖，长可达 10cm。榕果无梗。瘦果表面有皱纹。花期 5 ~ 8 月。

习性：喜光，喜温暖、高温湿润气候，耐旱而不耐寒，耐寒性比榕树稍强。抗风，抗大气污染，耐瘠薄，对土质要求不严，生长迅速，萌发力强，易栽植。有气生根。生于疏林中或溪边湿地。

分布：云南、广东、海南、广西、福建、台湾、浙江。

园林应用：行道树、园路树、庭荫树、园景树、盆栽及盆景观赏。

23 异叶榕 *Ficus heteromorpha* Hemsl. 榕属

形态特征：落叶灌木或小乔木，高 2 ~ 5m。小枝红褐色。叶多形，琴形、椭圆形、椭圆状披针形，长 10 ~ 18cm，宽 2 ~ 7cm，先端渐尖或为尾状，基部圆形或浅心形，表面略粗糙，背面有细小钟乳体，全缘或微波状，基生侧脉较短，侧脉 6 ~ 15 对，红色；叶柄长 1.5 ~ 6cm，红色；托叶披针形，长约 1cm。榕果成对生短枝叶腋，稀单生，无总梗，球形或圆锥状球形，光滑，直径 6 ~ 10mm，成熟时紫黑色，顶生苞片脐状，基生苞片 3 枚，卵圆形，雄花和瘿花同生于一榕果中；雄花散生内壁，花被片 4 ~ 5，匙形，雄蕊 2 ~ 3；瘿花花被片 5 ~ 6，子房光滑，花柱短；雌花花被片 4 ~ 5，包围子房，花柱侧生，柱头画笔状，被柔毛。瘦果光滑。花期 4 ~ 5 月，果期 5 ~ 7 月。

习性：生于山谷、坡地及林中。

分布：长江流域中下游及华南地区，北至陕西、湖北、河南。

园林应用：园景树。

二十九 胡桃科 Juglandaceae

1 核桃 *Juglans regia* L. 胡桃属

别名：核桃

形态特征：落叶乔木。高达 30m。树皮灰白色，老则深纵裂。小叶 5 ~ 9 枚，椭圆形至倒卵形，长 6 ~ 14cm，基部钝圆或歪斜，全缘（幼叶时有锯齿），表面光滑，背面脉腋有簇毛。雄花为柔荑花序，生于上年生枝条；雌蕊 1 ~ 3(5) 朵成顶生穗状花序。核果球形，径 4 ~ 5cm。花期 4 ~ 5 月，9 ~ 10 月果熟。

习性：喜光，喜温凉气候，较耐干冷，耐寒，抗旱，喜水、肥。深根性，不耐移植，不耐湿热。

分布：原产我国新疆。现各地广泛栽培。东北南到华南、西南。

园林应用：庭荫树、园景树、防护林。

2 枫杨 *Pterocarya stenoptera* C. DC.　枫杨属

别名：麻柳

形态特征：落叶大乔木，高达30m。叶多为偶数或稀奇数羽状复叶，长8～16cm，叶柄长2～5cm，叶轴具翅至翅不甚发达；小叶10～16枚，无小叶柄，对生或稀近对生，长椭圆形一至长椭圆状披针形，长约8～12cm，宽2～3cm，顶端常钝圆或稀急尖，基部歪斜，边缘有向内弯的细锯齿。雄性柔荑花序长约6～10cm，雌性柔荑花序顶生，长约10～15cm。果序长20～45cm 花期4～5月，果熟期8～9月。

习性：喜深厚肥沃湿润的土壤，喜光，不耐庇荫。耐湿性强，不耐常期积水。萌芽力很强。

分布：广布于我国东北的南部、华北、华中和华南、西南各省。

园林应用：园路树、庭荫树、防护林、树林。

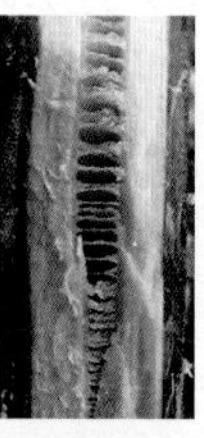

3 青钱柳 *Cyclocarya paliurus* (Batal.) Iljinskaja Iljinsk.　青钱柳属

别名：摇钱树、青钱李

形态特征：落叶乔木，高达10～30m。髓部片状分隔。叶互生，奇数羽状复叶；小叶边缘有锯齿。雌雄同株；雌、雄花序均柔荑状。雄花序长7～18cm；雌花序单独顶生，20朵。雄花辐射对称，具短花梗。果实扁球形，径约7mm，果梗长约1～3mm；果实中部围有水平方向的径达2.5～6cm的革质圆盘状翅。花期4～5月，果期7～9月。

习性：喜光，喜深厚、肥沃的土壤；萌芽性强。

分布：安徽、江苏、浙江、江西、福建、台湾、湖北、湖南、四川、贵州、广西、广东和云南。

园林应用：庭荫树、园景树。

4 化香 *Platycarya strobilacea* Sieb.et Zucc.　化香树属

别名：花龙树、栲香

形态特征：落叶灌木或小乔木，高2～5m。奇数羽状复叶互生，长15～30cm；小叶7～15，长3～10cm，宽2～3cm，顶生小叶叶柄较长，薄革质，顶端长渐尖，边缘有重锯齿，基部阔楔形，稍偏斜。花单性，雌雄同穗状花序，直立；雄花序在上，长4～10cm；雌花序在下，长约2cm，有苞片宽卵形，长约5mm。果序球果状，长椭圆形，暗褐色；小坚果扁平，直径约5mm，有2狭翅。花期5～6月，果期7～10月。

习性：喜光、喜温暖湿润气候和深厚肥沃的砂质土壤，耐干旱瘠薄，深根性。

分布：华东、华中、华南、西南等省。

园林应用：园景树。

三十 杨梅科 Myricaceae

1 杨 梅 *Myrica rubra* (Lour.) Siebold et Zuccarini

别名：山杨梅、酸梅

形态特征：常绿灌木或小乔木，高达12m。叶革质、倒卵状披针形至倒卵状长椭圆形，长6～11cm，全缘，下面密生金黄色小油腺点。雌雄异株；雄花序柔荑状，紫红色。核果圆球形，径10～15mm，外果皮肉质，有小疣状突起，熟时深红、紫红或白色，味甜酸。花期3～4月。果期6～7月。

习性：喜温暖湿润气候，耐荫，不耐强烈日照。喜排水良好的酸性土壤，不耐寒，萌芽力强。对二氧化硫等有害气体有一定抗性。

分布：长江流域以南，西南至四川、云南等地。

园林应用：园路树、庭荫树、园景树、盆栽及盆景观赏。

三十一 壳斗科（山毛榉科） Fagaceae

1 水青冈 *Fagus longipetiolata* Seem. 水青冈属

别名：山毛榉

形态特征：落叶乔木，高达25m。叶薄革质，卵形或卵状披针形，长6～15cm，宽3～6.5cm，顶端短尖至渐尖，基部宽楔形至近圆形，略偏斜，边缘具疏锯齿，侧脉9～14对，直达齿端；叶柄长1～2.5cm。成熟总苞斗瓣裂，密被褐色绒毛，苞片钻形，坚果与总苞近等长或略伸出。每壳斗有2坚果（全包）。花期4～5月，果熟期8～9月。

生态习性：喜光，喜温暖气候。对土壤适应性强。

分布：产秦岭以南、五岭南坡以北各地。

园林应用：园景树、风景林、防护林。

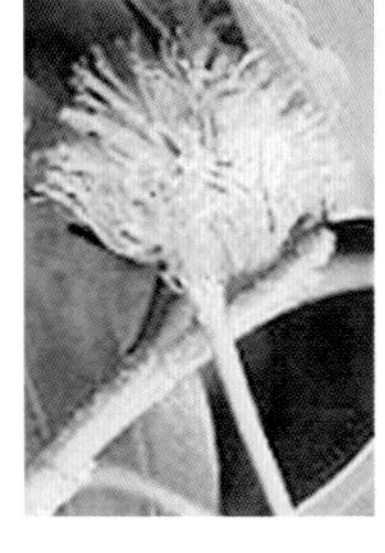

2 板栗 *Castanea mollissima* Bl. 栗属

别名：栗、风栗

形态特征：落叶乔木，高15～20m。叶互生，排成2

列，卵状椭圆形至长椭圆状披针形，长 8 ~ 18cm，宽 4 ~ 7cm，先端渐尖，基部圆形或宽楔形，边缘有锯齿，齿端芒状，下面有灰白色星状短绒毛或长单毛，中脉有毛；叶柄长 1 ~ 1.5cm；托叶早落。花单性，雌雄同株；雄花序穗状；雌花 2 ~ 3 朵生于一有刺的总苞内。壳斗球形，直径 3 ~ 5cm，内藏坚果 2 ~ 3 个。花期 5 月，果期 8 ~ 10 月。

生态习性：喜光，对土壤要求不严，喜肥沃温润、排水良好的砂质或砾质壤土，对有害气体抗性强。忌积水，忌土壤粘重。

分布：除新疆、青海以外，辽宁以南各地，均有栽培，以华北及长江流域最为集中。

园林应用：园景树、树林。

3 锥栗 *Castanea henryi* (Skan)Rehd. et Wils. 栗属

别名：尖栗、箭栗

形态特征：落叶乔木，高达 30m。叶互生，卵状披针形，长 8 ~ 17cm，宽 2 ~ 5cm，顶端长渐尖，基圆形，叶缘锯齿具芒尖。雄花序生小枝下部叶腋，雌花序生小枝上部叶腋。壳斗球形，带刺直径 2 ~ 3.5cm；坚果单生于壳斗，1 坚果 / 壳斗。

生态习性：喜光，耐旱，要求排水良好。病虫害少，生长较快。

分布：秦岭南坡以南、五岭以北各地，但台湾及海南不产。

园林应用：园景树、风景林、树林。

4 茅栗 *Castanea seguinii* Dode 栗属

别名：野栗子、毛栗、毛板栗

形态特征：小乔木或灌木状，通常高 2 ~ 5m。叶倒卵状椭圆形或兼有长圆形的叶，长 6 ~ 14cm，宽 4 ~ 5cm，顶部渐尖，基部楔尖至圆或耳垂状，基部对称至一侧偏斜，叶背有黄或灰白色鳞腺；叶柄长 5 ~ 15mm。雄花序长 5 ~ 12cm，雄花簇有花 3 ~ 5 朵；雌花单生或生于混合花序的花序轴下部，每壳斗有雌花 3 ~ 5 朵，通常 1 ~ 3 朵发育结实。坚果长 15 ~ 20mm，宽 20 ~ 25mm。花期 5 ~ 7 月，果期 9 ~ 11 月。

生态习性：生于海拔 400 ~ 2000m 丘陵山地，较常见于山坡灌木丛中。

分布：广布于大别山以南、五岭南坡以北各地。

园林应用：园景树。

5 甜槠 *Castanopsis eyrei* (Champ. ex Benth.) Tutch. 栲属

别名：甜锥、反刺槠

形态特征：常绿乔木，高达 20m。叶革质，卵形、卵状披针形至长椭圆形，先端尾尖，基部显著歪斜，全缘或上部有疏钝齿，两面同色或有时叶下面带银灰色或灰白色。壳斗卵形或近球形，连刺径 2 ~ 3cm，3 瓣裂，刺粗短。果单生。花期 4 ~ 5 月，果期翌年 9 ~ 11 月。

生态习性：土层深厚、肥沃的缓坡谷地生长良好。

分布：长江流域以南各地。

园林应用：庭荫树、园景树、风景林、树林。

6 苦槠 *Castanopsis sclerophylla* (Lindl. et Paxton) Schottky 栲属

别名：槠栗、苦槠子

形态特征：常绿乔木，高达 15m。叶厚革质，长椭圆形或卵状椭圆形，长 5 ~ 15cm，宽 3 ~ 6cm，顶端渐尖或短尖，基部楔形或圆形，边缘或中部以上有锐锯齿，背面苍白色，有光泽，螺旋状排列。壳斗杯形，幼时全包坚果，成熟时包围坚果 3/5 ~ 4/5，直径 12 ~ 15mm。花期 5 月，10 月果熟。

生态习性：喜温暖、湿润气候，喜光，也能耐荫；喜深厚、湿润土壤，也耐干旱、瘠薄。萌芽性强，抗污染。

分布：长江以南地区。

园林应用：庭荫树、园景树、风景林、树林、防护林。

7 黧蒴锥 *Castanopsis fissa* (Champ. ex Benth.) Rehd. et Wils. 栲属

别名：大叶槠栗、大叶栎

形态特征：常绿乔木，高约 10。嫩枝红紫色，纵沟棱明显。叶形、质地及其大小均与丝锥类同。雄花多为圆锥花序。果序长 8 ~ 18cm。壳斗被暗红褐色粉末状蜡鳞，成熟壳斗圆球形或宽椭圆形，通常全包坚果；坚果圆球形或椭圆形，高 13 ~ 18mm，横径 11 ~ 16mm。花期 4 ~ 6 月，果当年 10 ~ 12 月成熟。

生态习性：喜光，适南亚热带气候，适应性强，对土壤要求不严，速生，萌芽性强。

分布：产福建、江西、湖南、贵州四省南部、广东、海南、香港、广西、云南东南部。

园林应用：庭荫树、园景树、树林。

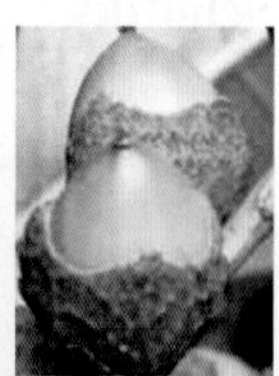

8 毛锥 *Castanopsis fordii* Hance　　栲属

别名：毛栲、毛槠

形态特征：落叶乔木，通常高 8 ~ 15m。叶革质，长椭圆形或长圆形，长 9 ~ 18cm，宽 3 ~ 6cm，顶端急尖，或甚短尖，基部心形或浅耳垂状，全缘，中脉在叶面明显凹陷，叶背红棕色（嫩叶），棕灰色或灰白色（成长叶）；叶柄粗而短，长 2 ~ 5mm。雄穗状花序常多穗排成圆锥花序，花密集，雄蕊 12 枚。果序长 6 ~ 12cm，壳斗密聚于果序轴上，每壳斗有坚果 1 个。花期 3 ~ 4 月，果次年 9 ~ 10 月成熟。

生态习性：喜光，幼年耐荫。较速生。

分布：浙江、江西、福建、湖南四省南部、广东、广西东南部。

园林应用：庭荫树、园景树、树林。

9 灰柯 Lithocarpus henryi (Seem.) Rehd. et Wils　　石栎属

别名：长叶石栎

形态特征：常绿乔木，高达 20m。叶革质或硬纸质，狭长椭圆形，长 12 ~ 22cm，宽 3 ~ 6cm，顶部短渐尖，基部有时宽楔形，常一侧稍短且偏斜，全缘，侧脉在叶面微凹陷；叶柄长 1.5 ~ 3.5cm。雄穗状花序单穗腋生；雌花序长达 20cm。壳斗浅碗斗，高 6 ~ 14mm，宽 15 ~ 24mm，包着坚果不到一半；坚果高 12 ~ 20mm，宽 15 ~ 24mm。花期 8 ~ 10 月，果次年同期成熟。

生态习性：生于海拔 1 400 ~ 2 100m 山地杂木林中，常为高山栎林的主要树种。

分布：陕西南部、湖北西部、湖南西部、贵州东北部、四川东部。

园林应用：庭荫树、园景树、树林。

10 小叶栎 *Quercus chenii* Nakai 栎属

形态特征：落叶乔木，高达 20m。叶披针形，长 7 ~ 15cm，宽 2 ~ 2.5cm，顶端长尖，基部阔楔形，边缘有锯齿，齿尖成刺芒状，背面绿色无毛；叶柄长 1 ~ 1.5cm。壳斗杯状；苞片锥形，短刺状，包围坚果 1/4 ~ 1/3，不反曲；坚果椭圆形，直径 1 ~ 1.5cm。花期 5 月，果翌年 10 月成熟。

生态习性：喜光，喜深厚肥沃的中性至酸性土壤；生长速度中等。

分布：长江中下游地区。

园林应用：园路树、庭荫树、园景树、风景林。

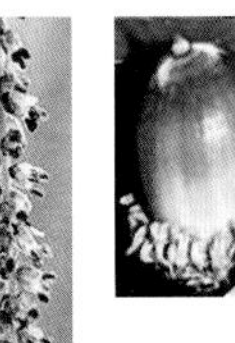

11 栓皮栎 *Quercus variabilis* Blume 栎属

别名：软木栎

形态特征：落叶乔木，高达 23m；木栓层厚而软，深褐色。叶椭圆状披针形或椭圆状卵形，长 8 ~ 15cm，宽 2 ~ 5cm，顶端渐尖，基部圆形或阔楔形，边缘有刺芒状细锯齿，背面密生白色星状细绒毛；叶柄长 1.5 ~ 2.5cm。壳斗杯状，几无柄，包围坚果 2/3 以上，直径 1.9 ~ 2.1cm；坚果近球形或卵形，直径 1.3 ~ 1.5cm。花期 4 月，次年 10 月果熟。

生态习性：喜土层深厚，排水良好的山坡。

分布：辽宁、河北、山西、陕西、甘肃以南各省区。

园林应用：庭荫树、园景树、风景林、树林、防护林。

12 白栎 *Quercus fabri* Hance 栎属

形态特征：落叶乔木或灌木，高达 20m。小枝密生灰褐色绒毛。叶倒卵形至椭圆状倒卵形，长 7 ~ 15cm，顶端钝尖基部窄楔形，具波状齿或粗钝齿 6 ~ 10 个。下面有灰黄色星状绒毛；叶柄长 3 ~ 5mm。壳斗杯状，包围坚果 1/3。花期 4 月，果期 10 月。

生态习性：喜光，喜温暖气候，较耐荫；喜深厚、湿润、肥沃土壤，也较耐干旱、瘠薄，但在肥沃湿润处生长最好。萌芽力强。

分布：淮河以南、长江流域和华南、西南各地。

园林应用：庭荫树、园景树、风景林、树林、防护林。

13 槲栎 *Quercus aliena* Bl. 栎属

别名：细皮青冈

形态特征：落叶乔木，高达 30m。叶长 10 ~ 20cm，宽 5 ~ 14cm，顶端微钝或短渐尖，基部楔形或圆形，叶缘具波状钝齿，叶面中脉侧脉不凹陷；叶柄长 1 ~ 1.3cm。壳斗杯状，包围坚果约 1/2，被灰白色柔毛。果椭圆状卵形。花期 1 ~ 5 月，果期 9 ~ 10 月。

生态习性：喜光，稍耐荫，对气候适应性较强，耐寒，耐干旱瘠薄；萌芽性强。

分布：华东、华中、西南、华北及辽宁。

园林应用：园景树、风景林、树林、防护林。

14 槲树 *Quercus dentata* Thunb. 栎属

别名：波罗栎

形态特征：落叶乔木，高达 25m。叶倒卵形或长倒卵形，长 10 ~ 30cm，顶端钝尖，基部耳形或楔形，叶缘为波状裂片或粗锯齿，叶背密被褐色星状毛；托叶线状披针形，叶柄密被棕色绒毛，雄花序长约 4cm；雌花序长 1 ~ 3cm。壳斗杯形，包着坚果 1/2 ~ 2/3，连小苞片直径 2 ~ 5 cm，小苞片革质；坚果卵形或圆柱形，径直 1.2 ~ 1.5cm，高 1.5 ~ 2.3cm。花期 4 ~ 5 月；果期 9 ~ 10 月。

生态习性：喜光，耐干旱，常生于向阳的山坡。对土壤要求不严。

分布：黑龙江，南至长江流域各地。

园林应用：庭荫树、园景树、风景林、树林。

15 青冈栎 *Cyclobalanopsis glauca* (Thunb.) Oerst. 青冈属

别名：青冈栎、铁椆

形态特征：常绿乔木，树高达 20m。叶厚革质，长椭圆形至倒卵状长椭圆形，长 6 ~ 13cm，宽 2.5 ~ 4.5cm，中部以上有疏锯齿，上面深绿色。有光泽，下面灰绿色，有整齐平伏白色单毛。壳斗杯状，包围坚果 1/3 ~ 1/2，苞片合生成 5 ~ 8 条同心圆环。花期 4 月，果期 10 月。

生态习性：喜光，喜温暖湿润气候及肥沃土壤；萌芽力强，具较强的抗有毒气体、隔音和防火能力。

分布：长江流域与华南诸省。

园林应用：风景林、树林。宜丛植、群植或与其它常绿树混交成林。

三十二 桦木科 Betulaceae

1 光皮桦 *Betula luminifera* H.Winkl. 桦木属

别名：亮叶桦

形态特征：落叶乔木，高可达 20m。树皮红褐色或暗黄灰色，致密，平滑，有风油精的气味。叶矩圆形、宽矩圆形、矩圆披针形，长 4.5 ~ 10cm，宽 2.5 ~ 6cm，顶端骤尖或呈细尾状，基部圆形，边缘具不规则的刺毛状重锯齿，叶下面密生树脂腺点。雄花序 2 ~ 5 枚簇生于小枝顶端或单生于小枝上部叶腋。果实单生，长圆柱形，长 3 ~ 9cm。小坚果倒卵形，长约 2mm，膜质翅宽为果的 1 ~ 2 倍。花期 4 ~ 6 月，果期 7 ~ 9 月。

生态习性：中等喜光；喜温暖、湿润气候；耐寒冷；喜土层深厚、肥沃、排水良好的黄红壤，耐干旱瘠薄土壤；不耐水湿。

分布：云南、贵州、四川、陕西、甘肃、湖北、江西、浙江、广东、广西。

园林应用：园路树、园景树、树林。

2 红桦 *Betula albo-sinensis* Burk. 桦木属

别名：纸皮桦、红皮桦

形态特征：落叶大乔木，高可达 30m；树皮淡红褐色或紫红色，有光泽和白粉，呈薄层状剥落，纸质。叶卵形或卵状矩圆形，长 3 ~ 8cm，宽 2 ~ 5cm，顶端渐尖，基部圆形或微心形，较少宽楔形，边缘具不规则的重锯齿，齿尖常角质化，上面深绿色，下面淡绿色，密生腺点；叶柄长 5 ~ 15cm。雄花序圆柱形，长 3 ~ 8cm，直径 3 ~ 7mm。果序圆柱形，单生或同时具有 2 ~ 4 枚排成总状，长 3 ~ 4cm，直径约 1cm。小坚果卵形，长 2 ~ 3mm。花期 5 ~ 6 月，果期 7 ~ 9 月。

生态习性：喜光，喜湿润空气，较耐荫，耐寒冷。

分布：云南、四川东部、湖北西部、河南、河北、山西、陕西、甘肃、青海。

园林应用：园景树、树林观赏。主要用于庭院园林观赏及山体造林。

3 江南桤木 *Alnus trabeculosa* Hand.-Mazz. 桤木属

形态特征：落叶乔木，高约 10m。短枝和长枝上的叶大多数均为倒卵状矩圆形、倒披针状矩圆形或矩圆形，有时长枝上的叶为披针形或椭圆形，长 6 ~ 16cm，宽 2.5 ~ 7cm，顶端锐尖、渐尖至尾状，基部近圆形或近心形，边缘具不规则疏细齿，下面具腺点；叶柄长 2 ~ 3cm。果序矩圆形，长 1 ~ 2.5cm，直径 1 ~ 1.5cm，2 ~ 4 枚呈总状排列。小坚果宽卵形，长 3 ~ 4mm，宽 2 ~ 2.5mm。花期 2 ~ 3 月，果期 10 ~ 12 月。

生态习性：喜光，喜温暖气候；对土壤适应性强；喜水湿，多生于河滩低湿地。

分布：安徽、江苏、浙江、江西、福建、广东、湖南、湖北、河南南部。

园林应用：行道树、园路树、园景树、树林。

4 雷公鹅耳枥 *Carpinus viminea* Wall. 鹅耳枥属

形态特征：落叶乔木，高 10 ~ 20m。叶厚纸质，椭圆形、矩圆形、卵状披针形，长 6 ~ 11cm，宽 3 ~ 5cm，顶端渐尖、尾状渐尖至长尾状，基部圆楔形、圆形兼有微心形，有时两侧略不等，边缘具规则或不规则的重锯齿；叶柄长 15 ~ 30mm。果序长 5 ~ 15cm，直径 2.5 ~ 3cm。小坚果宽卵圆形，长 3 ~ 4mm。花期 4 ~ 5 月，果期 7 ~ 10 月。

生态习性：喜光，稍耐荫；能耐 -10℃低温；喜肥沃湿润土壤，也耐干旱瘠薄。

分布：西藏南部和东南部、云南、贵州、四川、湖北、湖南、广西、江西、福建、浙江、江苏、安徽。

园林应用：园景树、树林。

三十三 木麻黄科 Casuarinaceae

1 木麻黄 *Casuarina equisetifolia* Forst. 木麻黄属

别名：驳骨树、马尾树

形态特征：常绿乔木，高可达 30m。枝红褐色，有密集的节；最末次分出的小枝灰绿色，纤细，直径 0.8 ~ 0.9mm，长 10 ~ 27cm，常柔软下垂。鳞片状叶每轮通常 7 枚，少为 6 或 8 枚，披针形或三角形，长 1 ~ 3mm，紧贴。花雌雄同株或异株。球果状果序椭圆形，长 1.5 ~ 2.5cm，直径 1.2 ~ 1.5cm；小坚果连翅长 4 ~ 7mm，宽 2 ~ 3mm。花期 4 ~ 5 月，果期 7 ~ 10 月。

生态习性：喜光，喜炎热气候；喜钙镁，耐盐碱、贫瘠土壤；耐干旱也耐潮湿，不耐寒，抗风沙，萌芽力强。

分布：广西、广东、福建、台湾沿海地区普遍栽植。

园林应用：行道树、园景树、防护林。主要用于道路及庭院的绿化，热带海岸防风固砂的优良先锋树种。

三十四 紫茉莉科 Nyctaginaceae

1 叶子花 *Bougainvillea spectabilis* Willd. 叶子花属

别名：毛宝巾、九重葛、三角花

形态特征：常绿藤状灌木。枝、叶密生柔毛；刺腋生、下弯。叶片椭圆形或卵形，基部圆形，有柄。花序腋生或顶生；苞片椭圆状卵形，基部圆形至心形，长 2.5 ~ 6.5cm，宽 1.5 ~ 4cm，暗红色或淡紫红色。果实长 1 ~ 1.5cm。花期冬春间，南方地区几乎全年开花。

生态习性：喜温暖湿润、阳光充足的环境；耐旱不耐寒，忌水涝。

分布：华南可露地栽培越冬。其它地区盆栽和温室越冬。

园林应用：垂直绿化，盆栽及盆景观赏，地被，绿篱。

2 光 叶 子 花 *Bougainvillea glabra* Choisy 叶子花属

别名：簕杜鹃、三角花、三角梅

形态特征：常绿藤状灌木。茎粗壮，枝下垂，无毛或疏生柔毛；刺腋生，长 5 ~ 15mm。叶片纸质，卵形或卵状披针形，长 5 ~ 13cm，宽 3 ~ 6cm，顶端急尖或渐尖，基部圆形或宽楔形，上面无毛，下面被微柔毛；叶柄长 1cm。花顶生枝端的 3 个苞片内，花梗与苞片中脉贴生，每个苞片上生一朵花；苞片叶状，紫色或洋红色，长圆形或椭圆形，长 2.5 ~ 3.5cm，宽约 2cm，纸质。花期冬春间，北方温室栽培 3 ~ 7 月开花。

生态习性：喜光，喜温暖气候，不耐寒；不择土壤，干湿都可以，但适当干些可以加深花色。

分布：广西、广东、福建、台湾沿海地区普遍栽植，已渐驯化。

园林应用：垂直绿化，盆栽及盆景观赏，地被，绿篱。

三十五 五桠果科 Dilleniaceae

1 五桠果 *Dillenia indica* Linn. 五桠果属

别名：第伦桃

形态特征：常绿乔木高 25m。叶薄革质，矩圆形或倒卵状矩圆形，长 15 ~ 40cm，宽 7 ~ 14cm，先端近于圆形，基部广楔形，不等侧；第二次支脉近于平行，与第一次侧脉斜交，在下面与网脉均稍突起，边缘有明显锯齿，齿尖锐利；叶柄长 5~7cm。花单生于枝顶叶腋内，直径约 12 ~ 20cm，花瓣白色。果实圆球形，直径 10 ~ 15cm，不裂开。花期 4 ~ 5 月。

生态习性：喜湿润，忌涝，生长适温 23℃ ~ 32℃，对土壤要求不严。

分布：云南省南部。

园林应用：园路树、园景树。

三十六 芍药科 Paeoniaceae

1 牡丹 *Paeonia suffruticosa* Andr. 芍药属

别名：木芍药、洛阳花、花王、富贵花

形态特征：落叶灌木。叶通常为二回三出复叶，偶尔近枝顶的叶为 3 小叶；顶生小叶宽卵形，长 7 ~ 8cm，

宽5.5 ~ 7cm，3裂至中部，裂片不裂或2 ~ 3浅裂，表面绿色，背面淡绿色，有时具白粉，小叶柄长1.2 ~ 3cm；侧生小叶狭卵形或长圆状卵形，长4.5 ~ 6.5cm，宽2.5 ~ 4cm，不等2裂至3浅裂或不裂，近无柄。花单生枝顶，直径10 ~ 17cm；花梗长4 ~ 6cm；花瓣5，或为重瓣，玫瑰色、红紫色、粉红色至白色。蓇葖长圆形。花期5月；果期6月。

生态习性：喜温暖、凉爽、干燥、阳光充足的环境。阳光，也耐半阴，耐寒，耐干旱，耐弱碱，忌积水，怕热，怕烈日直射。

分布：原产于中国西部及北部。现各地有栽培。

园林应用：园景树、专类园、盆景及盆栽。

2 紫牡丹 *Paeonia delavayi* Franch.　　芍药属

别名：滇牡丹、野牡丹

形态特征：落叶亚灌木，茎高0.8 ~ 1.5m。叶二回三出复叶，叶柄长4 ~ 8.5cm；小叶片宽卵形或卵形，长15 ~ 20cm，羽状分裂。花2 ~ 5朵，生枝顶和叶腋，直径6 ~ 8cm；花瓣9 ~ 12，红色或紫红色，倒卵形，长3 ~ 4cm，宽1.5 ~ 2.5cm。蓇葖果长3 ~ 3.5cm，直径1.2 ~ 2cm。花期4 ~ 5月，果期7 ~ 8月。

生态习性：喜寒忌热，喜干燥忌水涝，不抗风；喜土质肥松，排水良好

分布：云南西北部、四川西南部及西藏东南部。

园林应用：园景树、专类园、盆景及盆栽。

三十七 山茶科 Theaceae

1 山茶 *Camellia japonica* Linn.　　山茶属

别名：茶花

形态特征：常绿灌木或小乔木，高9m，嫩枝无毛。叶革质，椭圆形，长5 ~ 10cm，宽2.5 ~ 5cm，先端略尖，或急短尖而有钝尖头，基部阔楔形，上面深绿色，下面浅绿色，边缘有相隔2 ~ 3.5cm的细锯齿。叶柄长8 ~ 15mm，无毛。花顶生，无柄；花瓣6 ~ 7片。蒴果圆球形，直径2.5 ~ 3cm，2 ~ 3室。花期2 ~ 4月，果期9 ~ 10月。

生态习性：喜半阴、忌烈日；喜温暖气候，一般品种能耐-10℃的低温，耐暑热；喜空气湿度大，忌干燥；喜肥沃、疏松的微酸性土壤。

分布：云南、四川、台湾、山东、江西等地有野生种，国内各地广泛栽培，品种繁多。

园林应用：园景树、专类园、盆栽。

2 茶梅 *Camellia sasanqua* Thunb. 山茶属

别名：茶梅花

形态特征：常绿小乔木，嫩枝有毛。叶革质，椭圆形，长 3 ～ 5cm，宽 2 ～ 3cm，先端短尖，基部楔形，有时略圆，下面褐绿色，无毛，侧脉在上面不明显，在下面能见；边缘有细锯齿，叶柄长 4 ～ 6mm。花大小不一，直径 4 ～ 7cm;花瓣 6 ～ 7 片，红色。蒴果球形，宽 1.5 ～ 2cm，1 ～ 3 室。

生态习性：性喜阴湿；喜肥沃疏松、排水良好的酸性砂质土。

分布：长江以南。现在南方、华东地区多栽培。

园林应用：盆栽、基础种植、地被、绿篱。

3 油茶 *Camellia oleifera* Abel. 山茶属

别名：茶子树

形态特征：常绿灌木或中乔木；嫩枝有粗毛。叶革质，椭圆形，长圆形或倒卵形，先端尖而有钝头，基部楔形，长 5 ～ 7cm，宽 2 ～ 4cm，上面深绿色，中脉有粗毛或柔毛，下面浅绿色，边缘有细锯齿，有时具钝齿，叶柄长 4 ～ 8mm，有粗毛。花顶生，近于无柄，花瓣白色，5 ～ 7 片，长 2.5 ～ 3cm，宽 1 ～ 2cm。蒴果球形或卵圆形，直径 2 ～ 4cm，3 室或 1 室。花期冬春间。

生态习性：喜温暖湿润气候，喜光，较耐瘠薄土壤，不耐盐碱。

分布：江流域到华南各地广泛栽培。

园林应用：园景树。

4 茶 *Camellia sinensis* L. (L.) O. Ktze. 山茶属

别名：茶树

形态特征：常绿灌木或小乔木。叶革质，长圆形或椭圆形，长 4 ～ 12cm，宽 2 ～ 5cm，先端钝或尖锐，基部楔形，上面发亮，边缘有锯齿，叶柄长 3 ～ 8mm，无毛。花 1 ～ 3 朵腋生，白色。蒴果 3 球形或 1 ～ 2 球形，高 1.1 ～ 1.5cm，每球有种子 1 ～ 2 粒。花期 10 月～翌年 2 月。

生态习性：喜温暖湿润气候，能耐 -6℃以及短期 -16℃以下的低温。喜光，略耐荫，喜酸性土壤。

分布：北自山东南至海南岛都有栽培。而以浙江、湖南、安徽、四川、台湾为主要产区。

园林应用：可作绿篱、地被。

5 金花茶 *Camellia nitidissima* Chi　山茶属

形态特征：常绿灌木，高 2 ~ 3m，嫩枝无毛。叶革质，长圆形或披针形，或倒披针形，长 11 ~ 16cm，宽 2.5 ~ 4.5cm，先端尾状渐尖，基部楔形，上面深绿色，下面浅绿色，中脉、侧脉在上面陷下，在下面突起，边缘有细锯齿，叶柄长 7 ~ 11mm。花黄色，单朵腋生，花瓣 8 ~ 12 片。蒴果扁三角球形，长 3.5cm，宽 4.5cm，3 爿裂开。花期 11 ~ 12 月。

生态习性：喜温暖湿润气候，喜排水良好的酸性土壤，耐荫。耐寒性不强。

分布：广西。现栽培华中，西南等区域。

园林应用：绿篱、园景树、盆栽及盆景。

6 岳麓连蕊茶 *Camellia handelii* Sealy　山茶属

形态特征：常绿灌木，高 1.5m，嫩枝多柔毛。叶薄革质，长卵形或椭圆形，长 2 ~ 4cm，宽 1 ~ 1.5cm，先端渐尖而有钝的尖头，基部楔形，上面深绿色，稍发亮，沿中脉有短毛，下面浅绿色，中脉有长毛；中脉不明显，边缘有相隔 2 ~ 3mm 的尖锯齿，叶柄长 2 ~ 4mm，有短粗毛。花冠白色，长 1.5 ~ 2cm，花瓣 5 ~ 6 片，基部与雄蕊相连约 4mm。果实有宿存苞片及萼片，蒴果圆球形，宽 1.2cm，长 1.1cm。

习性：喜光，稍耐荫，抗干旱瘠薄。海拔 550 ~ 2700m。

分布：江西吉安、贵州遵义及广西。

园林应用：基础种植、绿篱。

7 四季抱茎茶 *Camellia amplexicaulis* Cohen-Stuart　山茶属

别名：越南抱茎茶

形态特征：常绿小乔木。叶狭长浓绿，互生，基部心形，与茎紧紧相抱生长，犹如竹笋。花型独特，特别的肉粉红色，花瓣特别厚，看上去象硬质花，花朵形状象海棠。花期为 10 月至次年 4 月。

习性：耐荫、喜温暖湿润气候；不耐寒。

分布：华南地区有栽培。广西较多。

园林应用：园景树、基础种植、专类园、盆栽及盆景观赏。

8 红皮糙果茶 *Camellia crapnelliana* Tutch 山茶属

别名：博白大果油茶

形态特征：常绿小乔木，高 5 ～ 7m，树皮红色，嫩枝无毛。叶硬革质，倒卵状椭圆形至椭圆形，长 8 ～ 12cm，宽 4 ～ 5cm，先端短尖，尖头钝，基部楔形，上面深绿色，下面灰绿色，无毛，侧脉在上面不明显，在下面明显突起，边缘有细钝齿，叶柄长 6 ～ 10mm，无毛。花顶生，单花，直径 7 ～ 10cm，近无柄；花冠白色，长 4 ～ 4.5cm，花瓣 6 ～ 8 片。蒴果球形，直径 6 ～ 10cm。

习性：分布区多属亚热带季风区，多生长於山坡林或树林。极端最低温可达 -5℃，年降水量为 1500 ～ 2200 mm。

分布：香港、广西南部、福建、江西及浙江南部。

园林应用：园景树、盆栽及盆景观赏。

9 杨桐 *Adinandra millettii* (Hook. et Arn.) Benth. et Hook. f. ex Hance 杨桐属

形态特征：常绿灌木或小乔木，高 2 ～ 10m。叶互生，革质，长圆状椭圆形，长 4.5 ～ 9cm，宽 2 ～ 3cm，顶端短渐尖或近钝形，基部楔形，边全缘，上面亮绿色，无毛，下面淡绿色或黄绿色；叶柄长 3 ～ 5mm。花单朵腋生；萼片 5，卵状披针形或卵状三角形，长 7 ～ 8mm；花瓣 5，白色，卵状长圆形至长圆形。花期 5 ～ 7 月，果期 8 ～ 10 月。

习性：常见于灌丛、疏林、林缘沟谷地或溪河路边。

分布：安徽、浙江、江西、福建、湖南、广东、广西、贵州等省。

园林应用：园景树、基础种植。

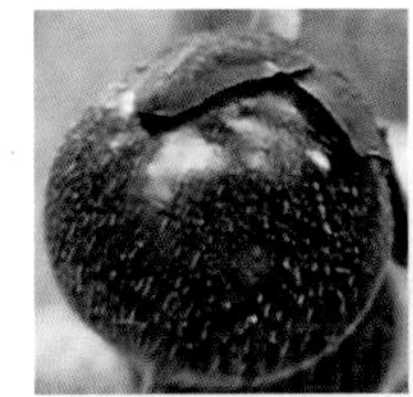

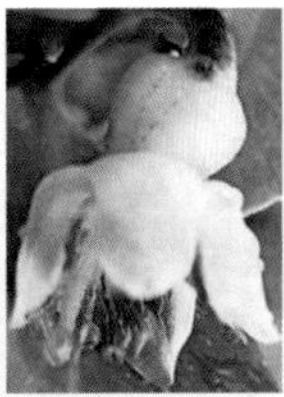

10 茶梨 *Anneslea fragrans* Wall. 茶梨属

形态特征：常绿乔木，高达 15m。叶革质，聚生枝顶，呈假轮生状，叶形变异很大，通常为椭圆形或长圆状椭圆形至狭椭圆形，长 8 ～ 13cm，宽 3 ～ 5.5 cm，顶端短渐尖、短尖，尖顶钝，基部楔形或阔楔形，边全缘或具稀疏浅钝齿，叶下面淡绿白色，密被红褐色腺点；中脉在上面稍凹下，下面隆起；叶柄长 2 ~ 3cm。花数朵至 10 多朵螺旋状聚生于枝端或叶腋；萼片 5，淡红色；花瓣 5。果实浆果状，直径 2 ~ 3.5cm。花期 1 ~ 3 月，果期 8 ~ 9 月。

习性：生於海拔 300 ~ 2500m 的山坡林中或林缘沟地及山坡溪沟阴湿地。

分布：福建中部偏南及西南部、江西南部、湖南南部莽山、广东、广西北部、贵州东南部及云南南部、东南部、西南部等地。

园林应用：园景树。

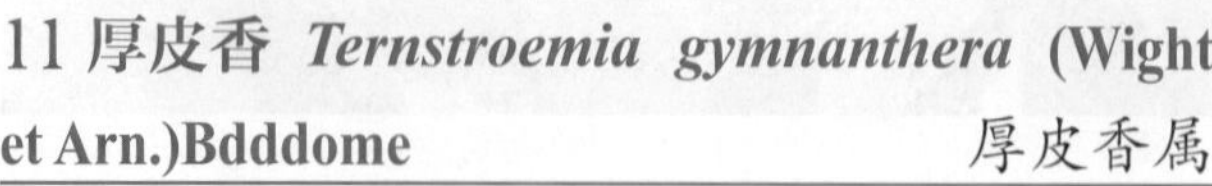

11 厚皮香 *Ternstroemia gymnanthera* (Wight et Arn.)Bdddome 厚皮香属

别名：珠木树、猪血柴

形态特征：常绿灌木或小乔木，高 1.5 ~ 10m。嫩枝浅红褐色或灰褐色。叶革质或薄革质，常聚生于枝端，呈假轮生状，椭圆形、椭圆状倒卵形至长圆状倒卵形，长 5.5 ~ 9cm，宽 2 ~ 3.5cm，顶端短渐尖或急窄缩成短尖，基部楔形，边全缘，稀有上半部疏生浅疏齿，中脉在上面稍凹下，在下面隆起；叶柄长 7 ~ 13mm。

花两性或单性，开花时直径 1 ~ 1.4cm。果实圆球形，长 8 ~ 10mm，直径 7 ~ 10mm，成熟时肉质假种皮红色。花期 5 ~ 7 月，果期 8 ~ 10 月。

生态习性：喜温热湿润气候，喜光也较耐荫；较耐寒，能忍受 −10℃低温；抗风力强。

分布：西南、华南、长江中下流地区。南方大部分地区都有栽培。

园林应用：盆栽、绿篱、园景树、基础种植。

12 木荷 *Schima superba* Gardn. et Champ. 木荷属

别名：何树

形态特征：常绿大乔木，高 25m，嫩枝通常无毛。叶革质或薄革质，椭圆形，长 7 ~ 12cm，宽 4 ~ 6.5cm，先端尖锐，有时略钝，基部楔形，下面无毛，侧脉在两面明显，边缘有钝齿；叶柄长 1 ~ 2cm。花生于枝顶叶腋，常多朵排成总状花序，直径 3cm，白色。蒴果直径 1.5 ~ 2cm。花期 6 ~ 8 月。

生态习性：喜温暖湿润气候，喜光，有一定耐旱能力；能耐短期的 −10℃低温。

分布：浙江、福建、台湾、江西、湖南、广东、海南、广西、贵州。

园林应用：风景林、园景树、树林、防护林。

13 粗毛石笔木 *Tutcheria hirta* (Hand. -Mazz.) Li 石笔木属

形态特征：常绿乔木，高 3 ~ 8m。叶革质，长圆形，长 6 ~ 13cm，宽 2.5 ~ 4cm，先端尖锐，基部楔形，上面发亮，下面有褐毛，干后变红褐色，侧脉 8 ~ 13 对，边缘有细锯齿。叶柄长 6 ~ 10mm，有毛。花直径 2.5 ~ 4.5cm，白色或淡黄色，花柄长 3 ~ 7mm，有毛；苞片卵形，长 4 ~ 5mm；萼片 10，近圆形，长 5 ~ 10mm，外面有毛，内面秃净；花瓣长 1.5 ~ 2cm，外面有毛；子房 3 室，每室有胚珠 2 ~ 3 个；花柱长 6 ~ 8mm，下半部有毛。蒴果纺锤形，长 2 ~ 2.5cm，宽 1.5 ~ 1.8cm，两端尖。

习性：产贵州、云南、湖北、湖南、广西、广东及江西。

分布：贵州、云南、湖北、湖南、广西、广东及江西。

园林应用：园景树。

14 折柄茶 *Hartia sinensis* Dunn 折柄茶属

别名：舟柄茶

形态特征：乔木，高 4 ~ 7m，嫩枝被短柔毛。叶革质，卵状披针形或倒卵形，长 7 ~ 10cm，宽 3 ~ 4cm，先端渐尖或短渐尖，基部圆形，上面无毛或仅中肋基部有稀疏柔毛，下面初时被柔毛，后脱落，侧脉 10 ~ 12 对，边缘有锯齿，叶柄长 8 ~ 15mm。花单生于叶腋；花瓣白色，阔倒卵形，长 1.8cm，宽 1.2cm。蒴果木质，长圆状卵形，长 2cm，直径约 1cm，有 5 棱。

习性：海拔 1 800m 的森林。

分布：云南红河流域

园林应用：园景树、盆栽及盆景观赏。

三十八 猕猴桃科 Actinidiaceae

1 中华猕猴桃 *Actinidia chinensis* Planch.

猕猴桃属

别名：阳桃、猕猴桃

形态特征：落叶藤本。叶纸质，倒阔卵形至倒卵形或阔卵形至近圆形，长 6 ~ 17cm，宽 7 ~ 15cm，顶端截平形并中间凹入或具突尖、急尖至短渐尖，基部钝圆形、截平形至浅心形，边缘具脉出的直伸的睫状小齿，腹面深绿色，背面苍绿色，密被灰白色或淡褐色星状绒毛，侧脉常在中部以上分歧成叉状；叶柄长 3 ~ 6(10)cm。聚伞花序 1 ~ 3 花，花序柄长 7 ~ 15mm；花初放时白色，放后变淡黄色，有香气；花瓣 5 片。果黄褐色，近球形，长 4 ~ 6cm。

生态习性：适应性广，耐旱耐寒，耐瘠薄，也耐半荫，。土壤要求疏松肥沃，温暖湿润。

分布：陕西、湖北、湖南、河南、安徽、江苏、浙江、江西、福建、广东和广西等省区。

园林应用：垂直绿化、专类园。

2 大籽猕猴桃 *Actinidia macrosperma* C.F.Liang

猕猴桃属

形态特征：落叶藤木或灌木状藤木。叶幼时膜质，老时近革质，卵形或椭圆形，顶端渐尖、急尖至浑圆形，基部阔楔形至圆形，两侧对称或稍不对称，边缘有斜锯齿或圆锯齿，老时或近全缘。花常单生，白色，芳香。果成熟时橘黄色，卵圆形或圆球形。花期 5 月，果熟期 10 月。

习性：喜温暖、湿润及阳光充足的环境，耐热、耐瘠，有一定的耐寒性。喜疏松、肥沃及排水良好的微酸性土壤。

分布：广东、湖北、江西、浙江、江苏、安徽等省。

园林应用：垂直绿化、专类园。

三十九 藤黄科（山竹子科）Clusiaceae (Guttiferae)

1 金丝桃 *Hypericum monogynum* L.

金丝桃属

别名：金线蝴蝶、金丝海棠、金丝莲

形态特征：半常绿灌木，高 0.5 ~ 1.3m。茎红色。叶对生，无柄或具短柄；叶片倒披针形或椭圆形至长圆

形，长 2 ~ 11.2cm，宽 1 ~ 4.1cm，先端锐尖至圆形，基部楔形至圆形或上部者有时截形至心形，边缘平坦，坚纸质，上面绿色。花近伞房状；花直径 3 ~ 6.5cm。花瓣金黄色至柠檬黄色。雄蕊 5 束，每束有雄蕊 25 ~ 35 枚，最长者长 1.8 ~ 3.2cm，与花瓣几等长。蒴果宽卵珠形，长 6 ~ 10mm，宽 4 ~ 7mm。花期 5 ~ 8 月，果期 8 ~ 9 月。

生态习性：喜光，略耐荫；耐寒性不强；喜肥沃、排水良好的土壤。

分布：河北、陕西、山东、江苏、安徽、浙江、江西、福建、台湾、河南、湖北、湖南、广东、广西、四川及贵州等省区。

园林应用：盆栽、绿篱、园景树、地被。

2 金丝梅 *Hypericum patulum* Thunb.exMurray 金丝桃属

形态特征：半常绿灌木，高 0.3 ~ 1.5 m。茎淡红至橙色，很快具 2 纵线棱。叶具柄，叶柄长 0.5 ~ 2mm；叶片披针形或长圆状披针形至卵形或长圆状卵形，长 1.5 ~ 6cm，宽 0.5 ~ 3cm，先端钝形至圆形，常具小尖突，基部狭或宽楔形至短渐狭，边缘平坦。花序具 1 ~ 15 花，伞房状。花瓣金黄色，无红晕，长 1.2 ~ 1.8cm，宽 1 ~ 1.4cm。雄蕊 5 束，每束有雄蕊约 50 ~ 70 枚，最长者长 7 ~ 12mm，长约为花瓣的 2/5 ~ 1/2。花期 6 ~ 7 月，果期 8 ~ 10 月。

生态习性：喜光，有一定耐寒能力；喜温暖湿润土壤但不可积水。

分布：陕西、长江中下游，两广、福建、台湾、四川、贵州等省区。

园林应用：盆栽、绿篱、地被。

3 金丝李 *Garcinia paucinervis* Chun et How 藤黄属

别名：埋贵、米友波

形态特征：常绿乔木，高 3 ~ 15m。叶片嫩时紫红色，椭圆形，椭圆状长圆形或卵状椭圆形，长 8 ~ 14cm，宽 2.5 ~ 6.5cm，顶端急尖或短渐尖，基部宽楔形，中脉在下面凸起；叶柄长 8 ~ 15mm。花杂性，同株。雄花的聚伞花序腋生和顶生，有花 4 ~ 10 朵。浆果成熟时椭圆形或卵珠状椭圆形，长 3.2 ~ 3.5cm，直径 2.2 ~ 2.5cm。花期 6 ~ 7 月，果期 11 ~ 12 月。

生态习性：喜阴，耐寒力弱，耐旱性强。

分布：广西西部和西南部，云南东南部。

园林应用：园景树、树林。.

4 菲岛福木 *Garcinia subelliptica* Merr. 藤黄属

形态特征：常绿乔木，高可达 20m。叶厚革质，卵形，卵状长圆形或椭圆形，长 7 ～ 14cm，宽 3 ～ 6cm，顶端钝、圆形或微凹，基部宽楔形至近圆形，中脉在下面隆起，侧脉两面隆起，至边缘处联结；叶柄粗壮，长 6 ～ 15mm。花杂性，同株，5 数。浆果宽长圆形，成熟时黄色。

习性：性喜高温，耐旱；土质以中性土壤为佳。

分布：我国台湾南部，台北、华南亦见栽培。

园林应用：园路树、防护林、园景树、盆栽。

四十 杜英科 Elaeocarpaceae

1 杜英 *Elaeocarpus decipiens* Hemsl. 杜英属

别名：胆八树

形态特征：常绿乔木，高 5 ～ 15m。叶革质，披针形或倒披针形，长 7 ～ 12cm，宽 2 ～ 3.5cm，先端渐尖，尖头钝，基部楔形，常下延，边缘有小钝齿；叶柄长 1cm。总状花序；花柄长 4 ～ 5mm；花白色，花瓣倒卵形，与萼片等长；雄蕊 25 ～ 30 枚，长 3mm。核果椭圆形，长 2 ～ 2.5cm，宽 1.3 ～ 2cm。花期 6 ～ 7 月。

生态习性：稍耐荫，喜温暖湿润气候，耐寒性不强。

分布：广东、广西、福建、台湾、浙江、江西、湖南、贵州和云南。

园林应用：园路树、园景树、树林。

2 长芒杜英 *Elaeocarpus apiculatus* Masters 杜英属

别名：尖叶杜英

形态特征：常绿乔木，高达 30m。叶聚生于枝顶，革质，倒卵状披针形，长 11 ～ 20cm，宽 5 ～ 7.5cm，先端钝，中部以下渐变狭窄，基部窄而钝，上面深绿色而发亮，全缘，或上半部有小钝齿，网脉在上面明显；叶柄长 1.5 ～ 3cm。总状花序生于枝顶叶腋内，长 4 ～ 7cm，

有花 5 ~ 14 朵，花长 1.5cm，直径 1 ~ 2cm。花期 4 月或 8 月，果实在 8 月或翌年 2 月成熟。

生态习性：喜温暖至高温，湿润气候；阳性，喜土质疏松湿润而富含有机质的土壤，抗风。

分布：云南南部、广东和海南。

园林应用：园路树、园景树、风景林。

3 水石榕 *Elaeocarpus hainanensis* Oliver 杜英属

别名：海南胆八树

形态特征：常绿小乔木。叶革质，狭窄倒披针形，长 7 ~ 15cm，宽 1.5 ~ 3cm，先端尖，基部楔形，叶上面深绿色，下面浅绿色，边缘密生小钝齿；叶柄长 1 ~ 2cm。总状花序生当年枝的叶腋内，长 5 ~ 7cm，有花 2 ~ 6 朵；花较大，直径 3 ~ 4cm。核果纺锤形，两端尖，长约 4cm，中央宽 1 ~ 1.2cm。花期 6 ~ 7 月。

生态习性：喜温暖湿润气候，喜水湿环境，但不耐积水；深根性，抗风力强，萌芽力强。

分布：海南、广西南部及云南东南部。

园林应用：园路树、园景树。

4 中华杜英 *Elaeocarpus chinensis* (Gardn. etChanp.) (Gardn. et Chanp.) Hook.f.exBenth. 杜英属

别名：华杜英、羊屎乌

形态特征：常绿小乔木，高 3 ~ 7m。叶薄革质，卵状披针形或披针形，长 5 ~ 8cm，宽 2 ~ 3cm，先端渐尖，基部圆形，上面绿色有光泽，下面有细小黑腺点，边缘有波状小钝齿；叶柄纤细，长 1.5 ~ 2cm。总状花序生于无叶的去年枝条上，长 3 ~ 4cm；花柄长 3mm；花两性或单性。花瓣 5 片。核果椭圆形，长不到 1cm。花期 5 ~ 6 月。

生态习性：喜湿润温暖气候，适合酸性及排水良好土壤，耐寒性较强。海拔 350 ~ 850m。

分布：广东、广西、浙江、福建、江西、贵州、云南。

园林应用：行道树、园路树、园景树、风景林、树林。

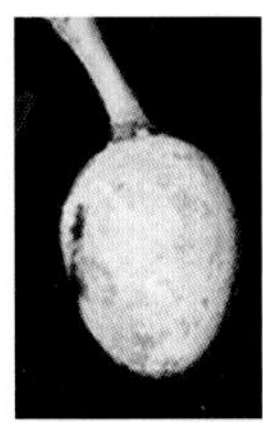

5 山杜英 *Elaeocarpus sylvestris* (Lour.)Poir.

杜英属

别名：羊屎树

形态特征：常绿小乔木，高约 10m。叶纸质，倒卵形或倒披针形，长 4 ~ 8cm，宽 2 ~ 4cm，幼态叶长达 15cm，宽达 6cm，上下两面均无毛，先端钝，基部窄楔形，下延。边缘有钝锯齿或波状钝齿；叶柄长 1 ~ 1.5cm，无毛。总状花序生于枝顶叶腋内，长 4 ~ 6cm，花瓣倒卵形，上半部撕裂，裂片 10 ~ 12 条。核果细小，椭圆形，长 1 ~ 1.2cm。花期 4 ~ 5 月。

生态习性：喜光，较耐荫、耐寒，喜温暖湿润气候；对土壤要求不严格。

分布：广东、海南、广西、福建、浙江，江西、湖南、贵州、四川及云南。

园林应用：园路树、园景树、风景林、树林。

6 秃瓣杜英 *Elaeocarpus glabripetalus* Merr.

杜英属

形态特征：常绿乔木，高 12m。叶纸质或膜质，倒披针形，长 8 ~ 12cm，宽 3 ~ 4cm，先端尖锐，尖头钝，基部变窄而下延，下面之浅绿色，侧脉在下面突起，在上面不明显，边缘有小钝齿；叶柄长 4 ~ 7mm。总状花序长 5 ~ 10cm，花瓣 5 片，白色，长 5 ~ 6mm。核果椭圆形，长 1 ~ 1.5cm。花期 7 月。

生态习性：稍耐荫，喜温暖湿润气候，耐寒性较强；更喜酸性且排水良好土壤。

分布：广东、广西、江西、福建、浙江、湖南、贵州及云南。

园林应用：园路树、园景树、风景林、树林。

7 日本杜英 *Elaeocarpus japonicus* Sieb. et Zucc.

杜英属

别名：薯豆

形态特征：常绿乔木。叶革质，卵形，长 6 ~ 12cm，宽 3 ~ 6cm，先端尖锐，尖头钝，基部圆形或钝，叶上面深绿色，侧脉在下面突起，网脉在上下两面均明显；边缘有疏锯齿；叶柄长 2 ~ 6cm。总状花序长 3 ~ 6cm；花瓣长圆形，与萼片等长。核果椭圆形，长 1 ~ 1.3cm，宽 8mm。花期 4 ~ 5 月。

习性：生于海拔 400 ~ 1300m 的常绿林中。

分布：云南。

园林应用：园路树、园景树、风景林、树林。

8 猴欢喜 *Sloanea sinensis* (Hance) Hemsl.

猴欢喜属

别名：猴板栗

形态特征：常绿乔木，高 20m。叶薄革质，形状及大小多变，通常为长圆形或狭窄倒卵形，长 6 ~ 9cm，最长达 12cm，宽 3 ~ 5cm，先端短急尖，基部楔形，通常全缘，有时上半部有数个疏锯齿，叶柄长 1 ~ 4cm，无毛。花多朵簇生于枝顶叶腋；花柄长 3 ~ 6cm；花瓣 4 片，长 7 ~ 9mm，白色。蒴果的大小不一，长 2 ~ 3.5cm，厚 3 ~ 5mm；针刺长 1 ~ 1.5cm。花期 9 ~ 11 月，果期翌年 6 ~ 7 月成熟。

生态习性：喜光，不耐严寒干燥；萌芽力强。

分布：广东、海南、广西、贵州、湖南、江西、福建、台湾和浙江。

园林应用：风景林、园路树、园景树、树林。

四十一 椴树科 Tiliaceae

1 白毛锻 *Tilia endochrysea* Hand.-Mazz.

椴树属

形态特征：落叶乔木，高 12m。叶卵形或阔卵形，长 9 ~ 16cm，宽 6 ~ 13cm，先端渐尖或锐尖，基部斜心形或截形，边缘有疏齿，有时近先端 3 浅裂，裂片长 1.5cm，叶柄长 3 ~ 7 厘米。聚伞花序长 9 ~ 16cm，有花 10 ~ 18 朵；苞片窄长圆形，长 7 ~ 10cm，宽 2 ~ 3cm，下部 1 ~ 1.5cm 与花序柄合生；花瓣长 1 ~ 1.2cm。果实球形，5 爿裂开。花期 7 ~ 8 月。

生态习性：喜温暖气候，不耐寒能耐一定旱；喜土层深、腐殖质高、肥沃、排水好的土壤。

分布：广西北部、广东北部、湖南、江西、福建、浙江。

园林应用：园景树、树林。

2 南京椴 *Tilia miqueliana* Maxim.　椴树属

形态特征：落叶乔木，高 20m。叶卵圆形，长 9 ~ 12cm，宽 7 ~ 9.5cm，先端急短尖，基部心形，整正或稍偏斜，上面无毛，下面被星状茸毛，叶缘有整齐锯齿；叶柄长 3 ~ 4cm。聚伞花序长 6 ~ 8cm，有花 3 ~ 12 朵；苞片狭窄倒披针形，长 8 ~ 12cm，宽 1.5 ~ 2.5cm，下部 4 ~ 6cm 与花序柄合生。果实球形，无棱，被星状柔毛。花期 7 月。

习性：耐寒性不强，生长较慢。

分布：江苏、浙江、安徽、江西、广东。

园林应用：行道树、园路树、庭荫树、园景树。

3 糯米椴 *Tilia henryana* Szyszyl. *var. Subglabra* V. Engl. 椴树属

形态特征：落叶乔木。叶圆形，长6 ~ 10cm，宽6 ~ 10cm，先端宽而圆，有短尖尾，基部心形，整正或偏斜，有时截形，上面无毛，下面被黄色星状茸毛，边缘有锯齿，由侧脉末梢突出成齿刺；叶柄长3 ~ 5cm。聚伞花序长10 ~ 12cm，有花30 ~ 100朵以上；苞片狭窄倒披针形，长7 ~ 10cm，宽1 ~ 1.3cm，下半部3 ~ 5cm与花序柄合生。果实倒卵形，长7 ~ 9mm。花期6月。

习性：喜温暖、湿润气候环境，有一定抗寒性。

分布：河南、陕西、湖北、湖南、江西。

园林应用：行道树、园路树、庭荫树、园景树。

4 扁担杆 *Grewia biloba* G.Don 扁担杆属

别名：孩儿拳头

形态特征：落叶灌木或小乔木，高1 ~ 4m。多分枝；嫩枝被粗毛。叶薄革质，椭圆形或倒卵状椭圆形，长4 ~ 9cm，宽2.5 ~ 4cm，先端锐尖，基部楔形或钝，两面有稀疏星状粗毛，基出脉3条，两侧脉上行过半，中脉有侧脉3 ~ 5对，边缘有细锯齿；叶柄长4 ~ 8mm，被粗毛；托叶钻形，长3 ~ 4mm。聚伞花序腋生，多花，花序柄长不到1cm；花柄长3 ~ 6mm；苞片钻形，长3 ~ 5mm；萼片狭长圆形，长4 ~ 7mm，外面被毛，内面无毛；花瓣长1 ~ 1.5mm；雌雄蕊柄长0.5mm，有毛；雄蕊长2mm；子房有毛，花柱与萼片平齐。核果红色，有2 ~ 4颗分核。花期5 ~ 7月。

习性：喜光，略耐荫；耐寒性一般；耐瘠薄，不择土壤。

分布：江西、湖南、浙江、广东、台湾，安徽、四川等省。

园林应用：园景树、绿篱。

四十二 梧桐科 Sterculiaceae

1 梧桐 *Firmiana simplex* (Linnaeus) W. Wight 梧桐属

别名：青桐

形态特征：落叶乔木，高16m。树干端直，树皮青绿色，平滑；小枝粗壮，翠绿色。叶基部心形，掌状3～5裂，叶长15～30cm，裂片三角形，顶端渐尖，两面均无毛或被短柔毛。叶柄约与叶片等长。圆锥花序顶生，花淡黄绿色；花后心皮分离成5蓇葖果，远在成熟前开裂呈舟形。花期6月。

习性：喜光，喜温暖湿润气候，耐寒性不强。不耐积水和盐碱。

分布：原产中国及日本；华北至华南、西南各地区广泛栽培。

园林应用：园路树，庭荫树，园景树。

2 苹婆 *Sterculia nobilis* Smith　　苹婆属

别名：凤眼果、七姐果

形态特征：常绿乔木。叶薄革质，矩圆形或椭圆形，长8～25cm，宽5～15cm，顶端急尖或钝，基部浑圆或钝，两面均无毛；叶柄长2～3.5cm，托叶早落。圆锥花序顶生或腋生，柔弱且披散，长达20cm，有短柔毛；花梗远比花长；萼初时乳白色，后转为淡红色，钟状，5裂，裂片条状披针形，先端渐尖且向内曲；雄花较多，雌雄蕊柄弯曲；雌花较少，略大。蓇葖果鲜红色，厚革质，矩圆状卵形，长约5cm，宽约2～3cm，顶端有喙，每果内有种子1～4个，多数3枚。皮红子黑，斜裂形如凤眼，故称“凤眼果”。花期5月，果期9～10月。

习性：喜光，喜温暖湿润气候，对土壤要求不严。根系发达，喜高温多湿。

分布：广东、广西的南部、福建东南部、云南南部和台湾。广州附近和珠江三角洲多有栽培。

园林应用：行道树、园路树、庭荫树、园景树。

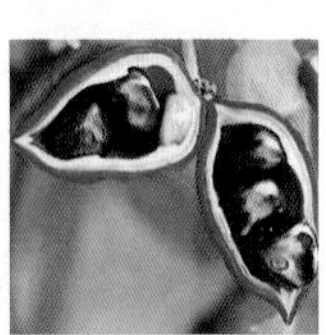

3 假苹婆 *Sterculia lanceolata* Cav.　　苹婆属

别名：赛苹婆

形态特征：常绿乔木，小枝幼时被毛。叶椭圆形、披针形或椭圆状披针形，长9～20cm，宽3.5～8cm，顶端急尖，基本钝形或近圆形，上面无毛，下面几近无毛，侧脉每边7～9条，弯拱，在近叶缘不明显连结；叶柄长2.5～3.5cm。圆锥花序腋生，长4～10cm，密集且多分枝；花淡红色，萼片5枚，仅于基部连合，向外开展如星状，矩圆状披针形或矩圆状椭圆形，顶端钝或略有小短尖突，长4～6mm，外面被短柔毛，边缘有缘毛；雄花花药 10 个。蓇葖果鲜红色，长卵形或长椭圆形，长 5 ~ 7cm，宽 2 ~ 2.5cm，顶端有喙，基部渐狭，密被短柔毛；种子黑褐色，椭圆状卵形，直径约 1cm。每果有种子 2 ~ 4 个。花期 4 ~ 6 月。

习性：喜光，喜温暖多湿气侯，不耐旱、不耐寒，喜土层深厚、湿润的富含有机质之壤土。

分布：广东、广西、云南、贵州和四川南部。广州常栽培。

园林应用：行道树、园路树、庭荫树、园景树。

4 可可 *Theobroma cacao* Linn. 可可属

别名：可加树

形态特征：常绿乔木，高达 12m。叶具短柄，卵状长椭圆形至倒卵状长椭圆形，长 20 ~ 30cm，宽 7 ~ 10cm，顶端长渐尖，基部圆形、近心形或钝，两面均无毛或在叶脉上略有稀疏的星状短柔毛；托叶条形，早落。花排成聚伞花序，花直径约 18mm；花梗长约 12mm；萼粉红色，萼片 5 枚；花瓣 5 片，淡黄色，略比萼长；退化雄蕊线状；发育雄蕊与花瓣对生；子房 5 室，每室有胚珠 14 ~ 16 个。核果椭圆形或长椭圆形，长 15 ~ 20cm，直径约 7cm，初为淡绿色，后变为深黄色或近于红色。花期几乎全年。

习性：喜温暖、湿润的气侯和富于有机质的冲积土所形成的缓坡上，忌排水不良和重粘土。

分布：海南和云南南部。

园林应用：园景树、树林。

5 非洲芙蓉 *Dombeya burgessiae* Gerr. ex Harv. & Sond. 非洲芙蓉属

别名：吊芙蓉、热带绣球花

形态特征：常绿中型灌木或小乔木，几米高。叶面质感粗糙，单叶互生，具托叶，心形，叶缘顿锯齿，掌状脉 7 至 9 条，枝及叶均被柔毛。花从叶腋间伸出，悬吊著一个花苞。花为伞形花序，一个花球可包含二十多朵粉红色的小花，每朵小花有瓣 5 块，约 1 吋大，有一白色星顶状雄蕊及多枝雌蕊围绕。全开时聚生且悬吊而下，极像一个粉红色的花球，形如吊着的芙蓉花。花期 12 月至翌年 3 月。

习性：喜光和肥沃、湿润之地，不抗风。可耐 -2℃低温。

分布：华南有种置。

园林应用：水边绿化、园景树、基础种植、地被植物、盆栽及盆景观赏

6 翻白叶树 *Pterospermum heterophyllum* Hance 翅子树属

形态特征：常绿乔木，高达 20m。小枝被红色或黄色茸毛。叶异型，革质；幼树或萌发枝上的叶盾形，长约 20cm，掌状 3 ~ 5 深裂；成长树上的叶长圆形或卵状长圆形，长 7 ~ 15cm，宽 3.5 ~ 8cm，先端渐尖，基部钝形、截形或斜心形，上面无毛，下面密被黄褐色茸毛；叶柄长 1 ~ 2cm。花丛生、单生或 2 ~ 4 朵聚生；小苞片 2 ~ 4，全缘；萼片 5；花瓣 5，白色；雄蕊 15，每 3 个合成 1 束；子房 5 室，被毛。蒴果木质，狭卵形，长 4 ~ 5cm，密被锈色星状柔毛。

习性：喜温暖气候和湿润肥沃土层深厚的沙质土。

分布：广东、广西、福建、台湾。

园林应用：园景树。

7 梭罗树 *Reevesia pubescens* Mast. 梭罗树属

形态特征：常绿乔木，高达 16m。叶互生，薄革质，上面无毛，下面密被黄绿色星状毛。圆锥花序伞房状，花白色，雌雄蕊柄长 2—3.5cm。蒴果木质。

习性：喜阳光充足和温暖环境，耐半阴，耐湿，土壤需排水良好、肥和深厚，冬季温度不低于 -8℃。

分布：海南、广东、广西、云南、贵州、四川。

园林应用：行道树、园路树、庭荫树、园景树、风景林、树林。

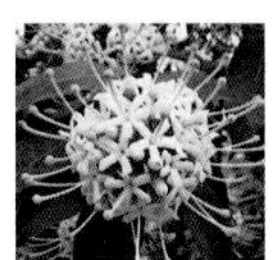

8 瓶　树 *Brachychiton rupestris* (Lindl.) K. Schum 瓶树属

别名：佛肚树

形态特征：肉质灌木，茎干矮肥，肉质，基部膨大。叶造型独特，每片叶子都分出五个叶面，四个叶面两两相对，还有一个独立在他们的上面。叶掌状盾形，3 裂至 5 裂，叶痕大。花聚生于枝顶，橙红色，五瓣，花梗分枝似珊瑚。株高 40 ~ 50cm，茎干基部膨大呈卵圆状棒形，上部二歧分枝，叶 6 ~ 8 片簇生于枝顶，盾形，3 浅裂，光滑，稍具蜡质白粉。花序重复二歧分枝，长约 15cm，花鲜红色。圆鼓鼓的枝干，似弥勒佛的大肚子一样，株形奇特，一年四季开花不断。

习性：喜温暖干燥及充足的阳光。

分布：华南地区有引种。

园林应用：园景树、盆栽及盆景观赏。

四十三 木棉科 Bombacaceae

1 木棉 *Bombax malabaricum* DC. 木棉属

别名：英雄树、攀枝花

形态特征：落叶大乔木，高可达 25m。幼树的树干通常有圆锥状的粗刺。掌状复叶，小叶 5 ~ 7 片，长圆形至长圆状披针形，长 10 ~ 16cm，宽 3.5 ~ 5.5cm，顶端渐尖，基部阔或渐狭，全缘，两面均无毛；叶柄长 10 ~ 20cm；小叶柄长 1.5 ~ 4cm；托叶小。花单生枝顶叶腋，红色，有时橙红色，直径约 10cm；萼杯状；花瓣肉质，倒卵状长椭圆形，长 8 ~ 10cm，宽 3 ~ 4cm，二面被星状柔毛，但内面较疏；雄蕊外轮雄蕊多数，集成 5 束，每束花丝 10 枚以上。蒴果长圆形，长 10 ~ 15cm，粗 4.5 ~ 5cm，密被灰白色长柔毛和星状柔毛。花期 3 ~ 4 月，果夏季成熟。

习性：喜温暖干燥和阳光充足环境。不耐寒，稍耐湿，忌积水。耐旱，抗污染、抗风力强，树皮厚，耐火烧。

分布：云南、四川、贵州、广西、广东、福建、台湾等省区。

园林应用：行道树、庭荫树、园景树。

2 瓜 栗 *Pachira macrocarpa* (Cham. et Schlecht.) Walp. 瓜栗属

别名：马拉巴栗、发财树

形态特征：常绿小乔木，高 4 ~ 5m。小叶 5 ~ 11，具短柄或近无柄，长圆形至倒卵状长圆形，渐尖，基部楔形，全缘，上面无毛，背面及叶柄被锈色星状茸毛；中央小叶长 13 ~ 24cm，宽 4.5 ~ 8cm，外侧小叶渐小；中肋表面平坦，背面强烈隆起，侧脉至边缘附近连结为一圈波状集合脉；叶柄长 11 ~ 15cm。花单生枝顶叶腋；花梗长 2cm；萼杯状，宿存，基部有 2 ~ 3 枚圆形腺体；花瓣淡黄绿色，狭披针形至线形，长达 15cm。蒴果近梨形，长 9 ~ 10cm，直径 4 ~ 6cm，果皮厚，木质，黄褐色，外面无毛，内面密被长绵毛，开裂。花期 5 ~ 11 月，果先后成熟。

习性：喜高温多湿和阳光充足，不耐寒，忌强光，较耐荫，有一定耐旱能力，耐修剪，喜肥沃、疏松的土壤。

分布：我国华南和台湾有栽培。

园林应用：园路树、庭荫树、园景树。

3 水瓜栗 *Pachira aquatica* Aubl.　　瓜栗属

形态特征：常绿乔木，高达 15m。掌状复叶，色彩墨绿，叶柄长 10 ~ 25cm，两端膨大成关节状；一片叶片中的小叶多为 8 枚，全缘，长 15 ~ 25(30) cm，先端宽 10cm，近基部渐狭，呈长倒卵形、倒卵状长椭圆形；小叶中部沿中脉下凹，状如小槽。花柄长达 8 ~ 12cm；花萼小，杯状；花瓣长 20 ~ 25cm，宽 2 ~ 3cm，质如海绵状，外面淡黄，里面乳白，盛开时向外弯卷，雄蕊长度超过 20cm，花丝的上、下以粉红和白色相间，花期 6 月。

习性：喜热带环境；喜富含腐殖质的酸性、湿润沙质土，具有一定的耐寒性。

分布：热带、亚热带南部地区有种置。

园林应用：行道树、园路树、庭荫树。

4 美丽异木棉 *Ceiba speciosa* (Kunth) P. E. Gibbs et Semir　　吉贝属

别名：南美木棉、美丽木棉

形态特征：落叶大乔木，高 10 ~ 15m，树干下部膨大，幼树树皮浓绿色，密生圆锥状皮刺，侧枝放射状水平伸展或斜向伸展。掌状复叶有小叶 5 ~ 7 片；小叶椭圆形，长 12 ~ 14cm。花单生，花冠淡紫红色，基部黄白色（有紫条纹），花径 10 ~ 15cm；成顶生总状花序。秋天落叶后开花，可一直开到年底。蒴果椭圆形。种子次年春季成熟。

习性：强阳性，喜高温多湿气候，生长迅速，抗风，不耐旱、不耐寒。

分布：海南、台湾、嘉义、广州有引种栽培。

园林应用：行道树、庭荫树、园景树

5 榴莲 *Durio zibethinus* Murr.　　榴莲属

形态特征：常绿乔木，高可达 25m。单叶，全缘，革质，具羽状脉，托叶长 1.5 ~ 2cm，叶片长椭圆形，先端短渐尖或急渐尖，基部圆形或钝，两面发亮，叶上面光滑，背面有贴生鳞片；叶柄长 1.2 ~ 2.8cm，聚伞花序细长下垂，簇生与茎上或大枝上，每序有花

3 ~ 30朵；花梗被鳞片，长2 ~ 4cm，苞片托住花萼，比花萼短；萼筒状，高2.5 ~ 3cm，基部肿胀，内面密被柔毛，具5 ~ 6个短宽的萼齿；花瓣黄白色，长3.5 ~ 5cm，为萼长的2倍，长圆状匙形，后期外翻，雄蕊5束，每束有花丝4 ~ 18，花丝基部合生1/4 ~ 1/2；蒴果椭圆状，淡黄色或黄绿色，长15 ~ 30cm粗13 ~ 15cm。花果期6 ~ 12月。

习性：喜温暖阳光充足环境，要求无霜冻。

分布：原产印度尼西亚，广东、海南栽培。

园林应用：庭荫树、园景树。

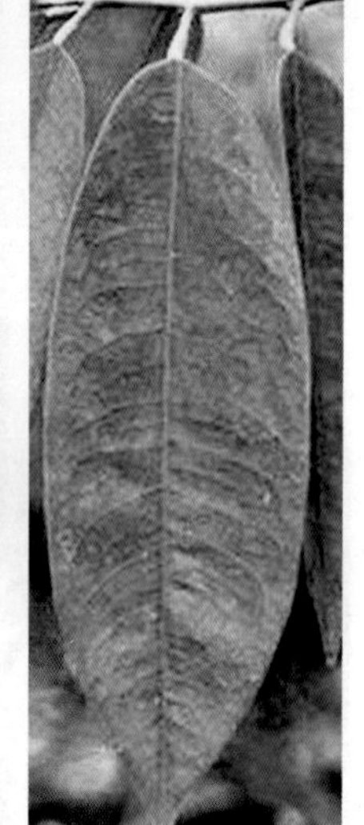

四十四 锦葵科 Malvaceae

1 吊灯花 *Hibiscus schizopetalus*(Mast.) Hook.F 木槿属

别名：吊灯花、拱手花篮

形态特征：常绿直立灌木，高达3m；小枝细瘦，常下垂，平滑无毛。叶椭圆形或长椭圆形，长4 ~ 7cm，宽1.5 ~ 4cm，先端短尖或短渐尖，基部钝或宽楔形，边缘具齿缺，两面均无毛；叶柄长1 ~ 2cm，上面被星状柔毛；托叶钻形，长约2mm，常早落。花单生于枝端叶腋间，花梗细瘦，下垂，长8 ~ 14cm，平滑无毛或具纤毛，中部具节；小苞片5，极小，披针形，长1 ~ 2mm，被纤毛；花萼管状，长约1.5cm，疏被细毛，具5浅齿裂，常一边开裂；花瓣5，红色，长约5cm,深细裂作流苏状,向上反曲;雄蕊长9 ~ 10cm;花柱枝5。蒴果长圆柱形，长约4cm，直径约1cm。花期全年。

习性:喜温暖湿润的气候。不耐寒,喜光,喜深厚、肥沃、疏松的砂质土壤。

分布：台湾、福建、广东、广西和云南南部有栽培。

园林应用：园景树、盆栽观赏

2 木芙蓉 *Hibiscus mutabilis* Linn. 木槿属

别名：芙蓉花、酒醉芙蓉

形态特征:落叶灌木或小乔木,高2 ~ 5m。小枝、叶柄、花梗和花萼均密被细绵毛。叶宽卵形至圆卵形或心形,直径10 ~ 15cm,常5 ~ 7裂,裂片三角形,先端渐尖,具钝圆锯齿，上面疏被星状细毛和点，下面密被星状细绒毛;;叶柄长5 ~ 20cm;托叶披针形,长5 ~ 8mm,常早落。花单生于枝端叶腋间，花梗长约5 ~ 8cm，小苞片8，基部合生;萼钟形，长2.5 ~ 3cm，裂片5，卵形；花初开时白色或淡红色，后变深红色，直径约8cm，花瓣近圆形，直径4～5cm，外面被毛。蒴果扁球形，直径约2. 5cm，被淡黄色刚毛和绵毛，果爿5。花期8～10月。

习性：喜光，稍耐荫；喜肥沃、湿润而排水良好之中性或微酸性砂质壤土；喜温暖气候，不耐寒，对氯气、氯化氢也有一定的抗性。

分布：原产湖南。黄河流域至华南均有栽培，尤其以四川一带为盛。

园林应用：园景树、基础种植、水边绿化、盆栽观赏等。

3 木槿 *Hibiscus syriacus* Linn. 木槿属

别名：木棉、喇叭花

形态特征：落叶灌木，高3～4m。小枝幼时密被黄色星状绒毛，后脱落。叶菱形至三角状卵形，长3～10cm，宽2～4cm，具深浅不同3裂或不裂，先端钝，基部楔形，边缘具不整齐齿缺；叶柄长5～25mm。花单生于枝端叶腋间，花梗长4～14mm，被星状短绒毛；小苞片6～8，线形，长6～15mm，宽1～2mm，密被星状疏绒毛；花萼钟形，长14～20mm，密被星状短绒毛，裂片5，三角形；花钟形，淡紫色，直径5～6cm，花瓣倒卵形，长3.5～4.5cm，外面疏被纤毛和星状长柔毛；雄蕊柱长约3cm；花柱枝无毛。蒴果卵圆形，直径约12mm，密被黄色星状绒毛。花期7～10月。

生态习性：喜光，耐半阴。耐干旱，不耐水湿，耐寒。喜温暖、湿润的气候。喜深厚、肥沃、疏松的土壤。对烟尘、二氧化硫、氯气等抗性较强。

分布：原产中部各省。台湾、华南、西南、长江中下流各省、山东、河北、河南、陕西等省区有栽培。

园林应用：园景树、绿篱、基础种植、盆栽及盆景、工厂绿化。

4 朱槿 *Hibiscus rosa-sinensis* Linn. 木槿属

别名：扶桑、大红花、桑槿

形态特征：常绿灌木，高约1～3m。叶阔卵形或狭卵形，长4～9cm，宽2～5cm，先端渐尖，基部圆形或楔形，边缘具粗齿或缺刻；叶柄长5～20mm；托叶线形。花单生于上部叶腋间，常下垂，花梗长3～7cm；小苞片6～7，线形，基部合生；萼钟形，长约2cm，被星状柔毛，裂片5，卵形至披针形；花冠漏斗形，直径6～10cm，玫瑰红色或淡红、淡黄等色，花瓣倒卵形，先端圆，外面疏被柔毛；雄蕊柱长4～8cm，平滑无毛；花柱枝5。蒴果卵形，长约2.5cm，平滑无毛。花期全年。

习性：强阳性，要求日光充足，不耐阴，不耐寒、旱。喜微酸性土。

分布：广东、广西、云南、台湾、福建、四川等省均有分布。

园林应用：园景树、基础种植、水边绿化、盆栽观赏等。

5 黄槿 *Hibiscus tiliaceus* Linn. 木槿属

别名：桐花、海麻

形态特征：常绿灌木或乔木，高 4 ~ 10m。叶革质，叶柄长 3 ~ 8cm；托叶叶状，早落，被星状流柔毛；叶近圆形或广卵形，直径 8 ~ 15cm，先端突尖，基部心形，全缘或具不明显细圆齿，上面绿色，下面密被灰白色星状柔毛。花序顶生或腋生，常数花排列成聚伞花序，总花梗长 4 ~ 5cm；花梗长 1 ~ 3cm，基部有 1 对托叶状苞片；花冠钟形，直径 6 ~ 7cm，花瓣黄色，内面基部暗紫色，倒卵形，长约 4.5cm，外面密被黄色星状柔毛。蒴果卵圆形，长约 2cm，被绒毛，果爿 5，木质。花期 6 ~ 8 月。

习性：阳性，耐旱、耐贫瘠。抗风力强，耐盐碱。

分布：产台湾、广东、福建等省

园林应用：行道树、园路树、庭荫树、园景树、防护林。

6 樟叶槿 *Hibiscus grewiifolius* Hassk. 木槿属

形态特征：常绿小乔木，高可达 7 m。叶纸质至近革质，卵状长圆形至椭圆状长圆形，先端短急尖，基部钝至阔楔形，两面均平滑无毛，上面暗绿色，下面苍绿色。花大，黄色。全年不定时开花。果单生于上部叶腋间，果梗长 3 ~ 4.5cm，平滑无毛；小苞片 9，线形，长 1 ~ 1.5cm，平滑无毛；宿萼 5，长圆状披针形，平滑无毛，下部 1/5 处合生成钟状；蒴果卵圆形，直径约 2cm，果爿 5。

习性：生于海拔 2000m 的山地森林中。

分布：华南地区有栽培。

园林应用：庭荫树、园景树、专类园、盆栽观赏。

7 海滨木槿 *Hibiscus hamabo* Sieb. et Zucc 木槿属

别名：海槿、日本黄槿

形态特征：落叶灌木，高 1 ~ 2.5m。叶片厚纸质，倒卵形、扁圆形或宽倒卵形，长 3 ~ 6cm，宽 3.5 ~ 7cm，先端圆形或近平截，具突尖，基部圆形或浅心形，边缘中上部具细圆齿，中、下部近全缘；叶柄长 0.8 ~ 2cm；托叶早落。花单生于枝端叶腋，花梗长 6 ~ 10mm；小苞片 8 ~ 10；花萼长约 2cm；花冠钟状，直径 5 ~ 6cm，淡黄色，具暗紫色心，花瓣倒卵形。蒴果三角状卵形，长约 2cm，密被黄褐色星状绒毛和细刚毛。花期 6 ~ 8 月，果期 8 ~ 9 月。

习性:喜光，抗风力强，能耐短时期的水涝，略耐干旱，能耐 40℃的高温和 - 10℃的低温。

分布：浙江舟山群岛和福建的沿海岛屿。现长江中下流地区有栽培。

园林应用：园景树、防护林、树林、水边绿化。

8 垂花悬铃花 *Malvaviscus arboreus* Carven *var.penduliflorus* (DC)Schery　悬铃花属

形态特征：常绿灌木，高达 2m，小枝被长柔毛。叶卵状披针形，长 6 ~ 12cm，宽 2.5 ~ 6cm，先端长尖，基部广楔形至近圆形，边缘具钝齿，主脉 3 条；叶柄长 1 ~ 2cm；托叶早落。花单生于叶腋，花梗长约 1.5cm；小苞片匙形，基部合生；萼钟状，直径约 1cm，裂片 5;花红色，下垂，筒状，仅于上部略开展，长约 5cm；雄蕊柱长约 7cm；花柱分枝 10。

习性:喜高温多湿和阳光充足环境，耐热、耐旱、耐瘠、不耐寒霜、耐湿，稍耐荫，忌涝。耐修剪，抗烟尘和有害气体。

分布：广州、云南西双版纳及陇川等等引种栽培。

园林应用：园景树、绿篱、造型和盆栽观赏。

9 金铃花 *Abutilon striatum* Dickson.　苘麻属

别名：灯笼花、红脉商麻

形态特征：常绿灌木，高达 1m。叶掌状 3 ~ 5 深裂，直径 5 ~ 8cm，裂片卵状渐尖形，先端长渐尖，边缘具锯齿或粗齿，两面均无毛或仅下面疏被星状柔毛；叶柄长 3 ~ 5cm;托叶早落。花单生于叶腋,花梗下垂，长 7 ~ 10cm，无毛；花萼钟形，深裂达萼长的 3/4；花钟形，桔黄色，具紫色条纹，长 3 ~ 5cm，直径约 3cm,花瓣,倒卵形,外面疏被柔毛;花柱分枝 10，紫色，突出于雄蕊柱顶端。果未见。花期 5 ~ 10 月。

习性:喜温暖湿润气候，不耐寒，越冬最低为 3 ~ 5℃；耐瘠薄，耐修剪。

分布：华南引种栽培。长江流域、湖南株洲局部可露地栽培。

园林应用:园景树、水边绿化、园景树、基础种植、绿篱、

地被植物、盆栽及盆景观赏

四十五 大风子科（刺篱木科）Flacourtiaceae

1 山桐子 *Idesia polycarpa* Maxim. 山桐子属

别名：水冬瓜、水冬桐

形态特征：落叶乔木，高 8 ~ 21m。叶薄革质或厚纸质，卵形或心状卵形，或为宽心形，长 13 ~ 16cm，宽 12 ~ 15cm，先端渐尖或尾状，基部通常心形，边缘有粗的齿，齿尖有腺体，上面深绿色，毛，下面有白粉；通常 5 基出脉；叶柄长 6 ~ 12cm，下部有 2 ~ 4 个紫色、扁平腺体。花单性，雌雄异株或杂性，黄绿色，有芳香，花瓣缺，排列成顶生下垂的圆锥花序，花序梗长 10 ~ 20cm；雄花比雌花稍大，直径约 1.2cm；萼片通常 6 片；雌花比雄花稍小，直径约 9mm；萼片 3 ~ 6 片，通常 6 片。浆果成熟期紫红色，扁圆形，高 3 ~ 5mm，直径 5 ~ 7mm。花期 4 ~ 5 月，果熟期 10 ~ 11 月。

习性：喜光、温暖湿润的气候，耐寒、抗旱，在轻盐碱地上可生长良好。

分布：甘肃、陕西、山西、河南、台湾和西南、中南、华东、华南等省区。

园林应用：行道树、园景树、庭荫树。

2 柞木 *Xylosma racemosum* (Sieb.et Zucc.)Miq 柞木属

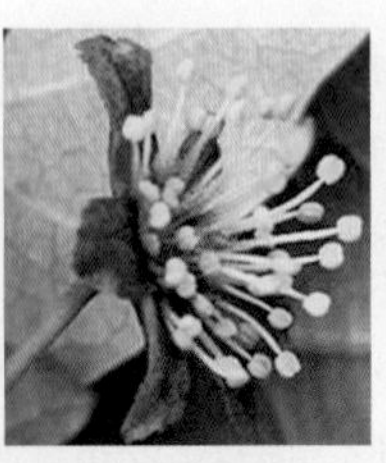

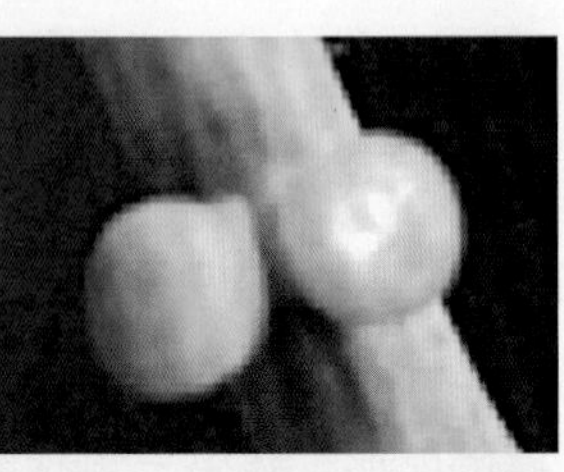

别名：凿子树、蒙子树

形态特征：常绿大灌木或小乔木，4 ~ 15m。枝幼时有枝刺，结果株无刺。叶薄革质，雌雄株稍有区别，通常雌株的叶有变化，菱状椭圆形至卵状椭圆形，长 4 ~ 8cm，宽 2.5 ~ 3.5cm，先端渐尖，基部楔形或圆形，边缘有锯齿；叶柄短，长约 2mm。花小，总状花序腋生，长 1 ~ 2cm，花梗长约 3mm；花萼 4 ~ 6 片；花瓣缺；雄花有多数雄蕊，花丝长约 4.5mm；花盘由多数腺体组成；雌花的萼片与雄花同。浆果黑色，球形，顶端有宿存花柱，直径 4 ~ 5mm。花期春季，果期冬季。

习性：喜光、耐 -50℃低温；耐干旱、耐瘠薄、喜中性至酸性土壤。耐火烧、不耐盐碱。

分布：产于秦岭以南和长江以南各省区。

园林应用：园景树、防护林。

3 红花天料木 *Homalium hainanense* Gagnep. 天料木属

形态特征：常绿乔木，高 8 ~ 15m。叶革质，长圆形或椭圆状长圆形，长 6 ~ 10cm，宽 2.5 ~ 5cm，先端短渐尖，基部楔形或宽楔形，边缘全缘或有极疏不明显钝齿，两面无毛，中脉在上面平坦，下面突起；叶柄长 0.5 ~ 1cm。花外面淡红色，内面白色，多数，3 ~ 4 朵簇生而排成总状；花被极短，长 1.2 ~ 2mm；萼片长约 1.5mm，宽约 0.3mm，结果时增大；花瓣宽匙形，长约 1.5mm，果时略增大。蒴果倒圆锥形，长约 4mm，直径约 1.5mm。花期 6 月至次年 2 月，果期 10 ~ 12 月。

习性：喜光。不耐寒。不耐干旱、瘠薄。抗风能力强。

分布：海南。云南、广西、湖南、江西、福建等省区有栽培。

园林应用：庭荫树、园景树。

四十六 柽柳科 Temaricaceae

1 柽柳 *Tamarix chinensis* Lour. 柽柳属

别名：三春柳

形态特征：落叶乔木或灌木，高 3 ~ 6m。叶鲜绿色，从生木质化生长枝上生出的绿色营养枝上的叶长圆状披针形或长卵形，长 1.5 ~ 1.8mm，稍开展，先端尖，基部背面有龙骨状隆起，常呈薄膜质。上部绿色营养枝上的叶钻形或卵状披针形，半贴生，先端渐尖而内弯，基部变窄，长 1 ~ 3mm，背面有龙骨状突起。每年开花两、三次。每年春季开花，总状花序侧生在生木质化的小枝上，长 3 ~ 6cm，宽 5 ~ 7mm，花大而少，较稀疏而纤弱下垂；有短总花梗，或近无梗。花 5 出；萼片 5；花瓣 5，粉红色，果时宿存；花盘 5 裂；雄蕊 5。蒴果圆锥形。花期 4 ~ 9 月。

习性：喜生于河流冲积平原，海滨、滩潮湿盐碱地和沙荒地。

分布：辽宁、河北、河南、山东、江苏、安徽等省。栽培于我国东部至西南部各省区。

园林应用：园景树、基础种植、水边绿化。

四十七 西番莲科 Passifloraceae

1 百香果 *Passiflora edulia* Sims 西番莲属

别名：鸡蛋果

形态特征：多年生常绿攀缘木质藤本植物。有卷须，单叶互生，叶纸质，长 6 ~ 13cm，宽 8 ~ 13cm，基部楔形或心形，掌状 3 深裂，中间裂片卵形，两侧裂片卵状长圆形，裂片边缘有内弯腺尖细锯齿，近裂片缺弯的基部有 1 ~ 2 个杯状小腺体，无毛。聚伞花序退化仅存 1 花，与卷须对生；花芳香，直径约 4cm；花梗长 4 ~ 4.5cm；萼片 5 枚，外面绿色，内面绿白色，长 2.5 ~ 3cm；花瓣 5 枚，与萼片等长；外副花冠裂片 4 ~ 5 轮，外 2 轮裂片丝状，基部淡绿色，中部紫色，顶部白色；内副花冠高约 1 ~ 1.2mm；雌雄蕊柄长 1 ~ 1.2cm；雄蕊 5 枚，花丝分离，基部合生，长 5 ~ 6mm；子房倒卵球形，长约 8mm，被短柔毛；花柱 3 枚，扁棒状。浆果卵球形，直径 3 ~ 4cm，无毛，熟时紫色。花期 6 月，果期 11 月。鲜果形似鸡蛋，果汁色泽类似鸡蛋蛋黄，故得别称“鸡蛋果”。

习性：喜光，喜温暖至高温湿润的气候，不耐寒。花期长，花量大。要求无冻害的天气。

分布：福建、广东、广西、海南、江西、四川、云南、重庆。

园林应用：垂直绿化。

四十八 番木瓜科 Caricaceae

1 番木瓜 *Carica papaya* Linn. 番木瓜属

别名：木瓜、万寿果

形态特征：常绿软木质小乔木，高 8 ~ 10m，具乳汁。叶大，聚生于茎顶端，近盾形，直径可达 60cm，通常 5 ~ 9 深裂，每裂片再为羽状分裂；叶柄中空，长达 60 ~ 100cm。植株有雄株、雌株和两性株。雄花：排列成圆锥花序，长达 1m，下垂；花无梗；萼片基部连合；花冠乳黄色，花冠裂片 5；雄蕊 10。雌花：单生或由数朵排列成伞房花序，着生叶腋内，具短梗或近无梗，萼片 5；花冠裂片 5，分离，乳黄色或黄白色，长圆形或披针形，长 5 ~ 6.2cm，宽 1.2 ~ 2cm；子房上位。两性花：雄蕊 5 枚，着生于近子房基部极短的花冠管上，或为 10 枚着生于较长的花冠管上，排列成 2 轮，冠管长 1.9 ~ 2.5cm，花冠裂片长圆形，长约 2.8cm，宽 9mm。浆果肉质，成熟时橙黄色或黄色，长 10 ~ 30cm 或更长，果肉柔软多汁，味香甜。花果期全年。

习性：喜高温多湿热带气候，不耐寒，遇霜即凋寒，忌大风，忌积水。

分布：福建南部、台湾、广东、广西、云南南部等省区已广泛栽培。

园林应用：园景树、盆栽观赏。

四十九 杨柳科 Salicaceae

1 加杨 *Populus*× *canadensis* Moench. 杨属

别名：加拿大杨、欧美杨

形态特征：落叶乔木，高 30 多 m。芽富粘质。单叶互生，叶三角形或三角状卵形，长 7 ~ 10cm，长枝萌枝叶较大，长 10 ~ 20cm，一般长大于宽，先端渐尖，基部截形或宽楔形，边缘半透明，有圆锯齿，近基部较疏，具短缘毛。上而暗绿色，下淡绿色，叶柄侧扁而长。雄花序长 7 ~ 15cm，花序轴光滑，每花有雄蕊 15 ~ 25(40)；苞片淡绿褐色；雌花序有花 45 ~ 50 朵，柱头 4 裂。果序长达 27cm；蒴果卵圆形，长约 8mm，先端锐尖，2 ~ 3 瓣裂。雌雄异株，雄株多，雌株少。花期 4 月，果期 5 ~ 6 月。

习性：喜温暖湿润气候，耐瘠薄及微碱性土壤；速生。

分布：除广东、云南、西藏外，各省区均有引种栽培。

园林应用：行道树、庭荫树、防护林、风景林、工矿区绿化及四旁绿化。

2 毛白杨 *Populus tomentosa* Carr. 杨属

别名：大叶杨

形态特征：落叶大乔木，高达 30m。树皮皮孔菱形散生，或 2 ~ 4 连生。长枝叶阔卵形或三角状卵形，长 10 ~ 15cm，宽 8 ~ 13cm，先端短渐尖，基部心形或截形，边缘深齿牙缘或波状齿牙缘，上面光滑，下面密生毡毛，后脱落；叶柄顶端通常有 2(3 ~ 4) 腺点。短枝叶通常较小，长 7 ~ 11cm，宽 6.5 ~ 10.5cm，卵形或三角状卵形，先端渐尖，具深波状齿牙缘；叶柄先端无腺点。雄花序长 10 ~ 14(20)cm，雄蕊 6 ~ 12；雌花序长 4 ~ 7cm，苞片褐色。蒴果圆锥形或长卵形。花期 3 月，果期 4 月 ~ 5 月。

习性：强阳性，喜凉爽和较湿润气候。在特别干瘠或低洼积水处生长不良。耐烟尘，抗污染。深根性。

分布：北起我国辽宁南部、南至长江流域，以黄河中下游为适生区。

园林应用：风景林、园景树、庭荫树、防护林、行道树。

3 银白杨 *Populus alba* Linn. 杨属

形态特征：落叶乔木，高 15 ~ 30m。树干不直，雌株更歪斜；树冠宽阔。萌枝和长枝叶卵圆形，掌状 3 ~ 5 裂，长 4 ~ 10cm，宽 3 ~ 8cm，裂片先端钝尖，基部阔楔形、圆形或平截形，或近心形，边缘呈不规则凹缺，侧裂片几呈钝角开展，不裂或凹缺状浅裂，初时两面被白绒毛，后上面脱落。短枝叶较小，长 4 ~ 8cm，宽 2 ~ 5cm，卵圆形或椭圆状卵形，先端钝尖，基部阔楔形、圆形、少微心形或平截，边缘有不规则且不对称的钝齿牙；上面光滑，下面被白色绒毛。雄花序长 3 ~ 6cm；苞片膜质，边缘有不规则齿牙和长毛；雄蕊 8 ~ 10；雌花序长 5 ~ 10cm。蒴果细圆锥形，长约 5mm。花期 4 ~ 5 月，果期 5 月。

习性：喜大陆性气候，喜光，不耐荫。-40℃下无冻害。耐干旱气候，但不耐湿热。

分布：新疆、辽宁、华西、西北、青海等。

园林应用：庭荫树、行道树、防护林。

4 胡杨 *Populus euphratica* Oliv. 杨属

别名：三叶树

形态特征：落叶乔木，高 10 ~ 15m。苗期和萌枝叶披针形或线状披针形，全缘或不规则的疏波状齿牙缘。叶形多变化，卵圆形、卵圆状披针形、三角状卵圆形或肾形，先端有粗齿牙，基部楔形、阔楔形、圆形或截形，有 2 腺点，两面同色；叶柄约与叶片等长，萌枝叶柄长 1cm。雄花序圆柱形，长 2 ~ 3cm；雄蕊 15 ~ 25，花盘膜质，边缘有不规则齿牙；苞片长约 3mm；雌花序长约 2.5cm。蒴果长卵圆形，长 10 ~ 12mm。花期 5 月，果期 7 ~ 8 月。

习性：喜光、抗热、抗干旱、抗盐碱、抗风沙。在湿热的气候条件和粘重土壤上生长不良。

分布：内蒙古西部、甘肃、青海、新疆。

园林应用：防护林、风景林、树林。

 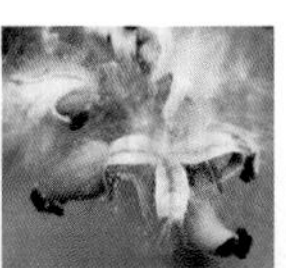 

5 钻　天　杨 *Populus nigra L. var. Italica* (Moench) Koehne　　杨属

形态特征：落叶乔木，高 30m。树冠圆柱形。侧枝成 20 ~ 30 度角开展。长枝叶扁三角形，长约 7.5cm，先端短渐尖，基部截形或阔楔形，边缘钝圆锯齿。短枝叶菱状三角形，或菱状卵圆形，长 5 ~ 10cm，宽 4 ~ 9cm，先端渐尖，基部阔楔形或近圆形；叶柄无腺点。雄花序长 5 ~ 6cm，苞片膜质长 3 ~ 4mm；雄蕊 15 ~ 30；雌花序长 10 ~ 15cm。果序长 5 ~ 10cm，蒴果卵圆形，有柄，长 5 ~ 7mm，宽 3 ~ 4mm，2 瓣裂。花期 4 ~ 5 月，果期 6 月。

习性：喜光，耐寒、耐干冷气候，湿热气候多病虫害。稍耐盐碱和水湿，忌低洼积水及土壤干燥粘重。

分布：长江、黄河流域广为栽培，西北、华北地区最适生。

园林应用：行道树、园路树、园景树、防护林。

6 银芽柳 *Salix × leucopithecia* Kimura.　　柳属

别名：棉花柳

形态特征：落叶灌木，高约 2 ~ 3m。枝条绿褐色，具红晕。冬芽红紫色，有光泽。叶长椭圆形，长 9 ~ 15cm，先端尖，基部近圆形，缘具细浅齿，表面微皱，深绿色，背面密被白毛，半革质。雄花花序椭圆状圆柱形，长 3 ~ 6cm，早春叶前开放，初开时芽鳞疏展，包被于花序基部，红色而有光泽，盛开时花序密被银白色绢毛，颇为美观。

习性：喜光、耐阴、耐湿、耐寒、好肥，适应性强，在土层深厚、湿润、肥沃的环境中生长良好。

分布：中国上海、南京、杭州一带有栽培。

园林应用：水边绿化、园景树。

7 旱柳 *Salix matsudana* Koidz.　　柳属

别名：柳树

形态特征：落叶乔木，高达 18m。枝条直伸或斜展。叶披针形至狭披针形，长 5 ~ 10cm，先端长渐尖，基部窄圆形或楔形，上面绿色，无毛，下面苍白色，叶缘有细锯齿，齿端有腺体，叶柄短，长 5 ~ 8mm，上面有长柔毛；托叶缘有细腺齿。花序与叶同时开放；雄花序圆柱形，长 1.5 ~ 2.5cm，多少有花序梗；雄蕊 2；苞片卵形，黄绿色；腺体 2。雌花序长达 2cm，3 ~ 5 小叶生于短花序梗上，花序轴有长毛；苞片同雄花，腺体 2，背生和腹生。果序长达 2.5cm。花期 4 月；果期 4 ~ 5 月。

习性：喜光，较耐寒，耐干旱。喜湿润排水、通气良好的沙壤土，稍耐盐碱。对大气污染的抗性较强。萌芽力强。

分布：东北、华北、西北，西至甘肃、青海，南至淮河流域以及浙江、江苏。

园林应用：庭荫树、园路树、防护林、沙荒造林、四旁绿化。

8 垂柳 *Salix babylonica* Linn. 柳属

别名：垂枝柳、倒挂柳

形态特征：落叶乔木，高度可达 12 ~ 18m。小枝细长下垂，黄褐色。叶狭披针形至线状披针形，长 9 ~ 16cm，先端渐长尖，基部楔形，两面无毛或微有毛，缘有细锯齿，表面绿色，背面色较淡；叶柄长 5 ~ 10mm；托叶仅生在萌发枝上，斜披针形或卵圆形。花序先叶开放，或与叶同放；雄花具 2 雄蕊，2 腺体；雌花子房仅腹面具 1 腺体。蒴果长 3 ~ 4mm，带绿黄褐色。花期 3 ~ 4 月；果熟期 4 ~ 5 月。

习性：喜光，喜温暖湿润气候及潮湿深厚的酸性及中性土壤。较耐寒，特耐水湿。萌芽力强，根系发达。对有毒气体抗性较强。

分布：长江流域与黄河流域，其它各地均栽培。

园林应用：园景树、水边绿化、工厂绿化。

9 花叶柳 *Salix integra* Thunb.‘Hakuro’ Nishiki 柳属

别名：彩叶杞柳

形态特征：落叶灌木，自然状态下呈灌丛状。树干金黄色。春季新叶白色，略透粉红色，色彩十分鲜艳，新叶先端粉白色基部黄绿色密布白色斑点，后叶色变为黄绿色带斑点。

习性：喜光，耐寒性强，喜水湿，耐干旱。喜肥沃、疏松、潮湿土壤。

分布：北京、长沙、上海生长良好。

园林应用：水边绿化、园景树、基础种植、绿篱、地被植物、盆栽及盆景观赏。

五十 辣木科 Moringaceae

1 辣木 *Moringa oleifera* Lam. 辣木属

形态特征：常绿乔木，高 3~12m。叶通常为 3 回羽状复叶，长 25~60cm。在羽片的基部具线形或棍棒状稍弯的腺体，腺体多数脱落，叶柄柔弱，羽片 4~6 对，小叶 3~9 片，卵形，椭圆形或长圆形，长 1~2cm，宽 0.5~1.2cm，通常顶端的 1 片较大，叶背苍白色，无毛；叶脉不明显。花序长 10~30cm；花白色，芳香，直径约 2cm。蒴果细长，长 20~50cm，直径 1~3cm，下垂，3 瓣裂。花期全年，果期 6~12 月。

习性：喜光、耐长期干旱。喜热带环境，适宜生长温度是摄氏 25 ~ 35 度。

分布：广植于各热带地区。

园林应用：庭荫树、园景树。

2 象腿树 *Moringa drouhardii* Jum. Lem. 酒瓶兰属

形态特征：常绿小乔木，树杆肥厚多肉，杆基肥大似象脚。夏季开花，叶对生，二回羽状复叶，小叶极细小，椭圆状镰刀形，粉绿至粉蓝色。其幼株常被作为室内观赏植物。花似国槐花，白色。

习性：性喜温暖湿润及日光充足环境，较耐旱、耐寒。越冬温度为 0℃。喜肥沃土壤。

分布：原产非洲等干荒漠地区。

园林应用：园景树、盆栽及盆景观赏。

五十一 白花菜科（山柑科）Capparaceae

1 鱼木 *Crateva formosensis* (Jacobs.)B.S.Sun. 鱼木属

别名：台湾鱼木

形态特征：灌木或乔木，高 2 ~ 20m。小叶质地薄而坚实，不易破碎，两面稍异色，侧生小叶基部两侧很不对称，花枝上的小叶长 10 ~ 11.5cm，宽 3.5 ~ 5cm，顶端渐尖至长渐尖，有急尖的尖头，侧脉纤细，叶柄长 5 ~ 7cm，腺体明显。营养枝上的小叶略大，长 13 ~ 15cm，宽 6cm，叶柄长 8 ~ 13cm。花序顶生，花枝长 10 ~ 15cm，花序长约 3cm，有花 10 ~ 15 朵；花梗长 2.5 ~ 4cm；果球形至椭圆形，红色。花期 6 ~ 7 月，果期 10 ~ 11 月。

习性：喜光，喜暖热气候。海拔 400m。

分布：台湾、广东北部、广西东北部，重庆有栽培。

园林应用：园景树、庭荫树、行道树。

五十二 杜鹃花科（石南科）Ericaceae

1 黄杜鹃 *Rhododendron molle* (Bl.)G.Don.

杜鹃花属

别名：羊踯躅、闹羊花、羊不食草

形态特征：落叶灌木，高 0.5 ~ 2m。叶纸质，长圆形至长圆状披针形，长 5 ~ 11cm，宽 1.5 ~ 3.5cm，先端钝，具短尖头，基部楔形，边缘具睫毛，下面密被灰白色柔毛，沿中脉被黄褐色刚毛，中脉和侧脉凸出；叶柄长 2 ~ 6mm；总状伞形花序顶生，花多达 13 朵，先花后叶或与叶同时开放；花梗长 1 ~ 2.5cm；花萼裂片小；花冠阔漏斗形，长 4.5cm，直径 5 ~ 6cm，黄色或金黄色，内有深红色斑点，花冠管向基部渐狭，圆筒状，长 2.6cm；雄蕊 5。蒴果圆锥状长圆形，长 2.5 ~ 3.5cm，具 5 条纵肋。花期 3 ~ 5 月，果期 7 ~ 8 月。

习性：生于海拔 1000m 的山坡草地或丘陵地带的灌丛或山脊杂木林下。

分布：产长江中下流、华南、西南各省、河南。

园林应用：园景树、绿篱、盆景观赏。

2 满山红 *Rhododendron mariesii* Hemsl.et.Wils.

杜鹃花属

别名：山石榴、马礼士杜鹃

形态特征：落叶灌木，高 1 ~ 4m。枝轮生。叶厚纸质或近于革质，常 2 ~ 3 集生枝顶，椭圆形，卵状披针形或三角状卵形，长 4 ~ 7.5cm，宽 2 ~ 4cm，先端锐尖，具短尖头，基部钝或近于圆形，边缘微反卷，初时具细钝齿，后不明显，上面深绿色，下面淡绿色，幼时两面均被淡黄棕色长柔毛，后无毛。花通常 2 朵顶生，罕 3 朵，先花后叶，出自于同一顶生花芽；花梗长 7 ~ 10mm；花冠漏斗形，淡紫红色或紫红色，长 3 ~ 3.5cm；雄蕊 10，不等长，花药紫红色。蒴果椭圆状卵球形，长 6 ~ 9mm，密被棕褐色柔毛。花期 4 ~ 5 月，果期 6 ~ 11 月。

习性：喜凉爽、湿润气候，恶酷热干燥。忌粘重、通透性差的土壤，是强酸性土指示植物。生于海拔 600 ~ 1500m 的山地稀疏灌丛。

分布:河北、陕西、安徽、长江中下流以南各省及台湾。

园林应用:园景树、绿篱、盆景观赏。

3 石岩杜鹃 *Rhododendron obtusum* (Lindl.) Planch.

杜鹃花属

别名:钝叶杜鹃、雾岛杜鹃、朱砂杜鹃

形态特征:常绿或半常绿矮灌木,高可达 1m。小枝常呈假轮生状,密被绣色糙伏毛。叶膜质,常簇生枝端,形状多变,椭圆形至椭圆状卵形或长圆状倒披针形至倒卵形,长 1 ~ 2.5cm,宽 4 ~ 12mm,先端钝尖或圆形,有时具短尖头,基部宽楔形,边缘有睫毛,上面鲜绿色,下面苍白绿色,两面散生淡灰色糙伏毛,中脉在上面凹陷,下面凸起侧脉在下面明显;叶柄长约 2mm。伞形花序,通常有 2 ~ 3 朵与新稍发自顶芽,花冠漏斗状,红色至粉红色或淡红色,有深色斑点。蒴果圆锥形至阔椭圆球形,长 6mm,密被绣色糙伏毛。花期 5 ~ 6 月。

习性:耐热,不耐寒,喜温凉湿润的气候,不耐强光曝晒。

分布:我国东部及东南部均有栽培,变种及园艺品种甚多。

园林应用:园景树、绿篱、地被植物。

4 云锦杜鹃 *Rhododendron fortunei* Lindl.

杜鹃花属

别名:天目杜鹃

形态特征:常绿灌木或小乔木,高 3 ~ 12m。叶厚革质,长圆形至长圆状椭圆形,长 8 ~ 14.5cm,宽 3 ~ 9.2cm,先端钝至近圆形,基部圆形或截形,上面深绿色,有光泽,下面淡绿色,中脉在上面微凹下,下面凸起。叶柄圆柱形,长 1.8 ~ 4cm。顶生总状伞形花序,有花 6 ~ 12 朵,有香味;总梗长 2 ~ 3cm,淡绿色,疏被短柄腺体;花萼长约 1mm;花冠漏斗状,长 4.5 ~ 5.2cm,直径 5 ~ 5.5cm,粉红色;雄蕊 14。蒴果长圆状卵形至长圆状椭圆形,长 2.5 ~ 3.5cm。花期 4 ~ 5 月,果期 8 ~ 10 月。

习性:喜温和气候,不耐严寒,喜酸性土。海拔 620 ~ 2000m。

分布:产陕西、长下中下流、西南、华南、河南各省。

园林应用:风景林、园景树、树林。

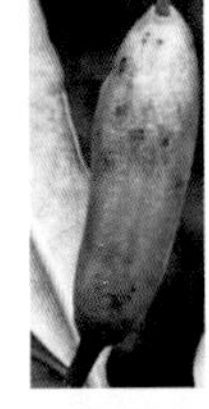

5 鹿角杜鹃 *Rhododendron latoucheae* Franch.

杜鹃花属

别名：岩杜鹃、鹿角杜鹃

形态特征：常绿灌木或小乔木，高2～3m。叶集生枝顶，近于轮生，革质，卵状椭圆形或长圆状披针形，长5～8cm，宽2.5～5.5cm，先端短渐尖，基部楔形或近于圆形，边缘反卷，上面深绿色，具光泽，下面淡灰白色，中脉和侧脉显著凹陷；叶柄长1.2cm，无毛。花芽长圆状锥形，顶端锐尖，鳞片倒卵形，外面无毛，边缘具微柔毛或细腺点。花单生枝顶叶腋，枝端具花1～4朵；花梗长1.5～2.7cm；花冠白色或带粉红色，长3.5～4cm，直径约5cm，5深裂，花冠管长1.2～1.5cm；雄蕊10，不等长，长2.7～3.5cm，部分伸出花冠外，柱头5裂。蒴果圆柱形，长3.5～4cm，直径约4mm，花柱宿存。花期3～4月，稀5～6月，果期7～10月。

习性：生于海拔1000～2000m的山坡疏林及林缘。

分布：浙江、江西、福建、湖北、湖南、广东、广西、四川和贵州。

园林应用：园景树。

6 锦绣杜鹃 *Rhododendron pulchrum* Sweet.

杜鹃花属

别名：春鹃、毛鹃

形态特征：半常绿灌木，高1.5～2.5m。枝被淡棕色糙伏毛。叶薄革质，椭圆状长圆形至椭圆状披针形或长圆状倒披针形，长2～5cm，宽1～2.5cm，先端钝尖，基部楔形，边缘反卷，全缘，上面深绿色，下面淡绿色，被微柔毛和糙伏毛，中脉和侧脉在上面下凹，下面显著凸出；叶柄长3～6mm，密被棕褐色糙伏毛。伞形花序顶生，有花1～5朵；花萼绿色，长约1.2cm；花冠蔷薇紫色，长4.8～5.2cm，直径约6cm，裂片5，具深红色斑点；雄蕊10，花柱比花冠稍长或与花冠等长。蒴果长圆状卵球形，长0.8～1cm。花期4～5月，果期9～10月。

习性：喜疏阴，忌暴晒。喜酸性土，较耐瘠薄干燥。

分布：长江中下流地区和华南各省。

园林应用：园景树、绿篱、盆景观赏。

7 照山白 *Rhododendron micranthum* Turcz.

杜鹃花属

别名：照白杜鹃

形态特征：常绿灌木，高达2.5m。叶互生，近革质；倒披针形至披针形。长1.5～6cm，先端钝，急尖或圆，基部楔形，上面绿色，有光泽，下面黄绿色，密生褐色鳞片。叶柄长3～8mm。花顶生呈密总状花序；花萼5裂，外面被褐色鳞片及缘毛；花冠钟形白色，长

4 ~ 10mm；雄蕊10。蒴果长圆形，疏被鳞片。花期5 ~ 6月。果期8 ~ 11月。

习性：喜荫，喜酸性土壤，耐干旱、耐寒、耐瘠薄。海拔1000 ~ 3000m。

分布：东北、华北、西北、河南、湖北、湖南、四川等省。

园林应用：园景树。

8 猴头杜鹃 *Rhododendron simiarum* Hance
杜鹃花属

别名：南华杜鹃

形态特征：常绿灌木，高约2 ~ 5m。叶常密生于枝顶，5 ~ 7枚，厚革质，倒卵状披针形至椭圆状披针形，长5.5 ~ 10cm，宽2 ~ 4.5cm，先端钝尖或钝圆，基部楔形，上面深绿色，无毛，下面被淡棕色或淡灰色的薄层毛被，中脉在上面下陷呈浅沟纹，在下面显著隆起；叶柄圆柱形，长1.5 ~ 2cm，仅幼时被毛。顶生总状伞形花序，有5 ~ 9花；总轴长1 ~ 2.5cm，被疏柔毛，淡棕色；花梗直而粗壮，长3.5 ~ 5cm，粗约2.5mm；花冠钟状，长3.5 ~ 4cm，上部直径约4 ~ 4.5cm，乳白色至粉红色，喉部有紫红色斑点，5裂；雄蕊10 ~ 12，长1 ~ 3cm，不等长；子房圆柱状，长5 ~ 6mm，基部有时具腺体。蒴果长椭圆形，长1.2 ~ 1.8cm，直径8mm。花期4 ~ 5月，果期7 ~ 9月

习性：生于海拔500 ~ 1800m的山坡林中

分布：浙江南部、江西南部、福建、湖南南部、广东及广西。

园林应用：园景树、绿篱、盆景观赏。

9 百合花杜鹃 *Rhododendron liliiflorum* Levl.
杜鹃花属

形态特征：灌木或乔木，高3 ~ 8m。幼枝无毛，被鳞片。叶片革质，长圆形，叶面暗绿，叶背粉绿色。花序顶生，伞形，有2 ~ 3朵花；花萼5裂，萼片长圆状卵形；花冠芳香，管状钟形，长8 ~ 9cm，白色，5裂，裂片全缘；雄蕊10，较花冠短，花柱略短于花冠。蒴果长2.5 ~ 4.5cm，有宿存的花萼。

习性：喜凉爽湿润的气候，恶酷热干燥。喜腐殖质、疏松、湿润的酸性土壤。

分布：湖南、广西、贵州、云南。

园林应用：园景树、绿篱等。

10 马银花 *Rhododendron ovatum* (Lindl.) Planch. ex Maxim.

杜鹃花属

形态特征：常绿灌木或小乔木，高达4m。叶革质，卵形或椭圆状卵形，长3～5cm，宽1.5～2.5cm，顶端短尖而微凹，中脉延伸成小凸尖，基部稍圆，除中脉有短柔毛外，其余无毛。花紫白色，单生于枝端叶腋；花萼5裂；花冠5深裂，上瓣有深紫色斑点；雄蕊5。蒴果卵球形，长约7mm，有腺毛。花期4～5月，果熟期9～10月。

习性：喜凉爽湿润的气候，恶酷热干燥。喜光，但不耐曝晒。海拔1000m以下。

分布：中国长江和珠江流域。

园林应用：园景树、绿篱。

11 马醉木 *Pieris japonica* (Thunb.) D.Don ex G. Don

马醉木属

别名：日本马醉木

形态特征：常绿灌木或小乔木，高2～4m。叶密集于枝顶；叶柄长3～8mm；叶片革质，椭圆状披针形，或倒披针形，长3～8cm，宽1～2cm，先端短渐尖，基部狭楔形，边缘2/3以上具细圆齿，主脉在两面、侧脉在表面下陷，背面不明显。总状花序或圆锥花序，簇生于枝顶，长8～14cm；花冠白色，坛状，上部5浅裂；雄蕊10。蒴果近于扁球形，直径3～5mm，花萼、花柱宿存。花期4～5月，果期7～9月。

习性：喜半荫、不耐寒、抗风、抗污染，萌发力强。海拔800～1200m。

分布：安徽、浙江、台湾等省。

园林应用：园景树、园景树、绿篱、造型树、盆栽及盆景观赏。

12 乌饭树 *Vaccinium bracteatum* Thunb.

乌饭树属（越桔属）

别名：南烛、苞越桔

形态特征：常绿灌木，树高1m～3m。叶革质，椭圆状卵形、狭椭圆形或卵形，长2.5～6cm，宽1～2.5cm，顶端急尖，边缘具有稀疏尖锯齿，基部楔状，有光泽；叶柄短而不明显。总状花序腋生2cm～5cm，具有10余花；苞片披针形，长1cm。花柄长0.2cm；花冠白色，壶状，长5mm～7mm；雄蕊10枚。浆果球，成熟时紫黑色，直径约5mm，萼齿宿存。花期6～7月，果期8～9月。

习性：喜光、耐旱、耐寒、耐瘠薄。海拔400～1400m。

分布：长江以南各省区、安徽、台湾。

园林应用：园景树、基础种植、地被植物、盆栽及盆景观赏。

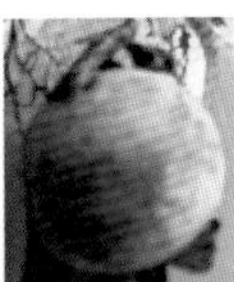

13 越桔 *Vaccinium vitis-idaea* Linn.

乌饭树属（越桔属）

别名：温普

形态特征：常绿矮小灌木，地下部分有细长匍匐的根状茎，地上部分植株高 10 ~ 30cm。茎纤细，直立或下部平卧。叶密生，叶片革质，椭圆形或倒卵形，长 0.7 ~ 2cm，宽 0.4 ~ 0.8cm，顶端圆，有凸尖或微凹缺，基部宽楔形，边缘反卷，有浅波状小钝齿，中脉、侧脉在表面微下陷，在背面稍微突起，网脉在两面不显；叶长约 1mm。花序短总状，生于去年生枝顶，长 1 ~ 1.5cm，稍下垂，有 2 ~ 8 朵花；苞片红色；花梗长 1mm；花冠白色或淡红色，钟状；雄蕊 8；花柱稍超出花冠。浆果球形，直径 5 ~ 10mm，鲜红色。花期 6 ~ 7 月，果期 8 ~ 9 月。

习性：耐寒、喜湿润、富有机质的酸性土。

分布：东北、内蒙古、新疆。

园林应用：水边绿化、园景树、基础种植、地被植物、盆栽及盆景观赏。

五十三 山榄科 Sapotaceae

1 人心果 *Manilkara zapota* (Linn) van Royen

铁线子属

别名：奇果

形态特征：常绿乔木，高 15 ~ 20m(栽培者常常呈灌木状)。叶互生，密聚于枝顶，革质，长圆形或卵状椭圆形，长 6 ~ 19cm，宽 2.5 ~ 4cm，先端急尖或钝，基部楔形，全缘，两面无毛，具光泽，中脉在上面凹入，下面很凸起，侧脉多且平行；叶柄长 1.5 ~ 3cm。花 1 ~ 2 朵生于枝顶叶腋；花梗长 2 ~ 2.5cm；花萼 2 轮 (3+3)。花冠裂片卵形，长 2.5 ~ 3.5mm，先端具不规则的细齿。浆果纺锤形、卵形或球形，长 4cm 以上。花果期 4 ~ 9 月。

习性：喜高温和肥沃的砂质壤土。人心果在 11 ~ 31℃都可正常开花结果，大树在 －4.5℃易受冻害，－2.2℃受寒害，很耐旱，较耐贫瘠和盐分。

分布：云南、广东、广西、福建、海南、台湾。

园林应用：园路树、庭荫树、园景树、基础种植、盆栽及盆景观赏。

2 蛋黄果 *Lucuma nervosa* A.DC. 蛋黄果属

别名：蛋果

形态特征：常绿小乔木，高 7 ~ 9 m。叶互生，螺旋状排列，厚纸质，长椭圆形或倒披针形，长 26 ~ 35 cm，宽 6 ~ 7 cm；叶缘微浅波状，先端渐尖；中脉在叶面微突起，在叶背则突出明显。花聚生于枝顶叶腋，每叶腋有花 1 ~ 2 朵；花细小，约 1 cm，4 ~ 5 月开花。肉质浆果，形状变化大，果顶突起，常偏向一侧；未熟时果绿色，成熟果黄绿色至橙黄色，光滑，长 5 ~ 8 cm，果肉橙黄色，富含淀粉，味道和质地似蛋黄，且有香气，故名蛋黄果。

习性：喜温暖多湿气候，能耐短期高温及寒冷，果熟期忌低温。颇能耐旱，喜沙壤。

分布：广东、广西、云南南部和海南有。

园林应用：园景树、盆栽及盆景观赏。

3 神秘果 *Synsepalum dulcificum* Daniell 神秘果属

形态特征：树高 2 ~ 4m，枝、茎灰褐色，且枝上有不规则的网线状灰白色条纹。叶面青绿，叶背草绿，琵琶形或倒卵形。花小、腋生、白色。单果，椭圆形，果子长 2cm，直径 8mm，成熟果皮鲜红色，肉薄，乳白色，味微甜，汁少。果实 7 ~ 8 月成熟。

习性：喜高温多湿，喜排水良好、富含有机质的酸性砂壤。

分布：广东、广西、云南、海南。

园林应用：园景树。

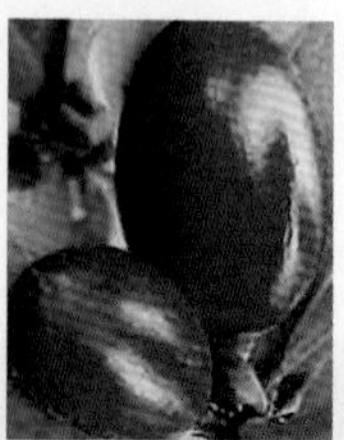

4 红皮鸡心果 *Xantolis stenosepala* (Hu) van Royen 刺榄属

别名：滇刺榄

形态特征：乔木，高 6 ~ 15m。小枝具棱。叶革质，披针形、倒披针形或长圆状披针形，长 7 ~ 15cm，宽 2.5 ~ 6cm，先端渐尖，基部阔楔形，被灰色短柔毛或几无毛，上面绿色，具光泽，中脉在上面明显，下面凸起，侧脉 15 ~ 17 对，成 40 ~ 55 度上升，弧形；叶柄长 8 ~ 18mm。花单生或几朵簇生叶腋，花梗长 6 ~ 10mm；花萼裂片 5；花冠白色，冠管短，裂片 5，长约 6.5mm，宽约 2mm。果绿转褐色，长圆状卵形，长 3 ~ 4cm，宽 1.7 ~ 2.2cm，被锈色绢毛或短柔毛，果皮坚硬。花果期全年。

习性：生于海拔 1150 ~ 1770m 的林中、村落附近。

分布：云南。

园林应用：园景树。

五十四 柿树科 Ebenaceae

1 柿树 *Diospyros kaki* Thunb. 柿属

别名：柿树

形态特征：落叶乔木。主干暗褐色，树皮呈长方形方块状深裂，不易剥落。叶片宽椭圆形至卵状椭圆形，长6～18cm,近革质,上面有深绿色光泽. 下面淡绿色。叶片从枝先端到基部逐渐变小。花钟状. 黄白色，多为雌雄同株异花。果卵圆形或扁球形。形状多变，大小不一，熟时橙黄色或鲜黄色；萼卵圆形，宿存。花期5～6月，果则9～10月。

习性：喜光，喜温暖，能耐 -20℃的短期低温。耐干旱瘠薄，但不耐水湿及盐碱。寿命长。

分布：华南、西南、华中、华北、西北、东北南部。

园林应用：园路树、庭荫树、园景树、风景林、树林、防护林、水边绿化、盆栽及盆景观赏。

2 君迁子 *Diospyros lotus* Linn. 柿属

别名：黑枣、软枣

形态特征：落叶乔木，高可达30m。树皮暗褐色，深裂或成厚块状剥落，小枝褐色或棕色，有纵裂的皮孔。叶近膜质，椭圆形至长圆形，长5～13cm，宽2.5～6cm，初时有柔毛后脱落，下面绿色或粉绿色。花淡黄色，簇生叶腋；花萼钟形，密生柔毛，4深裂，裂片卵形。果实近球形，直径1～2cm，熟时蓝黑色，有白蜡层。花期3～4，果熟期10~11月。

习性：喜光，较耐寒，耐低湿；深系发达，较浅。生长快，萌蘖性强。对有害气体二氧化硫及氯气的抗性弱。海拔1500m以下。

分布：辽宁以南至长江中下流地区、西南、西藏等省区。

园林应用：园路树、庭荫树、园景树。

3 老鸦柿 Diospyros rhombifolia Hemsl. 柿属

别名：野山柿、野柿子

形态特征：落叶小乔木，高可达8m左右。有枝刺。叶纸质，菱状倒卵形，长4～8.5cm，宽1.8～3.8cm，先端钝，基部楔形，上面深绿色，中脉和侧脉在上面凹陷，下面明显凸起；叶柄长2～4mm。雄花生当年生枝下部；花萼4深裂；花冠壶形，长约4mm；雄蕊16枚，每2枚连生。雌花散生当年生枝下部；花萼4深裂；花冠壶形。果单生，球形，直径约2cm，柄长1.5～2.5cm 。花期4～5月，果期9～10月。

习性：生于山坡灌丛、山谷沟旁或林中。

分布：江苏、安徽、浙江、江西、福建等地。

园林应用：园景树、盆栽及盆景观赏。

4 乌柿 *Diospyros cathayensis* Steward 柿属

形态特征：常绿或半常绿小乔木，高达10m。多枝，有刺。叶薄革质，长圆状披针形，长4 ~ 9cm，宽1.8 ~ 3.6cm，两端钝，上面光亮，深绿色，下面淡绿色，中脉两凸起；叶柄长2 ~ 4mm。雄花生聚伞花序，极少单生，花萼4深裂，长2 ~ 3mm；花冠壶状，长5 ~ 7mm，4裂；雄蕊16枚；雌花单生，腋外生，白色，芳香；花萼4深裂；花冠较花萼短，壶状，管长约5mm，4裂。果球形，直径1.5 ~ 3cm，熟时黄色；宿存萼4深裂。花期4 ~ 5月，果期8 ~ 10月。

习性：喜阴湿，耐旱，耐寒。生存海拔600 ~ 1500m。

分布：四川西部、湖北西部、云南东北部、贵州、湖南、安徽南部。

园林应用：庭荫树、园景树、盆栽及盆景观赏。

五十五 野茉莉科（安息香科） Styracaceae

1 野茉莉 *Styrax japonicus* Sieb. et Zucc.

野茉莉属（安息香属）

别名：茉莉苞

形态特征：灌木或小乔木，高4 ~ 8m。叶互生，纸质或近革质，椭圆形或长圆状椭圆形至卵状椭圆形，长4 ~ 10cm，宽2 ~ 5cm，顶端急尖或钝渐尖，常稍弯，基部楔形或宽楔形，边近全缘或仅于上半部具疏离锯齿，上面叶脉疏被星状毛，下面主脉和侧脉汇合处有白色长髯毛外，第三级小脉两面均明显隆起；叶柄长5 ~ 10mm。总状花序顶生，有花5 ~ 8朵，长5 ~ 8cm；有时下部的花生于叶腋；花白色，下垂；花萼漏斗状。果实卵形，长8 ~ 14mm，直径8 ~ 10mm 。花期4 ~ 7月，果期9 ~ 11月。

习性：喜光，喜酸性、疏松、肥沃土壤。生于海拔400 ~ 1804m的林中。

分布：秦岭、黄河以南，西至云南东北部和四川东部，南至广东和广西北部。

园林应用：园景树、水边绿化、园景树。

2 芬芳安息香 *Styrax odoratissimus* Champ. ex Benth.

野茉莉属（安息香属）

别名：郁香野茉莉

形态特征：小乔木，高4 ~ 10m。叶互生，薄革质至纸质，卵形或卵状椭圆形，长4 ~ 15cm，宽2 ~ 8cm，顶端渐尖或急尖，基部宽楔形至圆形，边全缘或上部有疏锯齿，叶上面中脉疏被星状毛，下面主脉和侧脉汇合处被白色星状长柔毛，第三级小脉近平行，上面平坦或稍凹入，下面隆起；叶柄长5～10mm。总状或圆锥花序顶生，长5～8cm，下部的花常生于叶腋；花白色，长1.2～1.5cm；花冠裂片膜质，椭圆形或倒卵状椭圆形。果实近球形，直径8～10mm。花期3～4月，果期6～9月。

习性：生于海拔600～1600m的阴湿山谷、山坡疏林中。

分布：产安徽、湖北、江苏、浙江、湖南、江西、福建、广东、广西和贵州等省。

园林应用：园景树、水边绿化。

3 小叶白辛树 *Pterostyrax corymbosus* Sieb. et Zucc. 白辛树属

形态特征：落叶乔木，高达15m。叶纸质，倒卵形、宽倒卵形或椭圆形，长6～14cm，宽3.5～8cm，顶端急渐尖或急尖，基部楔形或宽楔形，边缘有锐尖的锯齿，嫩叶两面均被星状柔毛，成长后上面无毛，下面稍被星状柔毛，侧脉和网脉在两面均明显而稍隆起；叶柄长1～2cm。圆锥花序伞房状，长3～8cm；花白色，长约10mm；花梗长1～2mm；小苞片线形；花萼钟状；花冠裂片近基部合生；雄蕊10枚，5长5短。果实倒卵形，长1.2～2.2cm，5翅，密被星状绒毛。花期3～4月，果期5～9月。

习性：喜光，喜酸性土壤。海拔400～1600m。

分布：江苏、浙江、江西、湖南、福建、广东。

园林应用：园景树、风景林、树林、防护林。

4 秤锤树 *Sinojackia xylocarpa* Hu 秤锤树属

别名：捷克木、秤陀树

形态特征：落叶小乔木，高达7m。嫩枝密被星状短柔毛，后无毛，表皮常呈纤维状脱落。叶纸质，倒卵形或椭圆形，长3～9cm，宽2～5cm，顶端急尖，基部楔形或近圆形，边缘具硬质锯齿。生于具花小枝基部的叶卵形而较小，长2～5cm，宽1.5～2cm，基部圆形或稍心形，两面叶脉疏被星状短柔毛；叶柄长约5mm。总状聚伞花序生于侧枝顶端，有花3～5朵；花冠裂片长圆状椭圆形；雄蕊10～14枚。果实卵形，红褐色，有浅棕色的皮孔，顶端具圆锥状的喙，外果皮木质，不开裂。花期3～4月，果期7～9月。

习性：生于海拔500～800m的山坡、路旁的林缘或疏林中。

分布：江苏，杭州、上海、武汉等曾有栽培。

园林应用：园景树、风景林、树林、盆景观赏

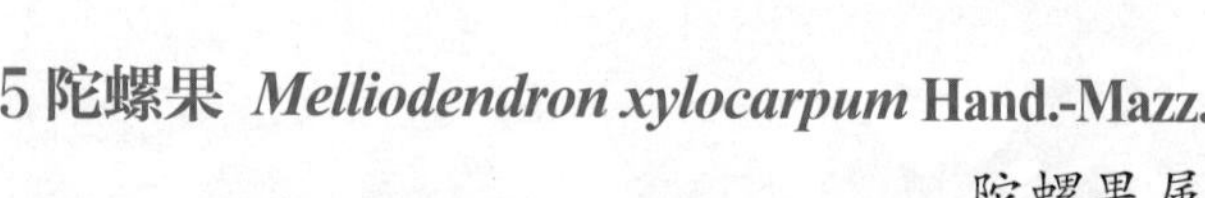

5 陀螺果 *Melliodendron xylocarpum* Hand.-Mazz.

陀螺果属

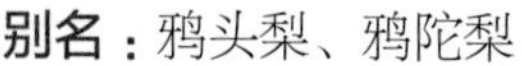

别名：鸦头梨、鸦陀梨

形态特征：落叶乔木，高 6 ~ 20m。树皮有不规则条状裂纹。叶纸质，卵状披针形、椭圆形至长椭圆形，长 9.5 ~ 21cm，宽 3 ~ 8cm，顶端钝渐尖或急尖，基部楔形或宽楔形，边缘有细锯齿，嫩时两面密被星状短柔毛，后除叶脉外无毛，侧脉、中脉、网脉均在下面隆起；叶柄长 3 ~ 10mm。花白色略带粉红色；花梗达 2cm；花萼高 3 ~ 4mm；花冠裂片长圆形，长 20 ~ 30mm，宽 8 ~ 15mm；雄蕊长约 10mm。果实形状、大小变化较大，常为倒卵形、倒圆锥形或倒卵状梨形，长 4 ~ 7cm，宽 3 ~ 4cm，有 5 ~ 10 脊。开花 3 月 ~ 4 月。果期 9 ~ 10 月。

习性：喜光，喜温暖气候。生山谷水边疏林中。海拔 500 ~ 1700m。

分布：福建、江西、广东、湖南、西南三省。

园林应用：园路树、庭荫树、园景树、风景林、树林、水边绿化、盆栽观赏。

五十六 山矾科 Symplocaceae

1 山 矾 *Symplocos sumuntia* Buch. -Ham. ex D. Don

山矾属

别名：七里香

形态特征：常绿乔木。叶薄革质，卵形、狭倒卵形、倒披针状椭圆形，长 3.5 ~ 8cm，宽 1.5 ~ 3cm，先端常呈尾状渐尖，基部楔形或圆形，边缘具浅锯齿或波状齿，有时近全缘；中脉在叶面凹下，侧脉和网脉在两面均凸起；叶柄长 0.5 ~ 1cm。总状花序长 2.5 ~ 4cm，被展开的柔毛；苞片早落，阔卵形至倒卵形；花萼长 2 ~ 2.5mm，裂片与萼筒等长或稍短于萼筒；花冠白色，5 深裂几达基部，长 4 ~ 4.5m；雄蕊 25 ~ 35 枚。核果卵状坛形，长 7 ~ 10mm，顶端宿萼裂片直立，有时脱落。花期 3 ~ 4 月，果期 6 ~ 7 月。

习性:喜光，耐荫，喜湿润、凉爽的气候，耐热也耐寒。在瘠薄土壤上生长不良。对氯气、氟化氢、二氧化硫等抗性强。海拔 200 ~ 1500m。

分布：长江中下流及西南、华南各省。

园林应用：风景林、树林。

2 棱角山矾 *Symplocos tetragona* Chen ex Y.F. Wu 山矾属

别名：留春树

形态特征：常绿乔木，小枝黄绿色，粗壮，具 4 ~ 5 条棱。单叶互生，厚革质，长椭圆形，长 15 ~ 25cm，宽 3 ~ 5cm，先端急尖，基部楔形，边缘具圆齿状锯齿，两面浅黄绿色，叶柄约 1cm。穗状花序被毛，基部有分枝，长约 6cm，花白色，果长圆形。花期 3 ~ 4 月，果期 9 ~ 10 月。

习性：喜温暖，湿润气候；耐寒力都较强。喜光，稍耐荫，耐干旱、贫瘠。对二氧化硫、一氧化碳、氟化氢等有毒气体具很强抗性。生于海拔 1000m 以下的杂木林中。

分布：湖南、江西、浙江。河南、湖北、上海、广州、福建、浙江杭州等有引种。

园林应用：园路树、庭荫树、园景树、树林、防护林。

五十七 紫金牛科 Myrsinaceae

1 朱砂根 *Ardisia crenata* Sims 紫金牛属

别名：大罗伞、平地木

形态特征：常绿灌木，高 0.5 ~ 1.5m。单叶互生，叶革质或坚纸质，狭椭圆形或倒披针形，长 6 ~ 13cm，宽 2 ~ 3.5cm，先端尖，基部楔形，边缘皱波状或波状齿，具明显的边缘腺点。伞形花序顶生；花冠 5 裂，基部连合，淡紫白色；雄蕊 5。萼片、花瓣、花药上均有黑色腺点。浆果鲜红色，球形。花期 5 ~ 7 月，果期 9 ~ 12 月，有时 2 ~ 4 月。根断面有小红点，故名“朱砂根”。

习性：喜欢湿润或半干燥的气候环境。冬季温度 8℃ 以下停止生长。海拔 90 ~ 2400m。

分布：长江流域以南各省区，自西藏至台湾，湖北至海南。

园林应用：园景树、基础种植、地被植物、盆栽及盆景观赏。

2 紫金牛 *Ardisia japonica* (Thunb) Blume 紫金牛属

别名：小青、矮地茶、短脚三郎

形态特征：常绿小灌木或亚灌木，近蔓生。直立茎长达 30cm，不分枝。叶对生或近轮生，叶片坚纸质或近革质，椭圆形至椭圆状倒卵形，顶端急尖，基部楔形，长 4 ~ 7cm，宽 1.5 ~ 4cm，边缘具细锯齿，多少具腺点，无毛或背面中脉被细微柔毛；叶柄长 6 ~ 10mm，被微柔毛。亚伞形花序，腋生或生于近茎顶端的叶腋，总梗长约 5mm，有花 3 ~ 5 朵；花梗长 7 ~ 10mm；花长 4 ~ 5mm，有时 6 数；花瓣粉红色或白色，广卵形，长 4 ~ 5mm，具密腺点。果球形，直径 5 ~ 6mm，鲜红色转黑色，多少具腺点。花期 5 ~ 6 月，果期 6 ~ 11 月，有时 5 ~ 6 月仍有果。

习性：喜温暖、湿润环境，喜荫蔽，忌阳光直射。

分布：陕西及长江流域以南各省区，海南岛未发现。

园林应用：园景树、基础种植、地被植物、盆栽及盆景观赏。

3 东方紫金牛 *Ardisia squamulosa* Presl.

紫金牛属

形态特征：灌木，高达 2m。叶厚，新鲜时略肉质，倒披针形或倒卵形，顶端钝和有时短渐尖，基部楔形，长 6 ~ 12cm，宽 3 ~ 5cm，全缘，具平整或微弯的边缘，无毛；侧脉连成边缘脉；花序具梗，亚伞形花序或复伞房花序，近顶生或腋生于特殊花枝的叶状苞片上，花枝基部膨大或具关节；花粉红色至白色，长 5 ~ 8mm；萼片圆形，花蕾时呈覆瓦状排列，边缘干膜质和具细缘毛，具厚且黑色的腺点；花瓣广卵形，具黑点；雄蕊与花瓣近等长。果直径约 8mm，红色至紫黑色，具极多的小腺点，新鲜时多少肉质。

习性：耐风耐荫，抗瘠薄。喜砂质土壤。

分布：台湾。

园林应用：园景树、基础种植、地被植物、盆栽及盆景观赏。

五十八 海桐科 Pittosporaceae

1 海桐 *Pittosporum tobira* (Thunb.) Ait.

海桐花属

别名：海桐花

形态特征：常绿灌木。高 2 ~ 6m，树冠圆球形。叶革质，例卵状椭圆形，长 5 ~ 12cm，先端圆钝，基部楔形，边缘反曲，全缘，无毛，表面深绿而有光泽。顶生伞房花序，花白色或淡黄绿色，径约 lcm，芳香。蒴果卵形，长 1 ~ 1.5cm，有棱角，熟时 3 瓣裂，种子鲜红色。花期在 4 ~ 5 月，10 月果熟。

习性：喜光，略耐荫，喜温暖湿润气候及肥沃湿润土壤，耐寒性不强。

分布：江苏、浙江、福建、广东等地。长江中下流各省常见栽培。

园林应用：园景树、造型树、基础种植、绿篱、地被植物、特殊环境绿化、盆栽及盆景观赏。

五十九 八仙花科 Hydrangeaceae

1 太平花 *Philadelphus pekinensis* Rupr. 山梅花属

别名：京山梅花

形态特征：落叶丛生灌木，高达 2m。树皮栗褐色，薄片状剥落；小枝光滑无毛，长带紫褐色；叶卵状椭圆形，长 3 ~ 6cm，三主脉，先端渐尖，缘疏生小齿，通常两面无毛，或有时背面腺腋有簇毛；叶柄带紫色。花乳白色，有清香。花期 6 月；果熟期 9 ~ 10 月。

习性：喜光，稍耐荫，较耐寒，耐干旱，怕水湿，水浸易烂根。海拔 1000 ~ 1700m 山地灌丛中。

分布：辽宁、内蒙古、华北及四川等地。北京市园林绿地中应用较多。

园林应用：园景树、盆栽及盆景观赏。

2 溲疏 *Deutzia crenata* Sieb. et Zucc. 溲疏属

别名：齿叶溲疏、圆齿溲疏

形态特征：落叶灌木，高达 3m。树皮成薄片状剥落，小枝中空，红褐色，幼时有星状毛，老枝光滑。叶对生，有短柄；叶片卵形至卵状披针形，长 5 ~ 12cm，宽 2 ~ 4cm，顶端尖，基部稍圆，边缘有小齿，两面均有星状毛，粗糙。直立圆锥花序，花白色或带粉红色斑点；萼杯状，裂片三角形，早落，花瓣长圆形，外面有星状毛；花丝顶端有 2 长齿；花柱 3。蒴果近球形，顶端扁平。花期 5 ~ 6 月，果期 10 ~ 11 月。

习性：喜光、稍耐荫。耐寒、耐旱。耐修剪。

分布：长江流域各省，山东、四川也分布。

园林应用：水边绿化、园景树、基础种植、地被植物、盆栽及盆景观赏。

3 大花溲疏 *Deutzia grandiflora* Bunge 溲疏属

别名：华北溲疏

形态特征：落叶灌木，高 1 ~ 2m。叶对生，叶柄长 2 ~ 4mm；叶片卵形或卵状披针形，长 2 ~ 5cm，宽 1 ~ 2.5cm，基部广楔形或圆形，先端短渐尖或锐尖，边缘具大小相间或不整齐锯齿，表面有 4 ~ 6 条放射状星状毛，背面灰白色，密生 6 ~ 9(12) 条放射状星状毛，质粗糙。聚伞花序，1 ~ 3 花生于枝顶，花较大，直径

2.5 ~ 3cm、萼筒长 2 ~ 3mm，密被星状毛，裂片 5，披针状线形，长 4 ~ 5mm，花瓣 5，白色，长圆形或长圆状倒卵形，长 1 ~ 2cm，雄蕊 10，花丝上部具 2 齿，半下位子房，花柱 3 ~ 5。蒴果半球形，直径 4 ~ 5mm，具宿存花柱。花期 4 ~ 6 月，果熟期 9 ~ 11 月。

习性：喜光，稍耐荫，耐寒，耐旱。忌低洼积水。海拔 800 ~ 1600m。

分布：国湖北、山东、河北、陕西、内蒙古、辽宁等省区。

园林应用：水边绿化、园景树、基础种植、地被植物、盆栽及盆景观赏。

4 八仙花 *Hydrangea macrophylla* (Thunb.) Ser.

绣球属（八仙花属）

别名：绣球、粉团花

形态特征：落叶灌木，高 1 ~ 2m，冠球形。枝绿色，粗壮，光滑，皮孔明显。叶卵状椭圆形，对生，上面绿色有光泽，下面色淡稍反卷，长 8 ~ 10cm，先端渐尖。顶生伞房花序，径达 20cm，绿色至粉红色，后变蓝色，花期 6 ~ 7 月。蒴果呈窄卵形，黄褐色，有棱角。花色与土壤酸碱性有较，碱性和高钾土中的绣球花颜色为深红色，酸性土绣球花颜色偏紫红色。

习性：喜荫，喜温暖湿润，好肥沃、排水良好的疏松土壤，土壤的酸碱度对花色影响很大。

分布：长江中下流、华南和西南各省。

园林应用：水边绿化、园景树、基础种植、地被植物、盆栽及盆景观赏。

5 钻地风 *Schizophragma integrifolium* Oliv.

钻地风属

别名：小齿钻地风、阔瓣钻地风

形态特征：落叶本质藤本，借气根攀援，高至 4m 以上。叶对生，叶片卵圆形至阔卵圆形，长 8 ~ 15cm，先端渐尖，基部截形或圆形至心形，全缘或前半部疏生小齿，质厚，下面叶脉有细毛或近无毛；叶柄长 3 ~ 8cm。伞房式聚伞花序顶生；花 2 型；周边为不育花，仅具一片大形萼片，狭卵形至椭圆状技针形，长约 4 ~ 6cm，先端短尖，乳白色，老时棕色，萼片柄细弱，长 2 ~ 4cm；孕性花小，绿色；萼片 4 ~ 5；花瓣 4 ~ 5；雄蕊 10。蒴果陀螺状，长 6mm，有 10 肋。花期 6 ~ 7 月。果期 10 ~ 11 月。

习性：生于山谷、山坡密林或疏林中，常攀援于岩石或乔木上，海拔 200 ~ 2000m。

分布：长江中下流、华南、西南等省区。

园林应用：地被植物、垂直绿化。

六十 蔷薇科 Rosaceae

1 绣线菊 *Spiraea salicifolia* L. 绣线菊属

别名：柳叶绣线菊、空心柳

形态特征：落叶直立灌木，高 1 ～ 2m。叶片长圆披针形，长 4 ～ 8cm，宽 1 ～ 2.5cm，先端急尖或渐尖，基部楔形，边缘密生锐锯齿，有时为重锯齿，两面无毛；花序为长圆形或金字塔形的圆锥花序，长 6 ～ 13cm，直径 3 ～ 5cm，被细短柔毛，花朵密集；花直径 5 ～ 7mm；花瓣卵形，先端通常圆钝，长 2 ～ 3mm，宽 2 ～ 2.5mm，粉红色；花盘圆环形，裂片呈细圆锯齿状；蓇葖果直立，无毛或沿腹缝有短柔毛。花期 6 ～ 8 月，果期 8 ～ 9 月。

习性：喜光也稍耐荫，抗寒，抗旱，喜温暖湿润的气候和深厚肥沃的土壤。耐修剪。海拔 200 ～ 900m。

分布：中国辽宁、内蒙古、河北、山东、山西等地均有栽培。

园林应用：绿篱、灌丛、专类园、基础种植。

2 粉花绣线菊 *Spiraea japonica* L. f. 绣线菊属

别名：日本绣线菊

形态特征：落叶直立灌木，高达 1.5m。叶片卵形至卵状椭圆形，先端急尖至短渐尖，基部楔形，边缘有缺刻状重锯齿或单锯齿，上面暗绿色，下面色浅或有白霜，沿叶脉有短柔毛。复伞房花序生于当年生的直立新枝顶端，花朵密集，密被短柔毛；花梗长 4 ～ 6mm；花瓣卵形至圆形，先端通常圆钝，粉红色；蓇葖果半开张。花期 6 ～ 7 月，果期 8 ～ 9 月。

习性：喜光，耐半荫；能耐 -10℃低温；耐瘠薄、耐旱、不耐湿。

分布：华东地区有引种栽培。

园林应用：基础种植、绿篱、地被植物、盆栽。

3 金山绣线菊 *Spiraea×bumada* Burenich. 绣线菊属

形态特征：落叶小灌木，高 25 ～ 35cm。新枝黄色。新生小叶金黄色，夏叶浅绿色，秋叶金黄色。单叶互生卵状，叶缘桃形锯齿。羽状脉；具短叶柄，无托叶。花两性，伞房花序；花瓣 5，圆形较萼片长；蓇葖果 5，沿腹缝线开裂。花期 5 月中旬～ 10 月中旬。春季新叶金黄、明亮，株型丰满呈半圆形，好似一座小小的金山，故名金山绣线菊。

习性：喜光，不耐荫。较耐旱，不耐水湿，抗高温。耐寒。

分布：中国多地有分布。

园林应用：地被、模纹、绿篱、盆栽观赏。

4 金焰绣线菊 *Spiraea×bumada* 'Goldflame'

绣线菊属

形态特征：落叶小灌木，株高60～110cm。新枝黄褐色，枝条呈折线状，柔软。单叶互生，叶卵形至卵状椭圆形，边缘具尖锐重锯齿，羽状脉。具短叶柄，无托叶。花两性，玫瑰红，伞房花序10～35朵聚成复伞形花序，直径10～20cm。花期5月中旬至10月中旬。叶色鲜艳夺目，春季叶色黄红相间，夏季叶色绿，秋季叶紫红色。

习性：耐庇荫，喜潮湿气候。能耐37.7℃高温和－30℃的低温。较耐修剪整形。耐干燥、耐盐碱，耐瘠薄。

分布：全国各地均有种植。

园林应用：水边绿化、绿篱、基础种植、地被植物、盆栽及盆景观赏。

5 麻叶绣线菊 *Spiraea cantoniensis* Lour.

绣线菊属

别名：麻叶绣球

形态特征：落叶灌木，高达1.5m。叶片菱状披针形至菱状长圆形，先端急尖，基部楔形，边缘自近中部以上有缺刻状锯齿，上面深绿色，下面灰蓝色，两面无毛。伞房花序呈球形；花瓣近圆形或倒卵形，先端微凹或圆钝，长与宽各约2.5～4mm，白色。蓇葖果直立开张，无毛，具直立开张萼片。花期4～5月，果期7～9月。

习性：喜温暖和阳光充足的环境。稍耐寒、耐荫，较耐干旱，忌湿涝。耐－5℃低温。

分布：华中及东南沿海一带，河北、河南、陕西、安徽、江苏有栽培，供观赏。

园林应用：绿篱、地被、专类园、盆栽观赏。

6 李叶绣线菊 *Spiraea prunifolia* Sieb. et Zucc.

绣线菊属

别名：笑靥花

形态特征：落叶灌木，高达3m。叶片卵形至长圆披针形，先端急尖，基部楔形，边缘有细锐单锯齿，老时仅下面有短柔毛，具羽状脉；伞形花序无总梗，具花3～6朵，基部着生数枚小形叶片；花梗长6～10mm，有短柔毛；花重瓣，直径达1cm，白色。花期3～5月。

习性：喜温暖湿润气候，较耐寒。生于山坡及溪谷两旁、山野灌丛中、路旁及沟边。

分布：山东、陕西、长江中下流各省。广东、台湾等地有应用。

园林应用：基础种植、地被。

7 珍珠绣线菊 *Spiraea thunbergii* Sieb. ex Bl. 绣线菊属

别名：珍珠花、喷雪花

形态特征：落叶灌木，高可达1.5m。老枝红褐色，无毛。叶线状披针形，无毛，长2～4cm，宽0.5～0.7cm，先端长渐尖，基部狭楔形，边缘有锐锯齿。伞形花序无总梗或有短梗，基部有数枚小叶片，每花序有3～7花；花瓣宽倒卵形，长2～4mm，白色；花盘环形，有10裂片。蓇葖果5，开张。花期4～5月；果期7月。

习性：喜光，不耐荫，耐寒，喜生于湿润、排水良好的土壤。耐修剪。

分布：浙江、江西和云南等地。陕西、辽宁等地有栽培。

园林应用：园景树、基础种植、绿篱、地被植物。

8 三裂绣线菊 *Spiraea trilobata* L. 绣线菊属

别名：三桠绣线菊、三裂叶绣线菊

形态特征：落叶灌木，高1～2m。叶片变异较大，上部者多为长大于宽或长宽近相等，基部广楔形或圆形；下部者多为宽大于长，基部近圆形或浅心形。先端钝、通常3裂，边缘自中部以上有少数圆钝锯齿，两面无毛，背面灰绿色，具明显3～5出脉。伞形花序具总梗，无毛，有花15～30朵；花瓣广倒卵形，先端常微凹，白色；蓇葖果开展，沿腹缝微被短柔毛或无毛。花期5～6月，果期7～8月。

习性：生于多岩石向阳坡地或灌木丛中，海拔450～2400m。

分布：黑龙江、辽宁、内蒙古、山东、山西、河北、河南、安徽、陕西、甘肃。

园林应用：盆景、花坛、地被。

9 绣球绣线菊 *Spiraea blumei* G. Don 绣线菊属

别名：珍珠绣球

形态特征：落叶灌木，高1～2m。叶片菱状卵形至倒卵形，长2～3.5cm，宽1～1.8cm，先端圆钝，基部楔形，边缘自近中部以上有少数圆钝缺刻状锯齿或3～5浅裂，两面无毛，下面浅蓝绿色，基部具有不明显的3脉或羽状脉。伞形花序有总梗，无毛，具花10至25朵；花直径5～8mm；花瓣宽倒卵形，先端微凹，长2～3.5mm，宽几与长相等，白色；雄蕊18～20。蓇葖果较直立，无毛。花期4～6月，果期8～10月。

习性：喜温暖和阳光充足的环境。稍耐寒、耐荫，耐干旱，忌湿涝。耐-5℃低温。海拔1800～2200m。

分布：宁夏、辽宁、河北、山东、山西、河南、安徽、广西等省。

园林应用：盆景、园景树、地被。

10 中华绣线菊 *Spiraea chinensis* Maxim.

绣线菊属

别名：铁黑汉条

形态特征：落叶灌木，高 1.5 ~ 3m。小枝红褐色。叶片菱状卵形至倒卵形，长 2.5 ~ 6cm，宽 1.5 ~ 3cm，先端急尖或圆钝，基部宽楔形或圆形，边缘有缺刻状粗锯齿或具不明显 3 裂，上面暗绿色，被短柔毛，下面密被黄色绒毛,脉纹空起。伞形花序具花 16 ~ 25 朵；花瓣近圆形，先端微凹或圆钝，长与宽 2 ~ 3mm；雄蕊多数。蓇葖果开张，被短柔毛。花期 3 ~ 6 月，果期 6 ~ 10 月。

习性：喜阳、喜温暖气候，耐旱、耐寒。海拔 500 ~ 2000m。

分布：内蒙古、河北、陕西以南各省区。

园林应用：盆景、园景树、地被。

11 菱叶绣线菊 *Spiraea vanhouttei* (Briot) Zabel

绣线菊属

形态特征：落叶灌木，高达 2m。小枝拱形，红褐色。叶片菱状卵形至菱状倒卵形，长 1.5 ~ 3.5cm，宽 0.9 ~ 1.8cm，先端急尖，通常 3 ~ 5 裂，基部楔形，边缘有缺刻状重锯齿，两面无毛，上面暗绿色，下面浅蓝灰色，3 脉不显著；叶柄长 3~5mm。伞形花序具总梗，有多数花朵；花瓣近圆形，先端钝，长与宽各约 3~4mm，白色；雄蕊 20~22。蓇葖果稍开张，萼片直立开张。花期 5~6 月。

习性：喜温暖气候较耐寒。

分布：山东、江苏、广东、广西、四川等省。

园林应用：园景树、水边绿化、绿篱、基础种植、地被植物。

12 珍珠梅 *Sorbaria sorbifolia* (L.)A.Br. 珍珠梅属

别名：东北珍珠梅、山高粱条子

形态特征：落叶灌木，高达 2m。羽状复叶，小叶片 11 ~ 17 枚，对生，披针形至卵状披针形，先端渐尖，边缘有尖锐重锯齿；顶生大型密集圆锥花序，总花梗和花梗被星状毛或短柔毛；花直径 10 ~ 12mm；花瓣长圆形或倒卵形，长 5 ~ 7mm，宽 3 ~ 5mm，白色；雄蕊 40 ~ 50。蓇葖果长圆形，有顶生弯曲花柱，长约 3mm，果梗直立。花期 7 ~ 8 月，果期 9 月。

习性：耐寒，耐半荫，耐修剪。海拔 250 ~ 1500m。

分布：东北、内蒙古、华北地区。

园林应用：园景树、基础种植、盆栽及盆景观赏。

13 白鹃梅 *Exochorda racemosa* (Lindl.)Rehd.

白鹃梅属

形态特征：落叶灌木，高达 3 ~ 5m，全株无毛。叶椭圆形或倒卵状椭圆，长 3.5 ~ 6.5cm，全缘或上部有疏齿，先端钝或具短尖，背面粉蓝色。花白色，径约 4cm，6 ~ 10 朵成总状花序；花萼浅钟状，裂片宽三角形，花瓣倒卵形，基部有短爪;雄蕊 15 ~ 20，3 ~ 4 枚一束，着生于花盘边缘，并与花瓣对生。蒴果倒卵形。花期 4 ~ 5 月；蒴果具 5 棱。果 9 月成熟。

习性：喜光，耐半荫；喜肥沃、深厚土壤；耐寒性颇强。

分布：产江苏、浙江、江西、湖南、湖北等地。

园林应用：基础种植、花篱、园景树。

14 平枝栒子 *Cotoneaster horizontalis* Dcne.

栒子属

别名：矮红子

形态特征：落叶或半常绿匍匐灌木，高低于 0.5m，枝水平开张成整齐两列状。叶片近圆形或宽椭圆形，稀倒卵形，长 5 ~ 14mm，宽 4 ~ 9mm，先端多数急尖，基部楔形，全缘，下面有稀疏平贴柔毛；叶柄长 1 ~ 3mm。花 1 ~ 2 朵，近无梗，直径 5 ~ 7mm；萼筒钟状；萼片三角形，先端急尖，外面微具短柔毛，内面边缘有柔毛；花瓣长约 4mm，宽 3mm，粉红色；雄蕊 12。果实近球形，直径 4 ~ 6mm，鲜红色。花期 5 ~ 6 月，果期 9 ~ 10 月。

习性：喜半荫环境，耐干燥、瘠薄，不耐湿热，有一定的耐寒性，怕积水。海拔 2000 ~ 3500m。

分布：陕西、甘肃、湖北、湖南、四川、贵州、云南。

园林应用：基础种植、园景树、盆景。

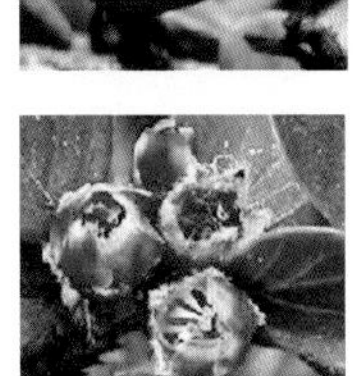

15 火棘 *Pyracantha fortuneana* (Maxim.)Li

火棘属

别名：火把果、救兵粮、救军粮

形态特征：常绿灌木，高达 3m。枝先端成刺状。叶片倒卵形或倒卵状长圆形，长 1.5 ~ 6cm，宽 0.5 ~ 2cm，先端圆钝或微凹，有时具短尖头，基部楔形，下延连于叶柄，边缘有钝锯齿，齿尖向内弯，近基部全缘，两面皆无毛；叶柄短。花集成复伞房花序，直径 3 ~ 4cm，花梗长约 1cm；花直径约 1cm；萼筒钟状；花瓣白色，近圆形，长约 4mm，宽约 3mm；雄蕊 20。果实近球形，直径约 5mm，桔红色或深红色。花期 3 ~ 5 月，果期 8 ~ 11 月。

习性：喜强光，耐贫瘠，抗干旱，不耐寒。海拔 500 ~ 2800m。

分布：黄河以南、西南地区。

园林应用：基础种植、园景树、绿篱。

16 全缘火棘 *Pyracantha atalantioides* (Hance) Stapf 火棘属

别名：救军粮、木瓜刺

形态特征：常绿灌木或小乔木，高达6m。通常有枝刺。叶片椭圆形或长圆形，长1.5 ~ 4cm，宽1 ~ 1.6cm，先端微尖或圆钝，有时具刺尖头，基部宽楔形或圆形，叶边通常全缘或有时具不显明的细锯齿，叶脉明显，中脉明显突起；叶柄长2 ~ 5mm。花为复伞房花序，直径3 ~ 4cm；花直径7 ~ 9mm；花瓣白色，卵形，长4 ~ 5mm，宽3 ~ 4mm，先端微尖，基部具短爪；雄蕊20。梨果扁球形，直径4 ~ 6mm，亮红色。花期4 ~ 5月，果期9 ~ 11月。

习性：喜强光，耐贫瘠，抗干旱，不耐寒。海拔500 ~ 1700m。

分布：陕西、湖北、湖南、四川、贵州、广东、广西。

园林应用：绿篱、基础种植、风景林。

17 山楂 *Crataegus pinnatifida* Bge. 山楂属

别名：山里红、红果

形态特征：落叶乔木，高达6m。叶片宽卵形或三角状卵形，长5 ~ 10cm，宽4 ~ 7.5cm，先端短渐尖，基部截形至宽楔形，通常两侧各有3 ~ 5羽状深裂片，裂片卵状披针形或带形，先端短渐尖，边缘有尖锐稀疏不规则重锯齿；侧脉6 ~ 10对；叶柄长2 ~ 6cm。伞房花序具多花，直径4 ~ 6cm，花梗长4 ~ 7mm；苞片膜质，长约6 ~ 8mm；萼筒钟状，长4 ~ 5mm；萼片三角卵形至披针形；花瓣倒卵形或近圆形，长7 ~ 8mm，宽5 ~ 6mm，白色；雄蕊20。果实近球形或梨形，直径1 ~ 1.5cm，深红色，有浅色斑点。花期5 ~ 6月，果期9 ~ 10月。

习性：-36℃ ~ 43℃之间均能生长。喜光也能耐荫。耐旱。海拔100 ~ 1500m。

分布：东北、内蒙古、华北、江苏。

园林应用：园景树。

18 野山楂 *Crataegus cuneata* Sieb. et Zucc. 山楂属

别名：小叶山楂、红果子

形态特征：落叶灌木，高达15m。通常具细刺，长5 ~ 8mm。叶片宽倒卵形至倒卵状长圆形，长2 ~ 6cm，宽1 ~ 4.5cm，先端急尖，基部楔形，下延连于叶柄，边缘有不规则重锯齿，顶端常有3浅裂片，下面具稀疏柔毛；叶柄两侧有叶翼，长约 4 ~ 15mm。伞房花序，直径 2 ~ 2.5cm，具花 5 ~ 7 朵，总花梗和花梗均被柔毛。花梗长约 1cm；花直径约 1.5cm；萼筒钟状；花瓣近圆形或倒卵形，长 6 ~ 7mm，白色；雄蕊 20。果实近球形或扁球形，直径 1 ~ 1.2cm，红色或黄色。花期 5 ~ 6 月，果期 9 ~ 11 月。

习 性：向阳山坡或山地灌木丛。海拔 250m ~ 200mm。

分布：河南以南各省。

园林应用：绿篱、基础种植、特殊环境绿化。

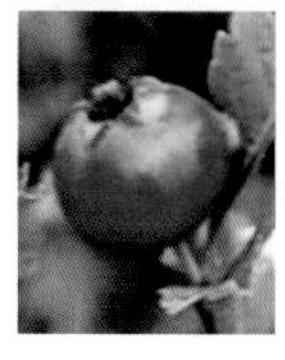

19 石楠 *Photinia serrulata* Lindl. 石楠属

别名：凿木、千年红

形态特征：常绿灌木或小乔木，高 4 ~ 6m。叶片革质，长椭圆形、长倒卵形或倒卵状椭圆形，长 9 ~ 22cm，宽 3 ~ 6.5cm，先端尾尖，基部圆形或宽楔形，边缘有疏生具腺细锯齿，近基部全缘，中脉显著，侧脉 25 ~ 30 对；叶柄粗壮，长 2 ~ 4cm。复伞房花序顶生，直径 10 ~ 16cm；总花梗和花梗无毛，花梗长 3 ~ 5mm；花密生，直径 6 ~ 8mm；花瓣白色，近圆形，直径 3 ~ 4mm，内外两面皆无毛；雄蕊 20；花柱 2，有时为 3，基部合生。果实球形，直径 5 ~ 6mm，红色，后成褐紫色。花期 4 ~ 5 月，果期 10 月。

习性：喜光稍耐荫，能耐短期 -15℃的低温。萌芽力强，耐修剪，对烟尘和有毒气体有一定的抗性。海拔 1000 ~ 2500m。

分布：产陕西、甘肃以南各省、台湾。

园林应用：园路树、庭荫树、园景树、水边绿化。

20 红叶石楠 *Photinia × fraseri* 石楠属

形态特征：常绿小乔木，高度可达 12m，株形紧凑。春季和秋季新叶亮红色。花期 4 ~ 5 月。梨果红色，能延续至冬季，果期 10 月。

习性：喜光，稍耐荫，喜温暖湿润气候，耐干旱瘠薄，不耐水湿。

分布：北京以南除华南地区广泛栽培。

园林应用：园景树、水边绿化、基础种植、绿篱、地被植物、盆栽及盆景观赏。

21 椤木石楠 *Photinia davidsoniae* Rehder&E. H.Wilson 石楠属

别名：椤木、凿树

形态特征：常绿乔木，高 6 ~ 15m。枝有时具刺。叶片革质，长圆形、倒披针形，长 5 ~ 15cm，宽 2 ~ 5cm，先端急尖或渐尖，有短尖头，基部楔形，边缘稍反卷，有具腺的细锯齿，上面光亮；叶柄长 8 ~ 15mm。花多数，密集成顶生复伞房花序，直径 10 ~ 12mm；花直径 10 ~ 12mm；萼筒浅杯状；花瓣白色，圆形，直径 3.5 ~ 4mm；雄蕊 20。果实球形或卵形，直径 7 ~ 10mm，黄红色，无毛。花期 5 月，果期 9 ~ 10 月。

习性：喜温暖湿润和阳光充足的环境。耐寒、耐荫、耐干旱，不耐水湿。耐修剪。耐 -10℃低温。海拔 600 ~ 1000m。

分布：长江以南至华南地区。

园林应用：园路树、园景树、基础种植。

22 枇杷 *Eriobotrya japonica* (Thunb.)Lindl.

枇杷属

别名：卢桔

形态特征：常绿小乔木，高达 10m。叶片革质，披针形、倒披针形、倒卵形或椭圆长圆形，长 12 ~ 30cm，宽 3 ~ 9cm，先端急尖或渐尖，基部楔形或渐狭成叶柄，上部边缘有疏锯齿，基部全缘，下面密生灰棕色绒毛；托叶钻形，长 1 ~ 1.5cm。圆锥花序顶生，长 10 ~ 19cm，具多花；苞片钻形；花直径 12 ~ 20mm；花瓣白色，长圆形或卵形，长 5 ~ 9mm，宽 4 ~ 6mm；雄蕊 20。果实球形或长圆形，直径 2 ~ 5cm，黄色或桔黄色，有锈色柔毛或脱落。花期 10 ~ 12 月，果期 5 ~ 6 月。

习性：喜光，稍耐荫，不耐严寒，冬季不低 -5℃。

分布：甘肃、陕西以南、西南各省。

园林应用：庭荫树。

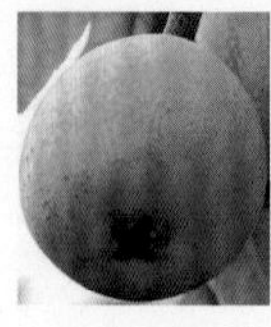

23 石斑木 *Rhaphiolepis indica* (L.) Lindl. ex Ker

石斑木属

别名：春花、凿角、雷公树

形态特征：常绿灌木，高达 4m。叶片集生于枝顶，卵形、长圆形，长 (2)4 ~ 8cm，宽 1.5 ~ 4cm，先端圆钝，急尖、渐尖或长尾尖，基部渐狭连于叶柄，边缘具细钝锯齿，上面光亮，下面色淡，叶脉稍凸起，网脉明显；叶柄长 5 ~ 18mm。顶生圆锥花序或总状花序；花直径 1 ~ 1.3cm；花瓣 5，白色或淡红色，倒卵形或披针形，长 5 ~ 7mm，宽 4 ~ 5mm，先端圆钝，基部具柔毛；雄蕊 15。果实球形，紫黑色，直径约 5mm，果梗短粗，长 5 ~ 10mm。花期 4 月，果期 7 ~ 8 月。

习性：喜光，耐水湿，耐盐碱土，耐热，抗风，耐寒。耐干旱瘠薄。海拔 150 ~ 1600m。

分布：安徽、浙江、江西、湖南、贵州、云南、福建、广东、广西、台湾。

园林应用：水边绿化、园景树、基础种植、绿篱。

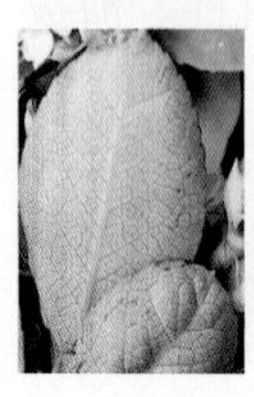

24 石灰花楸 *Sorbus folgneri* (Schneid.)Rehd.

花楸属

形态特征：落叶乔木，高达 10m。叶片卵形至椭圆卵形，长 5 ~ 8cm，宽 2 ~ 3.5cm，先端急尖或短渐尖，基部宽楔形或圆形，边缘有细锯齿或在新枝上的叶片有重锯齿和浅裂片，上面深绿色，无毛，下面密被白色绒毛，中脉和侧脉上也具绒毛，侧脉通常 8 ~ 15 对，直达叶边锯齿顶端；叶柄长 5 ~ 15mm，密被白色绒毛。复伞房花序具多花；花梗和花梗均被白色绒毛；花瓣卵形，长 3 ~ 4mm，宽 3 ~ 3.5mm，先端圆钝，白色；雄蕊 18 ~ 20。果实椭圆形，直径 6 ~ 7mm，长 9 ~ 13mm，红色。花期 4 ~ 5 月，果期 7 ~ 8 月。

习性：耐寒，也耐荫。海拔 800 ~ 2000m。

分布：陕西、甘肃、河南、湖北、湖南、江西、安徽、广东、广西、贵州、四川、云南。

园林应用：园景树路树。

25 木瓜 *Chaenomeles sinensis* (Thouin)Koehne

木瓜属

别名：木李、海棠

形态特征：落叶灌木或小乔木，高达 5 ~ 10m，树皮成片状脱落。叶片椭圆卵形或椭圆长圆形，稀倒卵形，长 5 ~ 8cm，宽 3.5 ~ 5.5cm，先端急尖，基部宽楔形或圆形，边缘有刺芒状尖锐锯齿，齿尖有腺；叶柄长 5 ~ 10mm；托叶膜质，卵状披针形，先端渐尖，边缘具腺齿，长约 7mm。花单生于叶腋，花梗短粗，长 5 ~ 10mm，无毛；花直径 2.5 ~ 3cm；萼筒钟状外面无毛；萼片三角披针形，长 6 ~ 10mm，先端渐尖，边缘有腺齿；花瓣倒卵形，淡粉红色。果实长椭圆形，长 10 ~ 15cm，暗黄色，木质，味芳香。花期 4 月，果期 9 ~ 10 月。

习性：喜阳，耐寒、耐旱。喜半干半湿，不耐荫。

分布：我国东部及中南部。

园林应用：园景树、园路树。

26 贴梗海棠 *Chaenomeles speciosa* (Sweet)Nakai

木瓜属

别名：皱皮木瓜、贴梗木瓜、铁脚梨

形态特征：落叶灌木，高达 2m。枝有刺。叶片卵形至椭圆形，长 3 ~ 9cm，宽 1.5 ~ 5cm，先端急尖稀圆钝，基部楔形至宽楔形，边缘具有尖锐锯齿，齿尖开展；叶柄长约 1cm；托叶大形，草质，肾形或半圆形，，长 5 ~ 10mm，宽 12 ~ 20mm，边缘有尖锐重锯齿，无毛。花先叶开放，3 ~ 5 朵簇生于二年生老枝上；花梗

短粗或无柄；花直径3～5cm；花瓣倒卵形或近圆形长10～15mm，宽8～13mm，猩红色，稀白色；雄蕊45～50。果实球形或卵球形，直径4～6cm，黄色或带黄绿色，有稀疏不显明斑点，味芳香；萼片脱落，果梗短或近于无梗。花期3～5月，果期9～10月。

习性：喜光，耐半荫，耐寒，耐旱。忌低洼和盐碱地。

分布：东部、中部至西南部。

园林应用：园路树、园景树、风景林、盆栽及盆景观赏。

27 西洋梨 *Pyrus communis* L. 梨属

别名：洋梨

形态特征：落叶乔木，高达15m。小枝有时具刺。叶片卵形、近圆形至椭圆形，长2～5(7)cm，宽1.5～2.5cm，先端急尖或短渐尖，基部宽楔形至近圆形，边缘有圆钝锯齿；叶柄细，长1.5～5cm；托叶膜质。伞形总状花序，具花6～9朵，总花梗和花梗具柔毛或无毛，花梗长2～3.5cm；苞片膜质，线状披针形，长1～1.5cm；花直径2.5～3cm；花瓣倒卵形，长1.3～1.5cm，宽1～1.3cm，先端圆钝，基部具短爪，白色；雄蕊20。果实倒卵形或近球形，长3～5cm，宽1.5～2cm，绿色、黄色，萼片宿存。花期4月，果期7～9月。

习性：喜酸性土壤。深根性，根的水平伸展力强。

分布：亚洲西部。

园林应用：园景树、庭荫树。

28 白梨 *Pyrus bretschneideri* Rehder 梨属

别名：白挂梨、罐梨

形态特征：落叶乔木，高达5～8m。叶片卵形或椭圆卵形，长5～11cm，宽3.5～6cm，先端渐尖稀急尖，基部宽楔形，稀近圆形，边缘有尖锐锯齿，齿尖有刺芒，微向内合拢；叶柄长2.5～7cm；托叶膜质，边缘具有腺齿，早落。伞形总状花序，有花7～10朵，直径4～7cm；苞片膜质，长1～1.5cm；花直径2～3.5cm；萼片边缘有腺齿；花瓣卵形，白色，长1.2～1.4cm，宽1～1.2cm，先端常呈啮齿状；雄蕊20。果实卵形或近球形，长2.5～3cm，直径2～2.5cm，先端萼片脱落，黄色，有细密斑点。花期4月，果期8～9月。

习性：喜光喜温，耐旱、耐涝、耐盐碱。耐-25℃低温。海拔100～2000m。

分布：河北、河南、山东、山西、陕西、甘肃、青海。

园林应用：园景树、庭荫树。

29 沙梨 *Pyrus pyrifolia* (Burm. f.) Nakai 梨属

别名：麻安梨

形态特征：落叶乔木，高达 7~15m。叶片卵状椭圆形或卵形，长 7~12cm，宽 4~6.5cm，先端长尖，基部圆形或近心形，边缘有刺芒锯齿。叶柄长 3~4.5cm；托叶膜质，早落。伞形总状花序，具花 6~9 朵，直径 5~7cm；苞片膜质；花直径 2.5~3.5cm；花瓣卵形，长 15~17mm，先端啮齿状，基部具短爪，白色；雄蕊 20。果实近球形，浅褐色，有浅色斑点，先端微向下陷，萼片脱落。花期 4 月，果期 8 月。

习性：喜光，喜温暖湿润气候，耐旱，耐水湿，耐寒力差。海拔 100~1400m。

分布：长江流域，华南、西南地区也有栽培。

园林应用：园景树、庭荫树。

30 豆梨 *Pyrus calleryana* Dcne. 梨属

别名：糖梨、杜梨

形态特征：落叶乔木，高 5 ~ 8m。叶片宽卵形至卵形，长 4 ~ 8cm，宽 3.5 ~ 6cm，先端渐尖，基部圆形至宽楔形，边缘有钝锯齿，两面无毛；叶柄长 2 ~ 4cm。伞形总状花序，具花 6 ~ 12 朵，直径 4 ~ 6mm；花梗长 1.5 ~ 3cmm；苞片膜质；花直径 2 ~ 2.5cm；；萼片披针形；花瓣卵形，长约 13mm，宽约 10mm，基部具短爪，白色；雄蕊 20。梨果球形，直径约 1cm，黑褐色，有斑点，萼片脱落，有细长果梗。花期 4 月，果期 8 ~ 9 月。

习性：喜光，稍耐荫，耐寒，耐干旱、瘠薄。海拔 80 ~ 1800m。

分布：华中、华南及台湾北部丛林。

园林应用：园景树、庭荫树。

31 西府海棠 *Malus × micromalus* Makino 苹果属

别名：海红、小果海棠

形态特征：落叶小乔木，高达 2.5 ~ 5m。树枝直立性强。叶片长椭圆形或椭圆形，长 5 ~ 10cm，宽 2.5 ~ 5cm，先端急尖或渐尖，基部楔形，边缘有尖锐锯齿；叶柄长 2 ~ 3.5cm；托叶膜质，边缘有疏生腺齿。伞形总状花序，有花 4 ~ 7 朵，集生于小枝顶端，花梗长 2 ~ 3cm；苞片膜质，早落；花直径约 4cm；萼筒外面密被白色长绒毛；萼片全缘，长 5 ~ 8mm；花瓣近圆形或长椭圆形，长约 1.5cm，基部有短爪，粉红色；雄蕊约 20。果实近球形，直径 1 ~ 1.5cm，红色。花期 4 ~ 5 月，果期 8 ~ 9 月。

习性：喜光，耐寒，忌水涝，忌空气过湿，较耐干旱。

分布：产辽宁、河北、山西、山东、陕西、甘肃、云南。

园林应用：为常见栽培的果树及观赏树。

32 湖北海棠 *Malus hupehensis* (Pamp.) Rehd. 苹果属

别名：野海棠、野花红

形态特征：落叶乔木，高达8m。叶片卵形至卵状椭圆形，长5～10cm，宽2.5～4cm，先端渐尖，基部宽楔形，边缘有细锐锯齿；叶柄长1～3cm；托叶草质至膜质，早落。伞房花序，具花4～6朵，花梗长3～6cm；苞片膜质，披针形；花直径3.5～4cm；萼片三角卵形，略带紫色；花瓣倒卵形，长约1.5cm，基部有短爪，粉白色或近白色；雄蕊20；花柱3(4)。果实椭圆形或近球形，直径约1cm。花期4～5月，果期8～9月。

习性：喜光，耐涝，抗旱，能耐-21℃的低温，并有一定的抗盐能力。海拔50～2900m。

分布：产我国中部、西部至喜马拉雅山脉地区。

园林应用：园景树、盆栽观赏。

33 垂丝海棠 *Malus halliana* Koehne 苹果属

别名：垂枝海棠

形态特征：落叶乔木，高达5m。叶片卵形或椭圆形至长椭卵形，长3.5～8cm，宽2.5～4.5cm，先端长渐尖，基部楔形至近圆形，边缘有圆钝细锯齿，中脉有时具短柔毛，上面深绿色，有光泽并常带紫晕；叶柄长5～25mm；托叶早落。伞房花序，具花4～6朵；花直径3～3.5cm；萼片三角卵形；花瓣倒卵形，长约1.5cm，粉红色，常在5数以上；雄蕊20～25；花柱4或5。果实梨形或倒卵形，直径6～8mm，略带紫色，萼片脱落；果梗长2～5cm。花期3～4月，果期9～10月。

习性：喜光，不耐荫，不甚耐寒，喜温暖湿润环境，喜深厚、疏松、肥沃、排水良好略带粘质土壤。海拔50～1200m。

分布：西南、长江流域各省。

园林应用：园路树、园景树、水边绿化、特殊环境绿化。

34 苹果 *Malus pumila* Mill. 苹果属

别名：智慧果

形态特征：落叶乔木，高可达15m。叶片椭圆形、卵形至宽椭圆形，长4.5～10cm，宽3～5.5cm，先端急尖，基部宽楔形或圆形，边缘具有圆钝锯齿；叶柄粗壮，长约1.5～3cm；托叶草质，早落。伞房花序，具花3～7朵，集生于小枝顶端，花梗长1～2.5cm；苞片膜质，全缘，被绒毛；花直径3～4cm；萼片三角披针形或三角卵形，内外两面均密被绒毛，萼片比萼筒长；花瓣倒卵形，长15～18mm，基部具短爪，白色，含苞未放时带粉红色；雄蕊20。果实扁球形，直径在2cm以上。花期5月，果期7～10月。

习性：喜光，喜微酸性到中性土壤。喜土层深厚、富含有机质、通气排水良好的砂质土壤。海拔50～2500m。

分布：辽宁、河北、山西、山东、陕西、甘肃、四川、云南、西藏常见栽培。

园林应用：庭院观赏。

35 花红 *Malus asiatica* Nakai 苹果属

别名：林檎、沙果

形态特征：落叶小乔木，高 4 ~ 6m。叶片卵形或椭圆形，长 5 ~ 11cm，宽 4 ~ 5.5cm，先端急尖或渐尖，基部圆形或宽楔形，边缘有细锐锯齿，上面有短柔毛，逐渐脱落，下面密被短柔毛；叶柄长 1.5 ~ 5cm；托叶小，早落。伞房花序，具花 4 ~ 7 朵，集生在小枝顶端；花梗长 1.5 ~ 2cm；花直径 3 ~ 4cm；萼片三角披针形，长 4 ~ 5mm，全缘；花瓣倒卵形或长圆倒卵形，长 8 ~ 13mm，宽 4 ~ 7mm，基部有短爪，淡粉色；雄蕊 17 ~ 20；花柱 4(5)。果实卵形或近球形，直径 4 ~ 5cm，黄色或红色。花期 4 ~ 5 月，果期 8 ~ 9 月。

习性：喜光，耐寒，耐干旱，亦耐水湿及盐碱。海拔 50 ~ 2800m。

分布：内蒙古、辽宁、河北、河南、山东、山西、陕西、甘肃、湖北、四川、贵州、云南、新疆。

园林应用：庭院观赏。

36 尖嘴林檎 *Malus melliana* (Hand.-Mazz.)Rehder 苹果属

别名：光萼林檎

形态特征：落叶灌木或小乔木，高 4 ~ 10m。叶片椭圆形至卵状椭圆形，长 5 ~ 10cm，宽 2.5 ~ 4cm，先端急尖或渐尖，基部圆形至宽楔形，边缘有圆钝锯齿；叶柄长 1.5 ~ 2.5cm；托叶膜质，全缘，内面微具柔毛。花序近伞形，有花 5 ~ 7 朵，花梗长 3 ~ 5cm；苞片披针形，早落；花直径约 2.5cm；萼片三角披针形，长约 8mm，较萼筒长；花瓣倒卵形，长约 1 ~ 2cm，基部有短爪，紫白色；雄蕊约 30；花柱 5。果实球形，直径 1.5 ~ 2.5cm。花期 5 月，果期 8 ~ 9 月。

习性：海拔 400 ~ 1100m 的山坡、谷地林中、林缘或疏林内。

分布：浙江、安徽、江西、湖南、福建、广东、广西、云南。

园林应用：园景树。

37 海棠花 *Malus spectabilis* (Ait.) Borkh. 苹果属

形态特征：落叶乔木，高可达 8m。叶片椭圆形至长椭圆形，长 5~8cm，宽 2~3cm，先端短渐尖或圆钝，基部宽楔形或近圆形，边缘有紧贴细锯齿；叶柄长1.5~3cm；托叶膜质。花序近伞形，有花5~8朵，花梗长2~3cm；苞片早落；花直径4~5cm；萼片三角卵形，长3mm，比萼筒短或近等长，先端急尖，全缘；花瓣卵形，长2~2.5cm，宽1.5~2cm，基部有短爪，白色，在芽中呈粉红色；雄蕊20~25；花柱5，稀4。果实近球形，直径1.5~2cm，黄色，萼片宿存。花期4~5月，果期8~9月。

习性：喜光，不耐荫。耐寒及干旱气候，忌水湿。

园林应用：园景树、盆栽及盆景观赏。

38 玫瑰 *Rosa rugosa* Thunb. 蔷薇属

形态特征：落叶直立灌木，高可达2m。茎粗壮，丛生；小枝密被针刺和腺毛。小叶5 ~ 9，连叶柄长5 ~ 13cm；小叶片椭圆形或椭圆状倒卵形，长1.5 ~ 4.5cm，宽1 ~ 2.5cm，先端急尖或圆钝，基部圆形或宽楔形，边缘有尖锐锯齿，上面叶脉下陷，有褶皱，下面灰绿色，中脉突起，网脉明显，密被绒毛和腺毛；托叶大部贴生于叶柄。花单生于叶腋，或数朵簇生；花梗长5 ~ 25mm；花直径4 ~ 5.5cm；花瓣倒卵形，重瓣至半重瓣，芳香，紫红色至白色；花柱离生。果扁球形，直径2 ~ 2.5cm，砖红色，肉质，平滑，萼片宿存。花期5 ~ 6月，果期8 ~ 9月。

习性：喜光，耐寒，喜排水良好、疏松肥沃的壤土或轻壤土。可耐 -20℃的低温。

分布：华北。各地均有栽培。

园林应用：园景树、基础种植、地被植物、专类园、盆栽及盆景观赏。

39 黄刺玫 *Rosa xanthina* Lindl. 蔷薇属

别名：黄刺莓

形态特征：落叶直立灌木，高2 ~ 3m。小枝有散生皮刺，无针刺。小叶7 ~ 13，连叶柄长3 ~ 5cm；小叶片宽卵形或近圆形，先端圆钝，基部宽楔形或近圆形，边缘有圆钝锯齿，上面无毛；叶轴、叶柄有稀疏柔毛和小皮刺；托叶带状披针形，大部分贴生于叶柄，离生部分呈耳状，边缘有锯齿和腺。花单生于叶腋，重瓣或半重瓣，黄色，无苞片；花直径3 ~ 4(5)cm；花瓣黄色，宽倒卵形；花柱离生。果近球形或倒卵圆形，紫褐色或黑褐色：直径8 ~ 10mm，花后萼片反折。花期4 ~ 6月，果期7 ~ 8月。

习性：喜光，稍耐荫，耐寒力强。耐干旱、瘠薄、盐碱。不耐水涝。

分布：东北、华北各地庭园习见栽培，

园林应用：园景树、盆栽观赏。

40 月季 *Rosa chinensis* Jacq. 蔷薇属

别名：月月红、月月花

形态特征：常绿直立灌木，高 1 ~ 2m。小枝有短粗的钩状皮刺或无。小叶 3 ~ 5，连叶柄长 5 ~ 11cm，小叶片宽卵形至卵状长圆形，长 2.5 ~ 6cm，宽 1 ~ 3cm，先端长渐尖或渐尖，基部近圆形或宽楔形，边缘有锐锯齿，两面近无毛，上面暗绿色，常带光泽，下面颜色较浅，顶生小叶片有柄，侧生小叶片近无柄，总叶柄有散生皮刺和腺毛；托叶大部分贴生于叶柄，仅顶端分离部分成耳状，边缘常有腺毛。花几朵集生，直径 4 ~ 5cm；花瓣重瓣至半重瓣，红色、粉红色至白色，倒卵形，先端有凹缺，基部楔形；花柱离生。果卵球形或梨形，长 1 ~ 2cm，红色，萼片脱落。花期 4 ~ 9 月，果期 6 ~ 11 月。

习性：喜温暖、充足光照。气温低于 5℃休眠。有的品种能耐 -15℃的低温和耐 35℃的高温。

分布：湖北、四川和甘肃等省的山区，上海、南京、常州、天津、郑州和北京等市种植最多。

园林应用：水边绿化、园景树、基础种植、地被植物、垂直绿化、专类园、盆栽及盆景观赏。

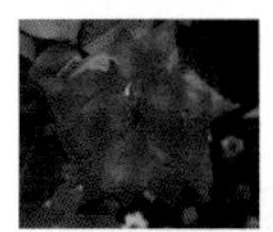

41 香水月季 *Rosa odorata* (Andr.) Sweet. 蔷薇属

别名：黄酴醾醒、芳香月季

形态特征：常绿或半常绿攀援灌木。枝有散生而粗短钩状皮刺。小叶 5 ~ 9，连叶柄长 5 ~ 10cm；小叶片椭圆形、卵形或长圆卵形，长 2 ~ 7cm，宽 1.5 ~ 3cm，先端急尖或渐尖，基部楔形或近圆形，边缘有紧贴的锐锯齿；托叶大部贴生于叶柄，无毛，顶端小叶片有长柄。花单生或 2 ~ 3 朵，直径 5 ~ 8cm；；萼片全缘；花瓣芳香，白色或带粉红色，倒卵形；花柱离生。果实呈压扁的球形，果梗短。花期 6 ~ 9 月。

习性：喜夏天凉爽气候。海拔 1500 ~ 2000m。

分布：云南。江苏、浙江、四川、云南有栽培。

园林应用：垂直绿化。

42 野蔷薇 *Rosa multiflora* Thunb. 蔷薇属

别名：多花蔷薇

形态特征：落叶攀援灌木。小叶 5 ~ 9，近花序的小叶有时 3，连叶柄长 5 ~ 10cm；小叶片倒卵形、长圆形或卵形，长 1.5 ~ 5cm，宽 8 ~ 28mm，先端急尖或圆钝，基部近圆形或楔形，边缘有尖锐单锯齿，上面无毛，下面有柔毛。托叶篦齿状，大部分贴生于叶柄。花多朵，排成圆锥状花序，花梗长 1.5 ~ 2.5cm，有时基部有篦齿状小苞片；花直径 1.5 ~ 2cm，萼片披针形；花瓣白色，宽倒卵形，先端微凹，基部楔形。果近球形，直径 6 ~ 8mm，红褐色或紫褐色，萼片脱落。

习性：喜光、耐半荫、耐寒、耐瘠薄，忌低洼积水。喜肥沃、疏松的微酸性土。

分布：华北、华中、华东、华南及西南地区。

园林应用：水边绿化、基础种植、绿篱、地被植物、盆栽及盆景观赏。

43 木香藤 *Rosa banksiae* Ait. 蔷薇属

别名：木香、七里香

形态特征：落叶攀援小灌木，高可达6m。小枝有短小皮刺；老枝上的皮刺较大，坚硬，经栽培后有时枝条无刺。小叶3 ~ 5，连叶柄长4 ~ 6cm；小叶片椭圆状卵形或长圆披针形，长2 ~ 5cm，宽8 ~ 18mm，先端急尖或稍钝，基部近圆形或宽楔形，边缘有紧贴细锯齿，上面无毛，深绿色，下面淡绿色，中脉突起，沿脉有柔毛；托叶线状披针形，膜质，离生，早落。花小形，多朵成伞形花序，花直径1.5 ~ 2.5cm；花梗长2 ~ 3cm；萼片卵形，先端长渐尖，全缘，萼筒和萼片外面均无毛；花瓣重瓣至半重瓣，白色，倒卵形，先端圆，基部楔形；花柱离生。花期4 ~ 5月。

习性：喜温、喜光，耐寒冷和半荫，怕涝。萌芽力强，耐修剪。海拔500 ~ 1300m。

分布：西南及秦岭、大巴山。全国各地均有栽培。

园林应用：水边绿化、绿篱及绿雕、垂直绿化、盆栽及盆景观赏。

44 小果蔷薇 *Rosa cymosa* Tratt. 蔷薇属

别名：红荆藤、山木香

形态特征：攀援灌木，高2 ~ 5m。小枝有钩状皮刺。小叶3 ~ 5；连叶柄长5 ~ 10cm；小叶片卵状披针形或椭圆形，长2.5 ~ 6cm，宽8 ~ 25mm，先端渐尖，基部近圆形，边缘有紧贴或尖锐细锯齿，两面均无毛，中脉突起，沿脉有稀疏长柔毛；托叶膜质，早落。花多朵成复伞房花序；花直径2 ~ 2.5cm，花梗长约1.5cm，幼时密被长柔毛，老时逐渐脱落近于无毛；萼片卵形，常有羽状裂片；花瓣白色，倒卵形，先端凹，基部楔形；花柱离生。果球形，直径4 ~ 7mm，红色至黑褐色，萼片脱落。花期5 ~ 6月，果期7 ~ 11月。

习性：喜温暖湿润气候和微酸性土壤，耐半荫；耐 -10℃低温，耐35℃以上高温。海拔250 ~ 1300m。

分布：长江中下流、华南、西南各省及台湾。

园林应用：水边绿化、绿篱及绿雕、垂直绿化、盆栽及盆景观赏。

45 金樱子 *Rosa laevigata* Michx. 蔷薇属

别名：糖罐子、刺头、倒挂金钩

形态特征：常绿攀援灌木，高可达5m。小枝散生扁弯皮刺。小叶革质，通常3，连叶柄长5 ~ 10cm；小叶片椭圆状卵形、倒卵形或披针状卵形，长2 ~ 6cm，宽1.2 ~ 3.5cm，先端急尖或圆钝，稀尾状渐尖，边缘有锐锯齿；小叶柄和叶轴有皮刺和腺毛；托叶离生或基部与叶柄合生，早落。花单生于叶腋，直径5 ~ 7cm；花梗长1.8 ~ 2.5cm，花梗和萼筒密被腺毛，随果实成长变为针刺；花瓣白色，宽倒卵形，先端微凹；雄蕊多数；花柱离生。果梨形、倒卵形，稀近球形，紫褐色，外面密被刺毛，果梗长约3cm，萼片宿存。花期4～6月，果期7～11月。

习性：喜温暖干燥的气候。喜排水良好、疏松、肥沃的砂质土壤。海拔200～1600m。

分布：西南、华南、华中等省。

园林应用：水边绿化、绿篱及绿雕、垂直绿化、盆栽及盆景观赏。

46 棣棠 *Kerria japonica* (L.)DC. 棣棠花属

别名：棣棠花、鸡蛋黄花

形态特征：落叶灌木，高1～2m。小枝绿色。叶互生，三角状卵形或卵圆形，顶端长渐尖，基部圆形、截形或微心形，边缘有尖锐重锯齿，两面绿色，上面无毛或有稀疏柔毛，下面沿脉或脉腋有柔毛；叶柄长5～10mm；托叶膜质，早落。单花，着生在当年生侧枝顶端，花梗无毛；花直径2.5～6cm；萼片卵状椭圆形，全缘，果时宿存；花瓣黄色，宽椭圆形，顶端下凹，比萼片长1～4倍。瘦果倒卵形至半球形，褐色或黑褐色，有皱褶。花期4～6月，果期6～8月。

习性：喜温暖湿润和半荫环境，耐寒性较差。海拔200～3000m。

分布：华北至华南各省。

园林应用：园景树、水边绿化、基础种植、绿篱、地被植物、盆栽及盆景观赏。

47 榆叶梅 *Amygdalus triloba* (Lindl.) Ricker 桃属

别名：小榆梅、小桃红

形态特征：落叶灌木，高2～3m。短枝上的叶常簇生，一年生枝上的叶互生；叶片宽椭圆形至倒卵形，先端短渐尖，常3裂，基部宽楔形，叶边具粗锯齿或重锯齿；花1～2朵，先于叶开放或同放，花瓣近圆形或宽倒卵形，先端圆钝，有时微凹，粉红色；雄蕊约25～30。果实近球形，直径1～1.8cm，红色，外被短柔毛。花期4～5月，果期5～7月。

习性：喜光，稍耐荫，耐-35℃低温冬。可耐轻度盐碱土，忌低洼雨涝和排水不良的粘性土，耐旱力强。

分布：东北、华北、江西、江苏、浙江等省区。各地多数公园内均有栽植。

园林应用：园景树、水边绿化、基础种植、盆栽及盆景观赏。

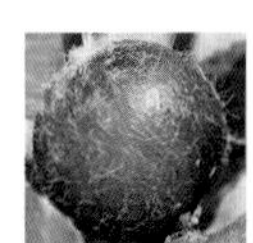

48 桃 *Amygdalus persica* L. 桃属

形态特征：落叶乔木，高3～8m。小枝具大量小皮孔。叶片椭圆披针形，先端渐尖，基部宽楔形叶边具细锯齿或粗锯齿，齿端具腺体或无腺体；花单生，先于叶开放，花瓣长圆状椭圆形至宽倒卵形，粉红色，罕为白色；雄蕊约20～30，花药绯红色；果实形状和大小均有变异，卵形、宽椭圆形或扁圆形，色泽变化由淡绿白色至橙黄色，常在向阳面具红晕，外面密被短柔毛，花期 3 ~ 4 月，果实成熟期差异较大，常 6 ~ 9 月。

习性：喜光，较耐寒；分枝力强，生长快。

分布：各省区广泛栽培。

园林应用：园景树、水边绿化、基础种植、盆栽及盆景观赏。

49 紫叶桃 *Amygdalus persica* L.‘Atropurpurea’ 桃属

别名：红叶碧桃、紫叶红碧桃

形态特征：落叶乔木，高 3 ~ 8m；树冠宽广而平展；树皮暗红褐色，老时粗糙呈鳞片状；嫩叶紫红色，后渐变为近绿色。叶片长圆披针形、椭圆披针形或倒卵状披针形，先端渐尖，基部宽楔形，叶边具细锯齿或粗锯齿。花单生，先于叶开放；花粉红色，罕为白色；花药绯红色；果实外面密被短柔毛，腹缝明显。花期 3 ~ 4 月，果实成熟期因品种而异，通常为 8 ~ 9 月。

习性：喜光，耐旱怕涝。喜富含腐殖质的砂壤土及壤土。

分布：各省区广泛栽培。

园林应用：园景树、水边绿化、基础种植、盆栽及盆景观赏。

50 山桃 *Amygdalus davidiana* (Carr.) C. de Vos 桃属

别名：山毛桃、野桃

形态特征：落叶乔木，高达 10m。树皮暗紫色，光滑。叶片卵状披针形，先端渐尖，基部楔形，两面无毛，叶边具细锐锯齿；叶柄长无毛，常具腺体。花单生，先于叶开放；萼筒无毛钟形；萼片卵形至卵状长圆形，紫色，先端圆钝；花瓣倒卵形或近圆形，粉红色，先端圆钝，稀微凹；雄蕊多数，几与花瓣等长或稍短；果实近球形，直径 2.5 ~ 3.5cm，淡黄色，外面密被短柔毛。花期 3 ~ 4 月，果期 7 ~ 8 月。

习性：喜光，耐寒，耐干旱、瘠薄，怕涝，耐盐碱。海拔 800 ~ 3200m。

分布：黄河流域、内蒙古、东北南部、西北。

园林应用：园景树、水边绿化、基础种植、盆栽及盆景观赏。

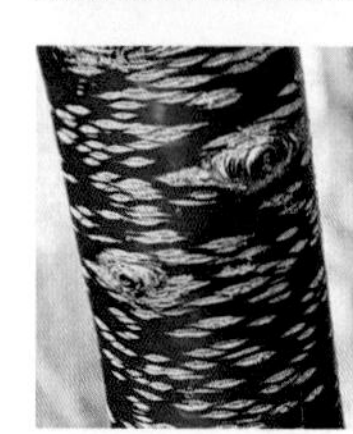

51 杏 *Armeniaca vulgaris* Lam. 杏属

别名：杏子

形态特征：落叶乔木，高 5 ~ 8m。叶片宽卵形或圆卵形，先端急尖至短渐尖，基部圆形至近心形，叶边有圆钝锯齿；叶柄基部常具 1 ~ 6 腺体。花单生，先于叶开放；花瓣圆形至倒卵形，白色或带红色，具短爪；雄蕊约 20 ~ 45，稍短于花瓣；果实球形，直径约 2.5cm 以上，白色、黄色至黄红色，常具红晕，果肉多汁。花期 3 ~ 4 月，果期 6 ~ 7 月。

习性：喜光，耐旱，抗寒，抗风。

分布：中国各地栽培，尤以华北、西北和华东地区种植较多。

园林应用：园景树、园路树、水边绿化、盆栽观赏。

52 梅 *Armeniaca mume* Sieb. 杏属

形态特征：落叶小乔木，高 4 ~ 10m；树皮浅灰色或带绿色，平滑；小枝绿色，光滑无毛。叶片卵形或椭圆形，先端尾尖，基部宽楔形至圆形，叶边常具小锐锯齿，花单生或有时 2 朵同生于 1 芽内，香味浓，先于叶开放；花萼通常红褐色，萼筒宽钟形；萼片卵形或近圆形，先端圆钝；花瓣倒卵形，白色至粉红色；雄蕊短或稍长于花瓣；果实近球形，黄色或绿白色，被柔毛。花期冬春季，果期 5 ~ 6 月。

习性：喜光，喜温暖气候，有一定的耐寒力，较耐瘠薄。

分布：各地均有栽培，但以长江流域以南各省最多。

园林应用：园景树、水边绿化、基础种植、专类园、盆栽及盆景观赏。

53 美人梅 *Armeniaca* × *blireana* ‘Meiren’ 杏属

形态特征：落叶小乔木。叶片卵圆形，长 5 ~ 9cm，紫红色，卵状椭圆形。花粉红色，着花繁密，1 ~ 2 朵着生于长、中及短花枝上，先花后叶，花期春季，花色浅紫，重瓣花，先叶开放，萼筒宽钟状，萼片 5 枚，近圆形至扁圆，花瓣 15 ~ 17 枚，雄蕊多数。花具紫长梗，常呈垂丝状；花有香味，但非典型梅香。花期 2 ~ 4 月。园艺杂交种。

习性：喜光、抗寒，抗旱，不耐水涝。喜微酸性土。不耐空气污染，对氟化物，二氧化硫和汽车尾气等比较敏感。

分布：南北各地有种置。

园林应用：园景树、水边绿化、基础种植、专类园、盆栽及盆景观赏。

54 李 *Prunus salicina* L. 李属

别名：嘉庆子、玉皇李、山李子

形态特征：落叶乔木，高 9 ~ 12m。叶片长圆倒卵形、长椭圆形，先端渐尖、急尖，基部楔形，边缘有圆钝重锯齿，常混有单锯齿，幼时齿尖带腺，上面深绿色，有光泽；花通常 3 朵并生；花瓣白色，长圆倒卵形，先端啮蚀状，有明显带紫色脉纹，具短爪，雄蕊多数，排成不规则 2 轮，比花瓣短；核果球形、卵球形或近圆锥形。花期 4 月，果期 7 ~ 8 月。

习性：极不耐积水，喜土质疏松、透气和排水好，土层深厚的土壤。海拔 400 ~ 2600m。

分布：辽宁、华北以南各省区、台湾。

园林应用：园景树、庭荫树。

55 紫叶李 *Prunus cerasifera* Ehrhart f. atropurpurea (Jacq.) Rehd. 李属

形态特征：落叶小乔木，高可达 8m。小枝暗红色，无毛。叶片椭圆形、卵形或倒卵形，先端急尖，基部楔形或近圆形，边缘有圆钝锯齿，有时混有重锯齿，上面深绿色，无毛，下面颜色较淡。花 1 朵；花梗长 1 ~ 2.2cm；花瓣白色，长圆形或匙形，边缘波状，基部楔形；雄蕊 25 ~ 30，花丝长短不等，紧密地排成不规则 2 轮，比花瓣稍短；核果近球形或椭圆形，长宽几相等，直径 1 ~ 3cm，酒红色。花期 3 月，果期 6 月。

习性：生山坡林中或多石砾的坡地以及峡谷水边等处，海拔 800 ~ 2000m。

分布：全国各地有栽培。

园林应用：园景树、基础种植、盆栽及盆景观赏。

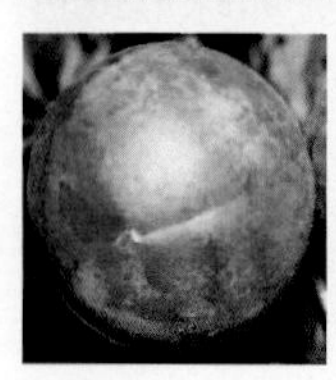

56 郁李 *Cerasus japonica* (Thunb.) Lois. 樱属

别名：秧李

形态特征：落叶灌木，高 1 ~ 1.5m。嫩枝绿色或绿褐色。叶片卵形或卵状披针形，先端渐尖，基部圆形，边有缺刻状尖锐重锯齿，上面深绿色，下面淡绿色；花 1 ~ 3 朵，簇生，花叶同开或先叶开放；萼筒陀螺形，长宽近相等，无毛；花瓣白色或粉红色，倒卵状椭圆形；核果近球形，深红色，直径约 1cm；核表面光滑。花期 5 月，果期 7 ~ 8 月。

习性：喜光和温暖湿润的环境，耐寒、耐热、耐旱、耐潮湿、耐烟尘，根系发达。海拔 100 ~ 200m。

分布：黑龙江、吉林、辽宁、河北、山东、浙江。

园林应用：园景树、基础种植、盆栽及盆景观赏。

57 云南樱花 *Cerasus cerasoides* (D. Don) Sok. 樱属

别名：细齿樱花、红花高盆樱花

形态特征：落叶乔木，高 2 ~ 1.2m。小枝紫褐色。叶片披针形至卵状披针形，长 3.5 ~ 7cm，宽 1 ~ 2cm，先端渐尖，基部圆形，边有尖锐单锯齿或重锯齿，齿端有小腺体，叶片茎部有 3 ~ 5 大形腺体，上面深绿色，疏被柔毛；叶柄长 5 ~ 8mm；托叶线形，花后脱落。花单生或有 2 朵，花叶同开，花直径约 1cm；苞片褐色，长约 6mm，宽约 3mm；花梗长 6 ~ 12mm；萼片卵状三角形，长 3mm；花瓣白色，倒卵状椭圆形，先端圆钝；雄蕊 38 ~ 44 枚；花柱比雄蕊长。核果紫红色，卵圆形，纵径约 1cm，横径约 6 ~ 7mm；核表面有显著棱纹。花期 5 ~ 6 月，果期 7 ~ 9 月。

习性：喜光；喜温暖湿润的气候，喜排水良好的酸性土，忌积水。海拔 2000 ~ 3700m。

分布：云南。昆明常见栽培。

园林应用：园路树、庭荫树、园景树、专类园、盆栽及盆景观赏。

58 大山樱 *Cerasus sargentii* (Rehder) H. Ohba 樱属

别名：山樱

形态特征：落叶大乔木，高达 5 ~ 25m。树皮红棕色，皮孔多，横向。小枝较粗，灰白色，无毛。叶柄红色，具 2 腺体；叶片较厚，卵状椭圆形，倒卵形或倒卵状椭圆形，基部圆形，先端尾状渐尖，叶缘为歪斜的三角状的重锯齿；幼叶红色。花 2 ~ 4 朵，无总梗或近无总梗；萼筒长钟形，红色；萼片红色，卵状三角形，花梗绿色，花瓣倒卵形，花微红色或玫瑰红色，先端微凹；核果近球形，黑紫色。花期 3 ~ 4 月，果期 6 ~ 7 月。

习性：喜光，稍耐荫，耐寒性强，怕积水，不耐盐碱，喜湿润气候及排水良好的肥沃土壤。

分布：大连、丹东、沈阳和北京有栽培。

园林应用：园路树、庭荫树、园景树、专类园、盆栽及盆景观赏。

59 福建山樱花 *Cerasus campanulata* (Maxim.) Yü et Li 樱属

别名：绯寒樱、钟花樱桃

形态特征：落叶乔木，高 3~10m。树冠卵圆形至圆形，树干通直，树皮茶褐色，老化后呈片状剥落，并有水平方向排列的线性皮孔。叶纸质，卵形或卵状长椭圆形，单叶螺旋状互生。单叶互生，具腺状锯齿，每年冬末春初开花，先花后叶，花呈下垂性开展，腋出，单生或 3 至 5 朵形成伞房花序。花梗细长，花萼钟形，花瓣桃红色、绯红色或暗红色。椭圆形核果，成熟时深红色。

习性：喜光和温暖的环境，较耐高温和阴凉，抗污染性能力。

分布：福建的邵武、蒲城一带。福建、广东、长沙等有栽培。

园林应用：园路树、庭荫树、园景树、风景林、专类园、盆栽及盆景观赏。

60 樱 桃 *Cerasus pseudocerasus* (Lindl.)G.Don 樱属

别名：英桃、樱珠

形态特征：落叶乔木，叶片卵形或长圆状卵形，先端渐尖或尾状渐尖，基部圆形，边有尖锐重锯齿，齿端有小腺体；叶柄先端有1或2个大腺体；花序伞房状或近伞形，花3～6朵，先叶开放；萼筒有毛，钟状，绿色。总苞倒卵状椭圆形，褐色；花瓣白色，边缘微红，卵圆形，先端下凹或二裂；核果近球形，红色，直径0.9～1.3cm。花期3～4月，果期5～6月。

习性：喜光、喜温、喜湿、喜肥。耐-20℃低温，喜土质疏松、土层深厚的砂壤。

分布：山东、安徽、江苏、浙江、河南、甘肃、陕西等省。

园林应用：园路树、庭荫树、园景树、专类园、盆栽及盆景观赏。

61 东京樱花 *Cerasus yedoensis* (Mats.) Yü et Li 樱属

形态特征：落叶乔木，高4～16m，树皮灰色。小枝淡紫褐色，无毛，嫩枝绿色，被疏柔毛。叶片椭圆卵形或倒卵形，长5～12cm，先端渐尖或骤尾尖，基部圆形，稀楔形，边有尖锐重锯齿；叶柄密被柔毛，顶端有1～2个腺体或有时无腺体；托叶披针形，有羽裂腺齿，被柔毛，早落。花序伞形总状，总梗极短，花3～4朵；总苞片褐色，椭圆卵形，两面被疏柔毛；苞片褐色，匙状长圆形；花梗被短柔毛；萼筒管状，被疏柔毛；萼片三角状长卵形，先端渐尖，边有腺齿；花瓣白色或粉红色，椭圆卵形，先端下凹，全缘二裂；核果近球形，黑色。花期4月，果期5月。

习性：喜光、较耐寒。生长较快但树龄较短。

分布：华北及长江流域各城市，在北京能露地过冬。

园林应用：园路树、庭荫树、园景树、专类园、盆栽及盆景观赏。

62 樱花 *Cerasus serrulata* Lindl 樱属

别名：山樱花

形态特征：落叶乔木。小枝灰白色或淡褐色，无毛。叶卵形至卵状椭圆形，叶端尾尖，边有渐尖单锯齿及重锯齿，齿尖短刺芒状，上面深绿色，下面淡绿色；叶柄先端有1～3圆形腺体；花白色，花瓣先端凹缺。萼筒钟状，萼裂片有锯齿，花序伞房总状或近伞形，有花2～3朵；总苞片褐红色，倒卵长圆形；核果球形或卵球形，紫褐色。花期4～5月，与叶同放。果期6～7月。

习性：喜光，喜微酸性土壤，不耐盐碱。忌积水与低湿。耐寒，喜空气湿度大的环境。对烟尘和有害气体的抵抗力较差。海拔500～1500m。

分布：黑龙江、河北、山东、河南、安徽、江苏、浙江、江西、湖南、贵州、福建。

园林应用：园路树、庭荫树、园景树、专类园、盆栽及盆景观赏。

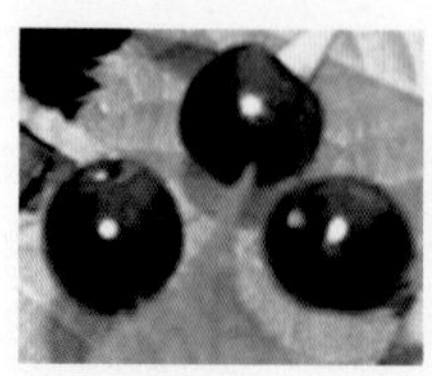

63 日本晚樱 *Cerasus serrulata* (Lindl.) G. Don ex London *var. lannesiana* (Carr.) Makino　樱属

别名：重瓣樱花

形态特征：落叶乔木，高 3 ~ 8m，叶片倒卵形，先端渐尖，呈长尾状，叶缘锯齿单一或重锯齿，齿端有长芒，叶柄端 1 对腺体。新叶略带红色。花形大而芳香，花单瓣或重瓣，常下垂，1 ~ 5 朵排成伞房花序；小苞片叶状，萼筒短，花瓣端凹形，花期长，4 月中下旬开放，果卵形，熟时黑色。

习性：喜光，喜肥沃而排水良好的土壤，较耐寒。

分布：华北至长江流域。

园林应用：园路树、园景树、树林、专类园、盆栽及盆景观赏。

64 稠李 *Padus racemosa* (Lam.) Gilib.　稠李属

别名：臭李子

形态特征：落叶乔木，高可达 15m。叶片椭圆形、长圆形或长圆倒卵形，先端尾尖，基部圆形或宽楔形，边缘有不规则锐锯齿，有时混有重锯齿，两面无毛；叶柄长顶端两侧各具 1 腺体；腋生总状花序具有多花，基部通常有 2 ~ 3 小叶；花瓣白色，先端波状，基部楔形，有短爪；雄蕊多数，花丝长短不等，排成紧密不规则 2 轮；核果卵球形，顶端有尖，红褐色至黑色，光滑。花期 4 ~ 5 月，果期 5 ~ 10 月。

习性：喜光也耐荫，抗寒力较强，怕积水涝洼，不耐干旱瘠薄。海拔 880 ~ 2500m。

分布：黑龙江、吉林、辽宁、内蒙古、河北、山西、河南、山东等地。

园林应用：园路树、庭荫树、园景树、树林。

65 毛背桂樱 *Laurocerasus hypotricha* (Rehd.) Yü et Lu　桂樱属

形态特征：常绿乔木，高达 20m。树皮、木材均红褐色。叶革质，宽卵形至椭圆形，长 10 ~ 19cm，叶缘具粗锯齿，齿顶有黑色硬腺体，叶柄及叶下面密被柔毛。总状花序，花瓣近圆形，白色；果实长圆形或卵状长圆形，顶端急尖并具短尖头，黑褐色；花序轴、花梗、萼筒及萼片密被白色长柔毛，叶翠绿，花期 9 至 10 月。果次年 4 月熟。

习性：喜光、耐荫。耐干旱、瘠薄；夏季能耐 40℃的高温。

分布：石家庄、长沙等地有栽培。

园林应用：园路树、庭荫树、园景树、专类园、盆栽及盆景观赏。

六十一 含羞草科 Mimosaceae

1 合欢 *Albizia julibrissin* Durazz. 合欢属

别名：绒花树、马樱树、夜合花

形态特征：落叶乔木，高达16m，树冠开展呈伞形。叶互生，二回偶数羽状复叶，小叶镰刀形，长6 ~ 12mm，中脉明显偏于一边，叶缘及背面中脉被柔毛，小叶昼开夜合，酷暑或暴风雨则闭合。头状花序排成伞房状，花丝粉红色，细长如绒缨；花期6 ~ 9月。

习性：喜光，耐干旱瘠薄，不耐水湿；对二氧化硫、氯气、氟化氢的抗性和吸收能力强，对臭氧、氯化氢的抗性较强。

分布：黄河流域及以南各地。各地广泛栽培。

园林应用：庭园树、庭荫树、行道树、风景林、树林、盆栽及盆景观赏。

2 山合欢 *Albizzia kalkora* (Roxb.) Prain 合欢属

别名：山槐、白合欢

形态特征：落叶乔木，高4 ~ 15m。二回羽状复叶互生，羽片2 ~ 3对，小叶5 ~ 14对，线状长圆形，长1.8 ~ 4.5cm，宽7 ~ 20mm，顶端圆形而有细尖，基部近圆形，偏斜，中脉显著偏向叶片的上侧，两面密生短柔毛。头状花序，2 ~ 3个生于上部叶腋或多个排成顶生伞房状；花丝白色。荚果长7 ~ 17cm，宽1.5 ~ 3cm，深棕色。花期5 ~ 7月，果期9 ~ 11月。

习性：喜光、喜温暖、湿润气候及肥沃土壤，耐干旱瘠薄。

分布：华北、华东、华南、西南及陕西、甘肃等省。

园林应用：行道树、园路树、园景树、庭荫树及风景林。

3 楹树 *Albizia chinensis* (Osbeck) Merr. 合欢属

别名：南洋楹

形态特征：常绿乔木，高达 45m。二回羽状复叶，羽片 6 ~ 12 对；总叶柄基部和叶轴上有腺体；小叶 20 ~ 35 对，无柄，长椭圆形，长 6 ~ 10mm，宽 2 ~ 3mm，先端渐尖，基部近截平，下面被长柔毛，中脉紧紧靠上边缘；头状花序有花 10 ~ 20 朵，排成顶生的圆锥花序；花淡白色，密被黄褐色茸毛；花萼漏斗状；花冠长约为花萼数倍，裂片卵状三角形；雄蕊长约 25mm；子房被黄褐色柔毛；荚果扁平，长 10 ~ 15cm。花期 4 ~ 5 月，果 7 ~ 9 月成熟。

习性：强光树种，不耐荫，抗风力弱。喜高温多湿气候，对土壤要求不严。

分布：福建、湖南、广东、广西、云南、西藏。

园林应用：行道树及庭荫树。

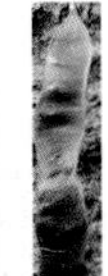

4 朱缨花 *Calliandra haematocephala* Hassk. 朱缨花属

别名：美蕊花

形态特征：常绿灌木，高 1 ~ 3m。二回羽状复叶，总叶柄长 1 ~ 2.5cm；羽片 1 对，长 8 ~ 13cm；小叶 7 ~ 9 对，斜披针形，长 2 ~ 4cm，宽 7 ~ 15mm，中上部的小叶较大，下部的较小，先端钝而具小尖头，基部偏斜；中脉略偏上缘；小叶柄长仅 1mm。头状花序腋生，直径约 3cm（连花丝），有花约 25 ~ 40 朵；花萼钟状；花冠管长 3.5 ~ 5mm，淡紫红色，顶端具 5 裂片，长约 3mm；雄蕊突露于花冠之外，非常显著；花丝离生，长约 2cm，深红色。荚果线状倒披针形，长 6 ~ 11cm，宽 5 ~ 13mm，暗棕色，成熟时开裂。花期 8 ~ 9 月；果期 10 ~ 11 月。

习性：喜光，喜温暖湿润气候，不耐寒，喜深厚、肥沃、排水良好的酸性土。

分布：广东、台湾有栽培。

园林应用：园景树、水边绿化。

5 粉扑花 *Calliandra surinamensis* Benth. 朱缨花属

别名：苏里南朱缨花

形态特征：半常绿灌木，高达 2m。二回羽状复叶，羽片仅一对，小叶 7 ~ 12 对，长刀形，长 1.2 ~ 1.8cm。花瓣小，花丝多而长，淡玫瑰红色，基部白色；腋生头状花序，形似合欢，荚果扁平，边缘增厚。花期特长，几乎全年不断开花。

习性：喜光，喜疏松肥沃的砂质土。

分布：华南、广西和云南有栽培。

园林应用：园景树。

6 红粉扑花 *Calliandra emarginata* Benth. 朱缨花属

别名：凹叶红合欢

形态特征：灌木或小乔木，高达 4m。二回羽状复叶，具羽片一对，每羽片小叶 3 枚，椭圆或倒卵形，长达 5cm，先端锐尖或凹头，有时呈浅二裂。花瓣小，长约 6mm，雄蕊亮红色，长约 2.5cm；头状花序单生，艳红色。

习性：喜光，喜疏松肥沃的砂质土。

分布：华南及台湾有栽培。

园林应用：园景树。

7 黑荆树 *Acacia mearnsii* De Wilde 金合欢属

别名：澳洲白粉金合欢、澳洲金合欢

形态特征：常绿乔木，高可达 15m。树皮灰绿色、平滑。小枝绿色，有棱，被灰色短绒毛。二回羽状复叶，羽片 8 ~ 25 对，密集排列在羽片轴上，叶柄及每对羽片着生处均有 1 腺点；小叶片 60 ~ 100 枚，线形，长 2.6 ~ 4.0mm，宽 0.4 ~ 0.5mm，银灰绿色，被灰白色短柔毛。3 ~ 4 月开花，由多数头状花序排列成腋生的总状花序或顶生的圆锥花序，花小，淡黄至深黄色。荚果红棕色或黑色，带状。种子椭圆形，扁平。

习性：喜温暖气候，耐 -50℃低温，抗逆性强。

分布：华东、长沙有栽种。

园林应用：行道树、园路树、园景树、树林。

8 台湾相思 *Acacia confusa* Merr. 金合欢属

别名：相思树、台湾柳

形态特征：常绿乔木。高 6 ~ 15m。苗期第一片真叶为羽状复叶，长大后小叶退化，叶柄变为叶状柄，叶状柄革质，披针形，长 6 ~ 10cm，宽 5 ~ 13mm，直或微呈弯镰状，两端渐狭，先端略钝，两面无毛，有明显的纵脉 3 ~ 5 条。头状花序腋生，圆球形；花瓣淡绿色，具香气；雄蕊多数，金黄色，伸出花冠筒外。荚果扁平，长 4 ~ 11cm，具光泽。花期 3 ~ 10 月，果期 8 ~ 10 月。

习性：喜暖热气候，耐低温；喜光，耐半荫，耐干旱、瘠薄；亦耐短期水淹，喜酸性土。

分布：台湾、广东、海南、广西、福建、云南和江西等省有栽培。

园林应用：园路树、园景树、防护林、特殊环境绿化（矿山恢复绿化）。

9 大叶相思 *Acacia auriculiformis* A. Cunn. ex Benth. 金合欢属

别名：耳叶相思

形态特征：常绿乔木，枝条下垂。真叶在幼苗时出现。叶状柄镰状长圆形，长 10 ~ 20cm，宽 1.5 ~ 4cm，两端渐狭，比较显著的主脉有 3 ~ 7 条。穗状花序长 3.5 ~ 8cm，1 至数枝簇生于叶腋或枝顶；花橙黄色，细小，由五枚花瓣组成，花萼长 0.5 ~ 1mm；花瓣长圆形，长 1.5 ~ 2mm；花丝长约 2.5 ~ 4mm。荚果成熟时旋卷，长 5 ~ 8cm，宽 8 ~ 12mm，果瓣木质。

习性：喜温暖潮湿而阳光充足的环境，喜砂质土。

分布：海南、广东、广西、福建等省有栽培。

园林应用：防护林，园景树。

10 金合欢 *Acacia farnesiana* (L.) Willd. 金合欢属

形态特征：灌木或小乔木，高 2 ~ 4m。小枝常呈“之”字形弯曲。托叶针刺状，刺长 1 ~ 2cm。二回羽状复叶长 2 ~ 7cm，叶轴槽状，有腺体；羽片 4 ~ 8 对，长 1.5 ~ 3.5cm；小叶通常 10 ~ 20 对，线状长圆形，长 2 ~ 6mm，宽 1 ~ 1.5mm。头状花序 1 或 2 ~ 3 个簇生于叶腋，直径 1 ~ 1.5cm；花黄色，有香味；花瓣连合呈管状，长约 2.5mm，5 齿裂；雄蕊长约为花冠的 2 倍。荚果膨胀，近圆柱状，长 3 ~ 7cm，宽 8 ~ 15mm。花期 3 ~ 6 月；果期 7 ~ 11 月。

习性：喜光、喜温暖湿润的气候，耐干旱。喜肥沃、湿润的微酸性土。

分布：浙江、台湾、福建、两广、云南、四川等地。

园林应用：园景树、盆栽及盆景观赏。

六十二 苏木科 Leguminosae

1 肥皂荚 *Gymnocladus chinensis* Baill. 肥皂荚属

别名：肉皂角、肥皂树

形态特征：落叶乔木，高 5 ~ 12m，无刺。二回羽状复叶具羽片 6 ~ 10 枚；小叶 20 ~ 24，矩圆形至长椭圆形，长 1.5 ~ 4cm，宽 1 ~ 1.5cm，先端圆或微缺，基部略呈斜圆形，两面密被柔毛。花杂性，为顶生的总状花序；花有长柄，下垂；萼长 5 ~ 6mm，具短筒，有 10 条脉，密被短柔毛；雄蕊 10，5 长 5 短；子房长椭圆形，无毛，无子房柄，约有 4 个胚珠。荚果长椭圆形，长 7 ~ 12cm，宽约 3 ~ 4cm，扁中肥厚，具种子 2 ~ 4 粒。花期 4 月 ~ 5 月，果期 9 ~ 10 月。

习性：喜光不耐荫，耐干旱、耐酷署、耐严寒。

分布：江苏，浙江，江西，安徽，福建，湖北，湖南，广东，广西，四川等省区。

园林应用：庭荫树。

2 皂荚 *Gleditsia sinensis* Lam. 皂荚属

别名：皂角、皂荚树

形态特征：落叶乔木。树高达 30m。枝刺圆锥形，通常分杈，长可达 16cm。一回羽状复叶，小叶 3 ~ 7 对，卵形至卵状长椭圆形，长 3 ~ 10cm。花黄白色，萼片、花瓣各 4。果皮较肥厚，直而不扭曲，长 12 ~ 30cm，棕黑色，木质，终冬不落。花期 4 ~ 5 月，果期 5 ~ 10 月。

习性：喜光而稍耐荫，喜温暖湿润的气候及深厚肥沃适当的湿润土壤。海拔 2500m 以下。

分布：河北至广东，西至四川、贵州、云南均有分布。

园林应用：庭荫树（要将基部刺去掉）、风景林。

3 山皂荚 *Gleditsia japonica* Miq. 皂荚属

别名：日本皂荚

形态特征：落叶乔木，高达 25m。枝刺基部扁圆，，常分枝，长 2 ~ 16cm。叶为一回或二回羽状复叶，长 10 ~ 25cm，一回羽状复叶常簇生，小叶 6 ~ 11 对，互生或近对生，卵状长椭圆形至长圆形，长 2 ~ 6cm，宽 1 ~ 4cm，基部阔楔形至圆形，稍偏斜，边缘有细锯齿，两面疏生柔毛，中脉较多；二回羽状复叶具 2 ~ 6 对羽片，小叶 3 ~ 10 对，卵形或卵状长圆形，长约 1cm。雌雄异株；雄花成细长的总状花序，花萼和花瓣均为 4，雄蕊 8；雌花成穗状花序，花萼和花瓣同雄花。荚果带状，长 20 ~ 36cm，宽约 3cm，常不规则扭转。花期 4 ~ 6 月；果期 6 ~ 11 月。

习性：阳性，耐寒，耐干旱，喜肥沃深厚土壤。抗污染力强。

分布：辽宁、河北、山西、山东，河南、江苏、浙江、安徽等省。

园林应用：庭荫树、风景林。

4 盾柱木 *Peltophorum pterocarpum* (DC.) Baker ex K. Heyne 盾柱木属

别名：双翼豆

形态特征：落叶乔木，高 4 ~ 15m。二回羽状复叶长 30 ~ 42cm；叶柄粗壮，被锈色毛；羽片 7 ~ 15 对，对生，长 8 ~ 12cm；小叶 10 ~ 21 对，无柄，小叶片革质，长圆状倒卵形，长 12 ~ 17mm，宽 5 ~ 7mm，先端圆钝，基部两侧不对称，边全缘。圆锥花序顶生或腋生，密被锈色短柔毛；苞片长 5 ~ 8mm，早落；萼片 5，卵形，长 5 ~ 8mm，宽 4 ~ 7mm；花瓣 5，倒卵形，具长柄，两面中部密被锈色长柔毛，长 15 ~ 17mm，宽 8 ~ 10mm；雄蕊 10 枚。荚果红色，具翅，扁平。花黄色，7 ~ 8 月，果期 9 ~ 11 月。

习性：喜高温天气，耐风、耐旱，但不耐荫。喜砂质土壤。

分布：广州、西双版纳有栽培。

园林应用：庭荫树、盆栽及盆景观赏。

5 凤凰木 *Delonix regia* (Boj.) Raf. 凤凰木属

别名：凤凰花、红花楹

形态特征：落叶乔木，树高达 20m。复叶具羽状 10 ~ 24 对，小叶 20 ~ 40 对，均对生，小叶长圆形，长 3 ~ 8mm，基部偏斜，两面被柔毛，表面中脉凹下，边全缘；中脉明显；小叶柄短。花鲜红色，大而美丽，直径 7 ~ 10cm，具 4 ~ 10cm 长的花梗，雄蕊红色。果长 25 ~ 60cm 。花期 5 ~ 8 月，果期 10 月。

习性：喜高温多湿和阳光充足环境，冬季温度要高于 10℃。怕积水，较耐干旱；耐瘠薄土壤。抗空气污染。

分布：福建、台湾、广东、广西、云南有栽培。

园林应用：风景林、行道树、园景树。

6 云实 *Caesalpinia decapetala* (Roth) Alston 云实属

别名：天豆、员实

形态特征：落叶攀援灌木，密生倒钩状刺。二回羽状复叶，羽片 3 ~ 10 对，小叶 12 ~ 24，长椭圆形，顶端圆，微凹，基部圆形，微偏斜，表面绿色，背面有白粉。总状花序顶生，花冠不是蝶形，黄色，有光泽；雄蕊稍长于花冠，花丝下半部密生绒毛。荚果长椭圆形，木质，长 6 ~ 12cm，宽 2.3 ~ 3cm，顶端圆。花期 5 月，果期 8 ~ 10 月。

习性：喜光，适应性强。

分布：河北以南各省。

园林应用：绿篱、造型、垂直绿化。

7 洋金凤 *Caesalpinia pulcherrima* Sw（L.) Sw. 云实属

别名：金凤花、蛱蝶花

形态特征：常绿灌木，高可达 3m。二回羽状复叶，小叶长椭圆形。总状花序生枝顶，花瓣具柄，黄色，红色。雄蕊长两倍于花冠，伸展。枝上疏生刺。叶二回羽状复叶，小叶长椭圆形略偏斜，先端圆，微缺，基部圆形。总状花序开阔，顶生或腋生。花瓣圆形具柄，黄色或橙红色，边缘呈波状皱折，有明显爪。荚果近长条形，扁平。花期长，华南全年开花。

习性：喜温暖、湿润环境。耐热，不耐寒。喜光，耐耐荫。喜排水良好、富含腐殖质、微酸性土壤。对风及空气污染抵抗能力差。

分布：南方各地庭园常栽培。

园林应用：园景树、地被、盆栽观赏。

8 老虎刺 *Pterolobium punctatum* Hemsl. 老虎刺属

形态特征：藤本或攀援灌木，高 7 ~ 15m。叶轴、叶柄基部散生下弯的黑色钩刺。二回羽状复叶，羽片 20 ~ 28 个，每羽片有小叶 20 ~ 30 个，长椭圆形，两面疏被短柔毛后变无毛。花排列成大型、顶生的圆锥花序；花瓣 5，白色，花期 6 ~ 8 月，倒卵形，先端稍呈齿蚀状。荚果椭圆形，扁平，顶端的一侧具发达的膜质翅，有一个种子。种子椭圆形，扁平。果期 10 ~ 12 月。

习性：喜光、宜温暖气候。海拔 300 ~ 2000m。

分布：西南、华南和长江中下游各省区。

园林应用：特殊环境绿化（岩石绿化、荒山、边坡绿化），地被植物。

9 腊肠树 *Cassia fistula* L. 决明属

别名：阿勃勒、牛角树

形态特征：落叶乔木，高达 22m。树皮呈灰白色，易生蔓枝。偶数羽状复叶，一个叶柄上有 4 ~ 8 对小叶，小叶对生，而且小叶很大，叶面平滑，全缘，颜色鲜亮，基部略澎大，长卵形或长椭圆形，长 6 ~ 16cm，先端渐钝尖。花黄色，成下垂总状花序，长 30 ~ 60cm。荚果柱形，状如腊肠，长 40 ~ 70cm。花期 6 ~ 8 月；果期 10 月。

习性：喜温，喜砂质土壤，有霜冻害地区不能生长。海拔 1000m 以下。

分布：华南和云南有栽培。

园林应用：园路树、庭荫树和园景树。

10 双荚决明 *Cassia bicapsulris* L.　决明属

别名：金边黄槐、腊肠仔树

形态特征：落叶或半常绿直立灌木。叶长 7 ~ 12cm，有小叶 3 ~ 4 对；叶柄长 2.5 ~ 4cm；小叶倒卵形或倒卵状长圆形，膜质，长 2.5 ~ 3.5cm，宽约 1.5cm，顶端圆钝，基部渐狭，偏斜，侧脉在近边缘处呈网结；在最下方的一对小叶间有黑褐色线形而钝头的腺体 1 枚。总状花序生于枝条顶端的叶腋间，常集成伞房花序状，长度约与叶相等，花鲜黄色，直径约 2cm；雄蕊 10 枚，3 枚特大，高出于花瓣。荚果圆柱状，膜质，较直，长 13 ~ 17cm，直径 1.6cm。花期 9 ~ 11 月；果期 11 月至翌年 3 月。

习性：喜光，较耐寒，耐干旱瘠薄的土壤，有较强的抗风、抗虫害和防尘、防烟雾的能力。

分布：华南。长沙、杭州、上海等地有应用。

园林应用：园景树、绿篱、盆栽及盆景观赏。

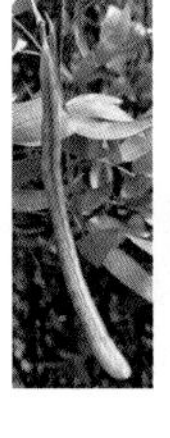

11 黄槐 *Cassia surattensis* Burm.　决明属

别名：黄槐决明

形态特征：落叶小乔木，高 5 ~ 7m。偶数羽状复叶；叶柄及最下 2 ~ 3 对小叶间的叶轴上有 2 ~ 3 枚棍棒状腺体；小叶 14 ~ 18 枚，长椭圆形或卵形，长 2 ~ 5cm，宽 1 ~ 1.5cm，先端圆，微凹，基部圆，常偏斜，背面粉绿色。伞房状花序生于枝条上部的叶腋，长 5 ~ 8cm；花黄色或深黄色，长 1.5 ~ 2cm；雄蕊 10，全部发育；下面的 2 ~ 3 枚雄蕊的花药较大；子房有毛。荚果条形，长 7 ~ 10cm，宽 0.8 ~ 1.2cm。全年开花结果。

习性：喜高温高湿、光照，不耐寒。耐水湿，喜肥。

分布：中国东南部及南部栽培。

园林应用：园景树、庭荫树、园路树。

12 翅荚决明 *Cassia alata* Linn.　决明属

形态特征：常绿直立灌木，高 1.5 ~ 3m。叶长 30 ~ 60cm；在靠腹面的叶柄和叶轴上有二条纵棱条，有狭翅；小叶 6 ~ 12 对，薄革质，倒卵状长圆形或长圆形，长 8 ~ 15cm，宽 3.5 ~ 7.5cm，顶端圆钝而有小短尖头，基部斜截形，下面叶脉明显凸起小叶柄极短或近无柄。花序顶生和腋生，具长梗，单生或分枝，长 10 ~ 50cm；花直径约 2.5cm；花瓣黄色，有明显的紫色脉纹；7 枚雄蕊发育，下面二枚的花药大。荚果长带状，长 10 ~ 20cm，宽 1.2 ~ 1.5cm。花期 11 ~ 1 月；果期 12 ~ 2 月。

习性：耐干旱，耐贫瘠，喜光耐半阴，喜高温湿润气候，不耐寒，不耐强风。

分布：云南南部、湖南、广西与广东。

园林应用：园景树、绿篱等。

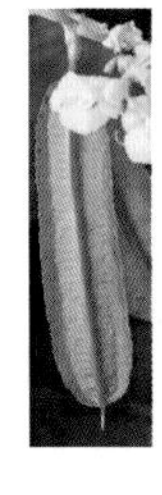

13 铁刀木 *Cassia siamea* Lam. 决明属

别名：黑心树、孟买黑檀

形态特征：常绿乔木，高可达 20m。偶数羽状复叶，小叶 6 ~ 11 对，薄革质，长椭圆形，长 3.5 ~ 7cm，宽 1.5 ~ 2cm，顶端圆钝，微凹陷而有短尖头，基部近圆形，叶背稍被脱落性的短柔毛；托叶早落。花为伞房状总状花序，腋生或顶生，排成圆锥状，花序轴被灰黄色短柔毛；萼片 5 深裂，花径约 2.5cm，花瓣 5，黄色，雄蕊 10 枚，7 枚发育。荚果条状，扁平，两端渐尖，长 15 ~ 30cm，宽 1 ~ 1.5cm。

习性：喜光、不耐荫蔽。不耐寒，凡有霜冻、寒害的地方均不能生长。

分布：福建、台湾、海南、广西、云南和广州市。

园林应用：行道树、庭荫树、防护林树种。

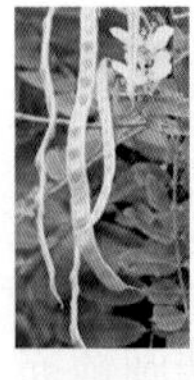

14 紫荆 *Cercis chinensis* Bunge 紫荆属

别名：满条红

形态特征：落叶灌木或小乔木。叶近圆形，长 5cm ~ 10cm，基部心形，先端急尖。花先叶开放，4 朵 ~ 12 朵簇生为短总状花序，生于老枝上，玫瑰红色，有白色变种。花期 3 ~ 4 月。荚果扁狭长形，绿色，长 4 ~ 8cm。果期 8 ~ 10 月。

习性：较耐寒，喜肥沃和排水良好的土壤。

分布：河北以南，云南以东都有应用。

园林应用：园景树。

15 湖北紫荆 *Cercis glabra* Pampan. 紫荆属

别名：巨紫荆、湖北紫荆

形态特征：落叶乔木。胸径可达 40cm，高 5 ~ 15m。因为巨大，又和常见的灌木状紫荆相像而得名巨紫荆。叶心脏形或近圆形，叶柄红褐色，花于 3 至 4 月在叶前开放，簇生于老枝上，花冠紫红色，形似紫蝶，花期达半月之久。小枝灰黑色，皮孔淡灰色。果荚呈暗红色。

习性：不耐寒、耐旱，不怕水渍，喜光。

分布：浙江、河南、湖北、广东、贵州等地。

园林应用：园路树，庭荫树、园景树。

16 紫羊蹄甲 *Bauhinia purpurea* L. 羊蹄甲属

别名：玲甲花

形态特征：常绿小乔木，高达 10m。叶近革质，宽椭圆形至近圆形，长 5 ~ 12cm，先端分裂至 1/3 ~ 1/2 处，掌状脉 9 ~ 13 条。花大，淡玫瑰红色，芳香；花瓣倒披针形，发育雄蕊 3 ~ 4。果长 13 ~ 24cm，略弯曲。

花期 9 ~ 11 月，果期 12 月。

习性：喜光，喜暖热湿润气候，喜肥沃而排水良好的壤土，亦耐干旱。

分布：福建、广东、广西、云南等地，海南、台湾有栽培。

园林应用：行道树、园景树、园路树、庭荫树。

17 红花羊蹄甲 *Bauhinia blakeana* Dunn.

羊蹄甲属

别名：红花紫荆

形态特征：常绿乔木，高达 15m。树冠广卵形。小枝细长下垂，被毛。叶圆形或阔心形，长阔约为 8 ~ 15cm，革质，青绿色，背面疏被短柔毛，腹面无毛，通常有脉 11 ~ 13 条，顶端 2 裂，裂片约为全长的 1/3 ~ 1/4，有钝头。总状花序长约 20cm，花紫红色，芳香，径 12 ~ 15cm，通常不结实。在广州地区花期 10 月上旬至次年 6 月下旬。

习性：喜光。不甚耐寒，喜肥厚、湿润的土壤，忌水涝。萌蘖力强，耐修剪。

分布：广东、广西、福建、海南有分布。

园林应用：行道树、园路树、庭荫树、园景树、特殊环境绿化（海滨绿化）。

18 龙须藤 *Bauhinia championii* (Benth.) Benth.

羊蹄甲属

别名：钩藤

形态特征：攀援、木质大藤本；有卷须，叶纸质，卵形，先端锐尖、圆钝或 2 裂至全叶的 1/2 ~ 1/3，基部圆形或截形，基出脉 5 ~ 7 条，在下面突起；叶柄长 2 ~ 3.5cm。总状花序顶生或与叶对生或数个再组成复总状花序，长 10 ~ 20cm；花梗长约 10 ~ 15mm；花形小，径 6 ~ 8mm；萼深裂，裂片长尖，长 3mm；花瓣白色，长约 4mm；能育雄蕊 3，雌蕊长约 6mm，仅沿背缝线有短绒毛。荚果扁平。花期 5 ~ 7 月，果期 7 ~ 10 月。

习性：喜光，较耐阴湿。海拔 700m.

分布：长江以南各地。

园林应用：垂直绿化（棚架、门廊、枯树及岩石绿化），地被，水边绿化。

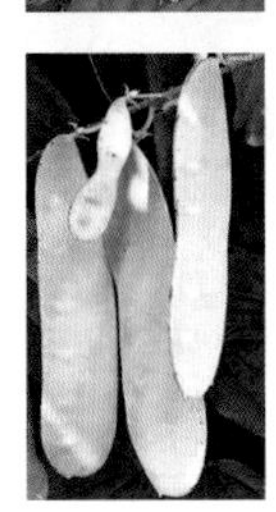

19 鄂羊蹄甲 *Uauhinia glauca* Benth. *subsp. hupehana* T.Chen

羊蹄甲属

别名：湖北羊蹄甲

形态特征：木质藤本，被稀疏红棕色柔毛。茎纤细，四棱，卷须 1 个或 2 个对生。单叶互生；叶柄长 3.5 ~ 4.5cm；叶片肾形或圆形，长 3 ~ 8cm，宽 4 ~ 9cm，先端分裂，裂片顶端圆形，全缘，基部心形至截平，下面疏生红褐色柔毛；叶片分裂仅及叶长的 1/4 ~ 1/3。叶脉掌状，7 ~ 9 条。伞房花序顶生，长 5 ~ 8cm，花序轴、花梗密被红棕色柔毛；花萼管状，有红棕色毛；花冠粉红色，花瓣 5，匙形，除边缘外均被红棕色长柔毛，边缘皱波状，基部楔形，长 1 ~ 1.5cm；能育雄蕊仅 3 枚，花丝长约 1.5 ~ 2cm。荚果条形，扁平，有明显的网脉，长 14 ~ 30cm，宽 4 ~ 5cm。花期 4 ~ 6 月，果期 8 ~ 9 月。

习性：喜温暖气候，不耐严寒。

分布：四川、湖南、湖北、江西、云南、贵州、广东等地。

园林应用：垂直绿化（棚架、门廊、枯树及岩石绿化），地被，水边绿化。

20 翅荚木 *Zenia insignis* Chun　　任豆属

别名：任木、砍头树

形态特征：落叶乔木，高达 30m。一回奇数羽状复叶，互生，长 25 ~ 45cm，小叶 19 ~ 27 枚，互生，膜质，矩圆状披针形，长 6 ~ 10cm，宽 2 ~ 3cm，先端急尖或渐尖，基部圆形，表面无毛，背面密被白色或灰褐色至棕褐色毛；小叶柄长 2 ~ 3mm。花长约 14mm，萼片 5，长圆形，长 10 ~ 12mm，花瓣稍长，倒卵形，最上面的一枚花瓣较阔；雄蕊 4(5)。荚果红棕色，长圆形或椭圆状长圆形，长 10 ~ 15cm，宽 3 ~ 3.8cm，翅宽 0.6 ~ 1cm，网纹明显。花期 5 月，果期 6 ~ 8 月。

习性：强阳性，耐干旱，萌芽力强，生长快。

分布：广西西部、云南东部、湖南南部、广东北部及贵州。

园林应用：行道树、园路树、庭荫树、园景树、风景林、树林、护林。

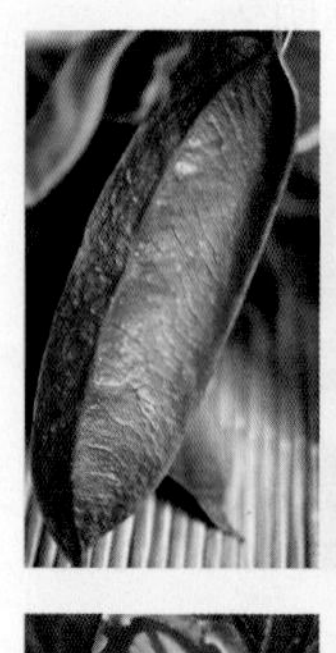

21 仪花 *Lysidice rhodostegia* Hance　　仪花属

别名：单刀根

形态特征：灌木或小乔木，高 2 ~ 5m，很少超过 10m。小叶 3 ~ 5 对，纸质，长椭圆形或卵状披针形，长 5 ~ 16cm，宽 2 ~ 6.5cm，先端尾状渐尖，基部圆钝；侧脉近平行，两面明显；小叶柄粗短，长 2 ~ 3mm。圆锥花序长 20 ~ 40cm；苞片、小苞片粉红色，卵状长圆形或椭圆形，苞片长 1.2 ~ 2.8cm，宽 0.5 ~ 1.4cm，小苞片小，长 2 ~ 5mm；萼管长 1.2 ~ 1.5cm，比萼裂片长 1/3 或过之，萼裂片长圆形，暗紫红色；花瓣紫红色，阔倒卵形，连柄长约 1.2cm，先端圆而微凹；能育雄蕊 2 枚。荚果倒卵状长圆形，长 12 ~ 20cm，基部 2 缝线不等长。花期 6 ~ 8 月；果期 9 ~ 11 月。

习性：喜光，不耐寒。耐瘠薄，喜深厚、肥沃、排水良好的土壤。

分布：广东、广西和云南。

园林应用：庭荫树和行道树。

22 短萼仪花 *Lysidice brevicalyx* Wei　仪花属

别名：麻轧木

形态特征：乔木，高 10 ~ 20m，胸径 20 ~ 30cm，小叶 3 ~ 4 对，近革质，长圆形、倒卵状长圆形或卵状披针形，长 6 ~ 12cm，宽 2 ~ 5.5cm，先端钝或尾状渐尖，基部楔形或钝。圆锥花序长 13 ~ 20cm，披散，苞片和小苞片白色，阔卵形、卵状长圆形或长圆形，苞片长 1.5 ~ 3.1cm，小苞片长 0.5 ~ 1.5cm；花瓣倒卵形，连柄长 1.6 ~ 1.9cm，紫色；退化雄蕊 8 枚或 5 ~ 6 枚。荚果长圆形或倒卵状长圆形，长 15 ~ 26cm，宽 3.5 ~ 5cm，二缝线等长或近等长，开裂。花期 4 ~ 5 月；果期 8 ~ 9 月。

习性：喜光、温暖和潮湿的环境。

分布：广东、香港、广西、贵州及云南等省。

园林应用：行道树，庭荫树。

23 中国无忧花 *Saraca dives* Pierre　无忧花属

别名：火焰花

形态特征：常绿乔木，高达 5 ~ 20m。叶有小叶 5 ~ 6 对，嫩叶略带紫红色，下垂；小叶近革质，长椭圆形、卵状披针形或长倒卵形，长 15 ~ 35cm，宽 5 ~ 12cm，基部 1 对常较小，先端渐尖、急尖或钝，基部楔形，侧脉 8 ~ 11 对；小叶柄长 7 ~ 12mm。花序腋生，较大，总轴被毛或近无毛；总苞大，阔卵形，被毛，早落。荚果棕褐色，扁平，长 22 ~ 30cm，宽 5 ~ 7cm；种子 5 ~ 9 颗，扁平。花期 4 ~ 5 月有，果期 7 ~ 10 月。

习性：喜温暖、湿润的亚热带气候，不耐寒。喜砂质土壤。

分布：南亚热带和热带乡土树种。

园林应用：园路树，庭荫树，园景树。

24 酸豆 *Tamarindus indica* Linn　酸豆属

别名：罗望子、酸角

形态特征：乔木，可高达 25m。树皮不规划纵裂。小叶小，长圆形，长 1.3 ~ 2.8cm，宽 5 ~ 9mm，先端圆钝或微凹，基部圆糯偏斜，无毛。花黄色或杂以紫红色条纹；总花梗和花梗被黄绿色短柔毛；小苞片 2 枚，长约 1cm。花瓣倒卵形，与萼片近等长，边缘波状，皱状。荚果肥厚，扁圆筒状，外果皮薄脆，中果皮厚肉质；种子椭圆状，每果中含 3 ~ 14 颗，深褐色，具光泽。状如豆荚，味道酸中带甜，成熟后的豆荚呈红色。花期 5 ~ 8 月有，果期 12 月至翌年 5 月。

习性：喜高温、长日照、干燥气候。开花结果需要在平均 10℃以上。

分布：台湾、广州有引种栽培。

园林应用：园路树、庭荫树、园景树、风景林、树林。

六十三 蝶形花科 Fabaceae

1 花榈木 *Ormosia henryi* Prain　　红豆属

别名：花梨木、红豆树

形态特征：常绿乔木，高 16m。奇数羽状复叶，长 13~32.5cm；小叶 2~3 对，革质，椭圆形或长圆状椭圆形，长 4.3~13.5cm，宽 2.3~6.8cm，先端钝或短尖，基部圆或宽楔形，叶缘微反卷，上面无毛，下面及叶柄均密被黄褐色绒毛，侧脉 6~11 对，与中脉成 45° 角。圆锥花序顶生，或总状花序腋生；长 11 ~ 17cm；花长 2cm，径 2cm；花梗长 7 ~ 12mm；；花冠中央淡绿色，边缘绿色微带淡紫；雄蕊 10。荚果扁平，长椭圆形，长 5 ~ 12cm，宽 1.5 ~ 4cm，顶端有喙，果瓣革质，种子 4 ~ 8 粒，种皮鲜红色。花期 7 ~ 8 月，果期 10 ~ 11 月。

习性：喜温暖，有一定的耐寒性。喜湿润土壤，忌干燥。

分布：长江以南地区。海南、云南及两广有引种栽培。

园林应用：园路树、庭荫树、园景树。

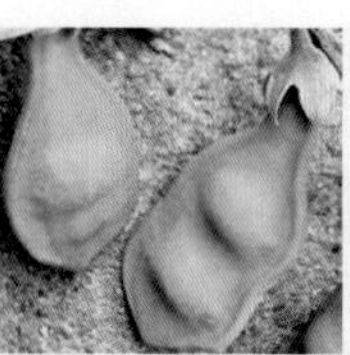

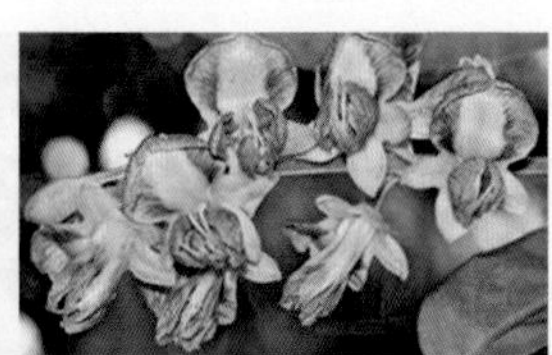

2 槐 *Sophora japonica* L.　　槐属

别名：国槐、守宫槐、槐花木

形态特征：落叶乔木，高达 25m。小枝绿色；有明显淡黄褐色皮孔。小叶 7 ~ 17 枚，卵圆形至卵状披针形，长 2.5 ~ 5cm，先端急尖，基部圆或阔楔形。叶下面有白粉及平伏毛。圆锥花序；花淡黄绿色，翼瓣、龙骨瓣边缘稍带紫色。果长 2 ~ 8cm，果皮内质，不开裂。花期 6 ~ 8 月，果期 9 ~ 10 月。

习性：喜光、喜干冷气候及沙质土壤。耐寒、耐旱，萌芽性强，耐修剪。对二氧化硫、氯气、氯化氢等有害气体及烟尘抗性较强。

分布：自辽宁以南，云南以东都有种置。

园林应用：行道树、园路树、园景树、庭荫树。

3 龙爪槐 *Sophora japonica* L. 'Pendula' 槐属

别名：蟠槐、垂槐、盘槐

形态特征：落叶乔木，小枝柔软下垂，树冠如伞，状态优美，枝条构成盘状，上部蟠曲如龙，老树奇特苍古。树势较弱，主侧枝差异性不明显，大枝弯曲扭转，小枝下垂，冠层可达 50 ~ 70cm 厚，层内小枝易干枯。枝条柔软下垂，其萌发力强，生长速度快。

习性：喜光、喜干冷气候及沙质土壤。耐寒、耐旱，萌芽性强，耐修剪。对二氧化硫、氯气、氯化氢等有害气体及烟尘抗性较强。

分布：自辽宁以南，云南以东都有种置。

园林应用：园景树、盆栽。

4 黄枝槐 *Sophora japonica* L.‘Chrysoclada’ 槐属

别名：金枝国槐，金枝槐

形态特征：落叶乔木，树冠近圆球形；树皮光滑，枝条金黄色。叶互生，6 ~ 16 片组成羽状复叶，小叶椭圆形，长 2.5 ~ 5 cm，光滑，淡黄绿色。

习性：耐寒，能抵抗 -30℃的低温；耐干旱，耐瘠薄。

分布：沈阳以南、广州以北各地均有栽培。

园林应用：园路树、庭荫树、园景树、风景林、树林。

5 锦鸡儿 *Caragana sinica* (Buc'hoz) Rehd. 锦鸡儿属

别名：黄雀花

形态特征：落叶丛生灌木，高达 1.5m。枝开展，有棱，皮有丝状剥落。托叶成针刺状，偶数羽状复叶，小叶 4 枚，上面一对小叶较大；小叶倒卵形，先端圆或微凹，暗绿色。4 ~ 5 月开花，花单生，黄色稍带红，凋谢时褐红色。荚果圆筒状，果期 5 ~ 6 月。

习性：喜光，耐寒，耐旱，耐瘠薄，喜温暖、湿润，排水良好的沙质壤土，忌湿涝。

分布：河北、陕西、河南、江苏、浙江、福建、江西、四川、贵州、云南等省区。

园林应用：园景树、盆栽及盆景观赏。

6 金雀儿 *Caragana rosea* Turcz. ex Maxim. 锦鸡儿属

别名：红花锦鸡儿

形态特征：落叶灌木，高达1～2m。长枝上托叶刺宿存，叶轴刺脱落或宿存。叶状复叶互生，小叶4，呈掌状排列，楔状倒卵形，长1～2.5cm，先端圆或微凹，具短刺尖，背面无毛。花单生，橙黄带红色，花谢时变紫红色，萼筒常带紫色。5～6月开花。果期7～8月。

习性：喜光，耐寒，耐干旱瘠薄。

分布：我国北部或东北部。

园林应用：园景树、基础种植、绿篱、地被植物。

7 鱼鳔槐 *Colutea arborescens* Linn. 鱼鳔槐属

形态特征：落叶灌木。植株高达4m，小枝幼时有毛，小叶9～13枚，椭圆形，长1.5～3.0cm，端凹，有突尖，叶背有突毛。总状花序具花3～8朵，旗瓣向后反卷，有红条纹，翼瓣与龙骨瓣等长。荚果扁囊状，有宿存花柱。花鲜黄色，花果期4～10月。

习性：喜光照充足的环境。

分布：北京、青岛、南京、上海等地有栽培。

园林应用：园景树、基础种植、盆栽观赏。

8 刺槐 *Robinia pseudoacacia* Linn. 刺槐属

别名：洋槐

形态特征：落叶乔木，高10～25m；树皮褐色，有纵裂纹。枝条具托叶刺。羽状复叶有小叶7～25，互生，椭圆形或卵形，长2～5.5cm，宽1～2cm，顶端圆或微凹，有小尖头，基部圆形。花白色，花萼筒上有红色斑纹。花果期4～6月。果期8～9月。

习性：强阳性；耐干旱瘠薄。对有毒气体抗性较强，并对臭氧及铅蒸气具有一定吸收能力，滞粉尘、烟尘能力亦很强。

分布：华北、西北、东北南部的广大地区。

园林应用：庭荫树、行道树、特殊环境绿化、防护林。

9 黄檀 *Dalbergia hupeana* Hance 黄檀属

别名：白檀、不知春、檀树

形态特征：落叶乔木，高达20m。树皮条状纵裂，小枝无毛。小叶9～11枚，长圆形至宽椭圆形，长3～5.5cm，叶先端钝圆或微凹，叶基圆形，两面被伏贴短柔毛；托叶早落。圆锥花序顶生或生于近枝顶处叶腋；花冠淡紫色或黄白色。果长圆形，3～7cm，褐色。花期6月，果期9～10月。

习性：喜光，耐干旱瘠薄；深根性，萌芽性强。海拔600～1400m。

分布：山东、安徽、长江中下游及华南、西南等省。

园林应用：园景树、防护林、特殊环境绿化。

10 象鼻藤 *Dalbergia mimosoides* Franch. 黄檀属

别名：含羞草叶黄檀

形态特征：落叶灌木，高 4 ~ 6m。羽状复叶长 6 ~ 8cm；托叶膜质，早落；小叶 10 ~ 17 对，线状长圆形，长 6 ~ 12mm，宽 5 ~ 6mm，先端截形、钝或凹缺，基部圆或阔楔形，老时无毛或近无毛；花枝上的幼嫩小叶边缘略呈波状。圆锥花序腋生，比复叶短，长 1.5 ~ 5cm，分枝聚伞花序状；花冠白色或淡黄色，花瓣具短柄；雄蕊 9，偶有 10 枚。荚果无毛，长圆形至带状，扁平，长 3 ~ 6cm，宽 1 ~ 2cm，顶端急尖，基部钝或楔形，有种子 1 粒。花期 4 ~ 5 月。

习性：生于山沟疏林或山坡灌丛中，海拔 800 ~ 2000m。

分布：云南、贵州、四川、广东、广西、湖南、江西、浙江、陕西、甘肃。

园林应用：园景树、盆栽及盆景观赏。

11 降香黄檀 *Dalbergia odorifera* T. Chen 黄檀属

别名：降香檀、花梨木

形态特征：乔木，高 10 ~ 20m。小枝具密极小皮孔。奇数羽状复叶，长 15 ~ 26cm. 小叶 9 ~ 13，近纸质，卵形或椭圆形，长 3.5 ~ 8cm，宽 1.5 ~ 4.0cm，先端急尖，钝头，基部圆形或宽楔形。圆锥花序腋生，由多数聚伞花序组成，长 4 ~ 10cm；花淡黄色或乳白色；花瓣近等长，均具爪；雄蕊 9，1 组。荚果舌状，长椭圆形，扁平，不开裂，长 5 ~ 8cm，宽 1.5 ~ 1.8cm，果瓣革质，有种子部分明显隆起，。

习性：喜光、喜高温多雨环境。

分布：产海南中部和南部。华南主要城市有栽培。

园林应用：庭荫树、园路树、园景树。

12 海南黄檀 *Dalbergia hainanensis* Merr. et Chun 黄檀属

形态特征：乔木，高 9 ~ 16m。羽状复叶长 15 ~ 18cm；叶轴、叶柄被褐色短柔毛；小叶 4 ~ 5 对，纸质，卵形或椭圆形，长 3 ~ 5.5cm，宽 2 ~ 2.5cm，先端短渐尖，基部圆或阔楔形。小叶柄长 3 ~ 4mm。圆锥花序腋生，连总花梗长 4 ~ 9cm，4 ~ 10cm；花萼长约 5mm；花冠粉红色；雄蕊 10，成 5+5 的二体。荚果长圆形，倒披针形或带状，长 5 ~ 9cm，宽 1.5 ~ 1.8cm。

习性：生于山地疏或密林中。

分布：海南。

园林应用：行道树、园景树。

13 香花崖豆藤 *Millettia dielsiana* Harms.

崖豆藤属

别名：山鸡血藤

形态特征：常绿攀援灌木。小叶 5，长椭圆形、披针形或卵形，长 5 ~ 15cm，宽 2.5 ~ 5cm，先端急尖，基部圆形，下面疏生短柔毛或无毛，叶柄、叶轴有短柔毛，小托叶锥形，与小叶柄几等长。圆锥花序顶生，长达 40cm，密生黄褐色绒毛，花单生于序轴的节上，萼钟状，花冠紫色；花萼阔钟状，外面有毛；花冠紫红色，旗瓣阔倒卵形，外部银褐色绢毛。荚果带状，长 7 ~ 12cm，宽约 2cm，密被灰色绒毛。花期 4 ~ 6 月，果期 10 ~ 11 月。

习性：耐荫；适应性强。海拔 500 ~ 1400m。

分布：陕西、甘肃以南及西南各省。

园林应用：地被、垂直绿化、特殊环境绿化。

14 网络崖豆藤 *Millettia reticulata* Benth.

崖豆藤属

别名：鸡血藤

形态特征：藤本植物。小枝圆形。羽状复叶长 10~20cm；叶柄长 2~5cm；叶柄无毛，上面有狭沟；小叶 3~4 对，硬纸质，卵状长椭圆形或长圆形，长 5~6，宽 1.5~4cm，先端钝，渐尖，或微凹缺，基部圆形，两面均无毛，或被稀疏柔毛。圆锥花序顶生或着生枝梢叶腋，长 10~20cm，常下垂，基部分枝，花序轴被黄褐色柔毛；花密集，单生于分枝上，苞片与托叶同形，早落，花冠红紫色。荚果线形，长约 15cm，宽 1~1.5cm，瓣裂。花期 5 ~ 11 月。

习性：喜光，喜温暖湿润气候，不耐寒，耐干旱瘠薄。海拔 1000m 以下

分布：西南、华南及长江中下游地区、台湾。

园林应用：垂直绿化。

15 紫藤 *Wisteria sineneis* (Sims) Sweet 紫藤属

别名：藤萝

形态特征：落叶藤本，长可达 30 余 m。小枝被柔毛。小叶 7 ~ 13，对生，全缘，卵状长圆形至卵状披针形，长 4.5 ~ 8cm，先端渐尖，老时近无毛；叶缘波浪状。花序长 10 ~ 30cm，花序轴、花梗及萼均被白色柔毛；花淡紫色，芳香。果长 10 ~ 15cm，密被银灰色有光泽之短绒毛。花期 4 ~ 6 月，果期 5 ~ 8 月

习性：喜光，喜温暖，也耐寒。有一定耐干旱、瘠薄和水湿能力，不耐移植。对二氧化硫、氟化氢和氯气

等有害气体抗性强。

分布：河北、内蒙古以南广大地区。

园林应用：园景树、地被植物、垂直绿化、盆栽及盆景观赏。

16 龙牙花 *Erythrina corallodendron* Linn. 刺桐属

别名：象牙红、珊瑚刺桐

形态特征：灌木，高达 4m；树干上有疏而粗的刺。小叶 3，菱状卵形，先端渐尖而钝；叶柄有刺。总状花序腋生；萼钟状；花冠红色，长可达 6cm。荚果长约 10cm，有数个种子，在种子间收缢；种子深红色，有黑斑。花期 6 月～ 11 月。

习性：喜高温、多湿和光充足环境，不耐寒，稍耐阴，喜沙壤。

分布：广州、云南有栽培。

园林应用：园景树、盆栽及盆景观赏。

17 胡枝子 *Lespedeza bicolor* Turcz. 胡枝子属

别名：随军茶、杭子梢

形态特征：常绿灌木，高 0.5 ～ 2m。3 小叶，顶生小叶宽椭圆形或卵状椭圆形，长 3 ～ 6cm，宽 1.5 ～ 4cm，先端圆钝，有小尖，基部圆形，上面疏生伞状短毛，下面毛较密；倒生叶较小。总状花序腋生，花冠紫色，旗瓣长约 1.2cm，无爪，翼瓣长约 1cm，有爪，龙骨瓣与旗瓣等长，基部有长爪。荚果斜卵形，长约 10mm，宽约 5mm，网脉明显，有密柔毛。

习性：喜光，耐半荫；耐干旱瘠薄。

分布：河北、东北、内蒙古、华北、西北及长江中下游各省。

园林应用：防护林、基础种植、绿篱、地被植物、特殊环境绿化。

18 大叶胡枝子 *Lespedeza davidii* Franch. 胡枝子属

形态特征：落叶灌木。枝条密生柔毛。三出复叶；顶生小叶宽椭圆形，长 3.5 ～ 9cm，两面密生黄色绢毛，托叶卵状针形。总状花序腋生，花萼阔种形；萼齿 5 深裂，有柔毛；花冠蝶形，紫色；雄蕊 10；不具无瓣花。荚果倒卵形；种子椭圆形。花期 7 ～ 9 月，果期 9 ～ 11 月。

习性：生于较高的向阳山坡，路边，草丛中。

分布：江苏、安徽、浙江、江西、福建、河南、湖南、广东、广西、四川、贵州等省区。

园林应用：防护林、地被。

19 美丽胡枝子 *Lespedeza formosa* (Vog.) Koehne 胡枝子属

形态特征：落叶灌木，高可达 2m 以上。托叶常宿存；3 小叶复叶，叶轴长 3 ~ 7cm，小叶椭圆状或卵状椭圆形，先端急尖或钝圆，背面密被白柔毛，小叶叶柄粗壮，长约 2mm，总状花序较叶轴长，单生或排成圆锥状，总花梗及小花梗均被白色柔毛，花紫红色，花两性，长约 1cm，花萼被毛，萼裂长于萼筒，花盛开时龙骨瓣与旗瓣近等长，荚果卵形或矩圆形，长 5 ~ 12cm，稍偏斜，先端有短尖，被锈毛。花期 7 ~ 9 月，果期 9 ~ 10 月。

习性：喜光，喜肥，较耐寒，较耐干旱，但在温厚湿润肥沃土壤中生长尤显良好。

分布：河北、山西、山东、河南、华东、华南、西南地区。

园林应用：防护林、地被。

20 常春油麻藤 *Mucuna sempervirens* Hemsl. 黧豆属

别名：常绿油麻藤、油麻藤

形态特征：常绿木质藤本。复叶互生，小叶 3 枚；顶端小叶卵形或长方卵形，长 7 ~ 12cm，宽 5 ~ 7cm，先端尖尾状，基部阔楔形；两侧小叶长方卵形，先端尖尾状，基部斜楔形或圆形，小叶均全缘，绿色无毛。总状花序，花大；花萼外被浓密绒毛，钟裂；花冠深紫色或紫红色；雄蕊 10 枚，二体。荚果扁平，木质，密被金黄色粗毛，长 30 ~ 60cm，宽 2.8 ~ 3.5cm。花期 3 ~ 4 月。果期 8 ~ 10 月。

习性：喜光，较耐阴湿。海拔 300 ~ 3000m。

分布：陕西、四川、贵州、云南、湖南、广东、广西、福建等省。

园林应用：垂直绿化、地被等。

21 葛 *Pueraria lobata* (Willd.) Ohwi 葛属

别名：野葛、葛藤

形态特征：落叶缠绕藤本，块根肥厚；全株有黄色长硬毛。三出复叶互生，顶生小叶菱状卵形，全缘或波状 3 浅裂；侧生小叶偏斜，2 ~ 3 裂；托叶盾形。花紫红色，成腋生总状花序，8 ~ 9 月开花，果期

11 ~ 12 月。

习性：喜光，耐酸性，耐旱，耐寒。

分布：我国除新疆、西藏外，分布全国。

园林应用：地被、垂直绿化。

22 紫穗槐 *Amorpha fruticosa* Linn. 紫穗槐属

别名：棉槐

形态特征：落叶灌木。高 1 ~ 4m，丛生、枝叶繁密，直伸，皮暗灰色，平滑，小枝灰褐色，有凸起锈色皮孔，幼时密被柔毛。叶互生，奇数羽状复叶，小叶 11 ~ 25，卵形，狭椭圆形，先端圆形，全缘，叶内有透明油腺点。总状花序密集顶生或要枝端腋生，花轴密生短柔毛，萼钟形，常具油腺点，旗瓣蓝紫色，翼瓣，龙骨瓣均退化。荚果弯曲短，长 7 ~ 9mm、棕褐色，密被瘤状腺点，不开裂。花果期 5 ~ 10 月。

习性：喜光、耐寒、耐旱、耐湿、耐盐碱、抗风沙。

分布：东北、华北、河南、华东、湖北、四川等省。

园林应用：防护林、特殊环境绿化。

23 木豆 *Cajanus cajan* (L.) Mill. 木豆属

形态特征：直立灌木，1 ~ 3m。小枝有明显纵棱，被灰色短柔毛。叶具羽状 3 小叶；叶柄长 1.5 ~ 5cm；小叶纸质，披针形至椭圆形，长 5 ~ 10cm，宽 1.5 ~ 3cm，先端渐尖或急尖，常有细凸尖，上面被极短的灰白色短柔毛。下面较密，有不明显的黄色腺点；小托叶极小；小叶柄长 1 ~ 2mm，被毛。总状花序长 3 ~ 7cm；总花梗长 2 ~ 4cm；花数朵生于花序顶部或近顶部；花萼钟状，长达 7mm，花序、总花梗、苞片、花萼均被灰黄色短柔毛；花冠黄色，长约为花萼的 3 倍。荚果线状长圆形，长 4 ~ 7cm，宽 6 ~ 11mm。花、果期 2 ~ 11 月。

习性：喜温，耐干旱，耐瘠薄，喜酸性土壤。

分布：西南、长江中下游、华南、台湾。

园林应用：园景树、水边绿化。

24 金链花 *Laburnum anagyroides* Medic. 毒豆属

形态特征：小乔木，高 2 ~ 5m。三出复叶，具长柄，长 3 ~ 8cm；托叶早落；小叶椭圆形至长圆状椭圆形，长 3 ~ 8cm，宽 1.5 ~ 3cm，纸质，先端钝圆，具细尖，基部阔楔形，上面平坦近无毛，下面被贴伏细毛，脉上较密，侧脉 6 ~ 7 对，近叶边分叉不明显。总状花序顶生，下垂，长 10 ~ 30cm；花序轴被银白色柔毛；苞片线形，早落；花长约 2cm，多数；花梗细，长 8 ~ 14mm；小苞片线形；萼歪钟形，稍呈二唇状，长约 5mm，上方 2 齿尖，下方 3 齿尖，均甚短，被贴伏细毛；花冠黄色，无毛；雄蕊单体。荚果线形，长 4 ~ 8cm。花期 4 ~ 6 月，果期 8 月。

习性：喜光，喜冬暖夏凉的气候。

分布：陕西等有栽培。

园林应用：园景树、庭荫树。

25 马棘 *Indigofera pseudotinctoria* Matsum. 木蓝属

形态特征：小灌木，高 1 ~ 3m。枝明显有棱。羽状复叶长 3.5 ~ 6cm；叶柄长 1 ~ 1.5cm；小叶 3 ~ 5 对，对生，椭圆形、倒卵形或倒卵状椭圆形，长 1 ~ 2.5cm，宽 0.5 ~ 1.1cm，先端圆或微凹，有小尖头，基部阔楔形或近圆形；小叶柄长约 1mm。总状花序，花开后较复叶为长，长 3 ~ 11cm，花密集；花萼钟状；花冠淡红色或紫红色。荚果线状圆柱形，长 2.5 ~ 4cm，径约 3mm，顶端渐尖。花期 5 ~ 8 月，果期 9 ~ 10 月。

习性：抗旱、耐瘠薄，不耐水淹。海拔 100 ~ 1300m。

分布：安徽、长江中下游各省区、西南和华南各省。

园林应用：园景树、防护林、水边绿化、特殊环境绿化。

六十四 胡颓子科 Elaeagnaceae

1 胡颓子 *Elaeagnus pungens* Thunb. 胡颓子属

别名：半春子、甜棒槌

形态特征：常绿灌木，高 4m。具棘刺。小枝锈褐色，被鳞片。叶革质，椭圆形或长圆形，长 5 ~ 10cm，叶端钝或尖，叶基圆形，叶缘微波状，叶表初时有鳞片后变绿色而有光泽，叶背银白色，被褐色鳞片；叶柄长 5 ~ 8mm. 花银白色，下垂，芳香，萼筒较裂片长，1 ~ 3 朵簇生叶腋。果椭圆形，长 1.2 ~ 1.4cm。被锈色鳞片，熟时红色。花期 9 ~ 12 月，果次年 3~6 月成熟。有金边、银边、金心等观叶变种。

习性：性喜光，耐半荫，喜温暖气候，不耐寒。耐干旱又耐水湿。对有毒气体抗性强。果鸟喜食。

分布：长江以南各省。

园林应用：园景树、基础种植、绿篱。

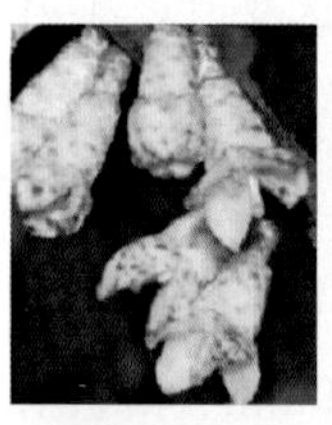

2 木半夏 *Elaeagnus multiflora* Thunb. 胡颓子属

别名：牛脱、羊不来

形态特征：落叶灌木，高达 3m，常无刺；枝密生褐锈色鳞片，叶纸质，椭圆形或卵形或倒卵状长椭圆形，长 3 ~ 7cm，宽 2 ~ 4cm，顶端钝或短尖，基部阔楔形，表面幼时有银白色星状毛和鳞片，后脱落，背面银白色，杂有褐色鳞片，叶柄长 4 ~ 6cm。花腋生，1 ~ 3 朵，黄白色，外面有银白色和褐色鳞片，萼筒约与裂片等长或稍长，裂片顶端圆形，基部收缩，雄蕊 4。

果实长倒卵形至椭圆形，密被锈色鳞片，成熟后红色；果梗细长，可达 3cm。花期 4 ~ 5 月，果熟期 6 月。

习性：性喜光略耐荫。

分布：长江中下游及河南各省。

园林应用：园景树、基础种植、绿篱。

3 秋胡颓子 *Elaeagnus umbellata* Thunb. 胡颓子属

别名：牛奶子

形态特征：落叶灌木，高达 4m，通常有刺；小枝黄褐色或带银白色。叶长椭圆形，长 3 ~ 8cm，表面幼时有银白色鳞斑，背面银白色或杂有褐色鳞斑。花黄白色，芳香，花被筒部较裂片为长；1 ~ 7 花簇生新枝基部成伞形花序。果卵圆形或近球形，长 5 ~ 7mm，橙红色。花期 4 ~ 5 月，果期 7 ~ 8 月。

习性：阳性，喜温暖气候，不耐寒。

分布：长江流域及其以北地区，北至辽宁、内蒙古、甘肃、宁夏。

园林应用：园景树、基础种植、绿篱。

4 佘山羊奶子 *Elaeagnus argyi* Lévl. 胡颓子属

别名：羊奶子

形态特征：落叶或半常绿灌木 2 ~ 3m。树冠伞形，有棘刺。发叶于春秋两季，大小不一，薄纸质；小叶倒卵状长椭圆形，长 6 ~ 10cm，宽 3 ~ cm，两端钝形，边缘全缘，稀皱卷，上面幼时具灰白色鳞毛，成熟后无毛，淡绿色，下面幼时具白色星状柔毛或鳞毛，成熟后常脱落，被白色鳞片，侧脉 8 ~ 10 对，上面凹下，近边缘分叉而互相连接;叶柄黄褐色，长 5 ~ mm。果长椭球形，长 1 ~ 1.5cm，红色。10 ~ 11 月开花；翌年 4 月果熟。

习性：适应性强。海拔 100 ~ 300m。

分布：长江中下游各省。

园林应用：园景树、基础种植、绿篱。

六十五 山龙眼科

1 红花银桦 *Grevillea banksii* R. Br. 银桦属

形态特征：常绿小乔木，树高可达 5m，幼枝有毛。叶互生，一回羽状裂叶，小叶线形，叶背密生白色毛茸。春至夏季开花，总状花序，顶生，花色橙红至鲜红色。蓇葖果歪卵形，扁平，熟果呈褐色。花、叶均美观。

习性：阳性树种，适宜排水性良好、略酸性土壤。

分布：原产澳大利亚东部。现广泛种植于世界热带、暖亚热带地区。我国南部、西南部地区有栽培。

园林应用：园景树、庭院书、绿篱等。

2 银桦 *Grevillea robusta* A.Cunn. ex R.Br. 银桦属

形态特征：常绿乔木，高 10 ~ 25m。叶长 15 ~ 30cm，二次羽状深裂，裂片 7 ~ 15 对，上面无毛或具稀疏丝状绢毛，下面被褐色绒毛和银灰色绢状毛，边缘背卷；叶柄被绒毛。总状花序，长 7 ~ 14cm，腋生，或排成少分枝的顶生圆锥花序；花梗长 1 ~ 1.4cm；花橙色或黄褐色；花药卵球状，长 1.5mm。果卵状椭圆形，长约 1.5cm，径约 7mm，果皮革质。花期 3 ~ 5 月，果期 6 ~ 8 月。

习性：喜光，喜温暖、湿润气候、根系发达，较耐旱。遇重霜和 -4℃低温枝条易受冻。对有害气体有一定的抗性，耐烟尘。

分布：云南、四川西南部、广西、广东、福建、江西南部、浙江、台湾等省区。

园林应用：行道树、庭荫树、风景林。

六十六 千屈菜科 Lythraceae

1 紫薇 *Lagerstroemia indica* L. 紫薇属

别名：百日红、痒痒树

形态特征：落叶灌木或小乔木，高达 3~6(8)m。树皮光滑；幼枝 4 棱，稍成翅状。叶互生或对生，近无柄，椭圆形、倒卵形或长椭圆形，顶端尖或钝，基部阔楔形或圆形，光滑无毛或沿主脉上有毛。圆锥花序顶生，长 4 ~ 20cm；花萼 6 裂，裂片卵形，外面平滑无棱；花瓣 6，红色或粉红色，边缘皱缩，基部有爪；雄蕊多数。蒴果椭圆状球形，长 9 ~ 13mm，宽 8 ~ 11mm。花期 6 ~ 9 月。

习性：喜光，稍耐阴；耐寒性不强；喜肥沃、湿润而排水良好的石灰性土壤，耐旱，怕涝。对二氧化硫、氟化氢及氮气的抗性强，能吸入有害气体。

分布：河北以南各省广泛种置。

园林应用：水边绿化、园景树、基础种植地被植物、盆栽及盆景观赏等。

2 大花紫薇 *Lagerstroemia speciosa* (L.) Pers. 紫薇属

别名：大叶紫薇

形态特征：落叶大乔木，高可达 25m。树皮灰色，平滑。叶革质，矩圆状椭圆形或卵状椭圆形，甚大，长 10 ~ 25cm，宽 6 ~ 12cm，顶端钝形或短尖，基部阔楔形至圆形，两面均无毛，侧脉 9 ~ 17 对，在叶缘弯拱连接；叶柄长 6 ~ 15mm。花淡红色或紫色，直径 5cm，顶生圆锥花序长 15 ~ 25cm，有时可达 46cm；花梗长 1 ~ 1.5cm；花萼有棱 12 条，被糠粃状毛，长约 13mm，6 裂，裂片三角形，反曲，内面无毛，附属体鳞片状；花瓣 6；雄蕊多数。蒴果球形至倒卵状矩圆形，长 2 ~ 3.8cm，直径约 2cm。花期 5 ~ 7 月，果期 10 ~ 11 月。

习性：喜光，喜温暖湿润气候。耐旱，怕涝。为

分布：广东、广西、福建。

园林应用：园景树、基础种植、盆栽及盆景观赏。

3 尾叶紫薇 *Lagerstroemia caudata* Chun et How ex S. Lee et L. Lau 紫薇属

别名：米杯、米结爱

形态特征：落叶乔木，高 18m，可达 30m。树皮光滑，成片状剥落。叶纸质至近革质，互生，稀近对生，阔椭圆形，长 7 ~ 12cm，宽 3 ~ 5.5cm，顶端尾尖或短尾状渐尖，基部阔楔形至近圆形，稍下延，中脉在上面稍下陷，在下面凸起，全缘或微波状；叶柄长 6 ~ 10mm。圆锥花序生于主枝及分枝顶端，长 3.5 ~ 8cm；花瓣 5 ~ 6，白色，阔矩圆形；雄蕊 18 ~ 28。蒴果矩圆状球形，长 8 ~ 11mm，直径 6 ~ 9mm。花期 4 ~ 5 月，果期 7 ~ 10 月。

习性：生长林边或疏林中，在广西东北部常见于石灰岩山上。

分布：广东、广西、江西等省。

园林应用：庭荫树、园景树、特殊环境绿化（石灰岩石山优良绿化树种之一）。

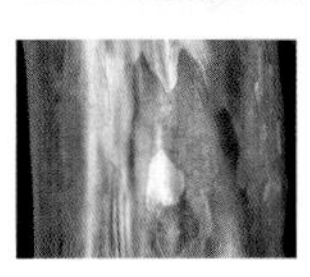

4 萼距花 *Cuphea hookeriana* Walp. 萼距花属

别名：细叶雪茄花、紫花满天星

形态特征：高 30 ~ 60 ㎝。茎具粗毛及短小硬毛。叶对生，披针形或卵状披针形，顶部的线状披针形，长 2 ~ 4 ㎝，中脉在下面凸起，有叶柄。花顶生或腋生；花萼被粘质柔毛或粗毛，基部有距；花瓣紫红色。花期自春至秋，随枝稍的生长而不断开花。

习性：喜光，稍耐荫；喜高温，不耐寒，在 5℃以下常受冻害；耐贫瘠土壤；耐修剪。

分布：热带、南亚热带地区园林中广泛应用。

园林应用：地被植物、盆栽及盆景观赏。

5 虾仔花 *Woodfordia fruticosa* (L.) Kurz 虾仔花属

形态特征：灌木，高 3 ~ 5m。叶对生，近革质，披针形或卵状披针形，长 3 ~ 14cm，宽 1 ~ 4cm，顶端渐尖，基部圆形或心形，上面无毛，下面被灰白色短柔毛，且具黑色腺点。1 ~ 15 花组成短聚伞状圆锥花序，长约 3cm；花梗长 3 ~ 5mm；萼筒花瓶状，鲜红色，长 9 ~ 15mm，裂片矩圆状卵形，长约 2mm；花瓣小而薄，淡黄色，线状披针形，与花萼裂片等长；雄蕊 12；花柱细长，超过雄蕊。蒴果膜质，线状长椭圆形，长约 7mm，开裂。花期春季。

习性：喜干旱炎热的河谷地带，酸性土壤，喜光。

分布：云南、贵州、广西等。

园林应用：园景树、盆栽。

六十七 瑞香科 Thymelaeaceae

1 瑞香 *Daphne odora* Thunb. 瑞香属

别名：千里香

形态特征：常绿灌木，高达 2m。小枝细长近圆柱形，带紫色，通常二歧分枝。叶互生，长椭圆形至倒披针形，长 5 ~ 8cm。先端钝或短尖，基部窄楔形，质较厚。无毛，上面深绿色。头状花序，顶生，白色或带紫红色、甚芳香。果肉质，圆球形。花期 3 ~ 5 月，果期 7 ~ 8 月。

习性：喜阴凉，不耐阳光曝晒。耐寒性差。不耐积水。耐修剪，易造型。

分布：长江流域以南各省区。

园林应用：园景树、基础种植、盆栽及盆景观赏。

2 芫花 *Daphne genkwa* Sieb.et Zucc. 瑞香属

别名：闷头花、闹鱼花

形态特征：落叶灌木，高通常 35 ~ 100cm。嫩枝密被淡黄色绢毛，老枝脱净。叶通常对生，很少互生，有短柄或近无柄；叶片纸质，长圆形至卵状披针形，长 3 ~ 4cm 或稍过之，嫩叶下面密被黄色绢毛，老叶仅下面中脉上略被绢毛。花于春季先叶开放，淡紫色，3 ~ 6 朵簇生叶腋；花被管状，长 14 ~ 16mm，外面被绢毛，顶部 4 裂，裂片卵形，长约 5mm，顶端钝圆；雄蕊 8，排成 2 轮；子房长约 2mm，被绢毛。核果成熟时白色。花期 3 ~ 5 月，果期 6 ~ 7 月。

习性：喜光，不耐庇荫，耐寒性较强。

分布：山东、河南、陕西及长江流域各省区。

园林应用：园景树、基础种植。

3 结香 *Edgeworthia chrysantha* Lindl. 结香属

别名：打结树、黄瑞香、梦花

形态特征：落叶灌木，高达 2m。枝棕红色，常呈三叉状分枝，有皮孔。叶互生，通常簇生于枝端，纸质，椭圆状长圆形或椭圆状披针形，长 8 ~ 20cm，宽 2 ~ 3.5cm，基部楔形，下延，全缘。顶生头状花序下垂；总花梗粗壮，总苞被柔毛，花梗无或极短；花多数，黄色，芳香；花被圆筒状，裂片 4，花瓣状；雄蕊 8。核果卵形，包于花被基部。花期 2 ~ 3 月，果期春夏间。

习性：喜半荫，耐日晒。耐寒性略差。忌积水，喜排水良好的肥沃土壤。萌蘖力强。

分布：河南、陕西以南至长江流域以南各省区。

园林应用：园景树、基础种植、绿篱、地被植物、盆栽及盆景观赏。

六十八 桃金娘科 Myrtaceae

1 柠檬桉 *Eucalyptus citriodora* Hook. f. 桉属

形态特征：常绿大乔木，高 28m，树干挺直；树皮光滑，灰白色，大片状脱落。幼态叶片披针形，有腺毛，基部圆形，叶柄盾状着生；成熟叶片狭披针形，宽约 1cm，长 10 ~ 15cm，稍弯曲，两面有黑腺点，揉之有浓厚的柠檬气味；过渡性叶阔披针形，宽 3 ~ 4cm，长 15 ~ 18cm；叶柄长 1.5 ~ 2cm。圆锥花序腋生；花梗长 3 ~ 4mm，有 2 棱；花蕾长倒卵形，长 6 ~ 7mm；萼管长 5mm，上部宽 4mm；帽状体长 1.5mm，比萼管稍宽，先端圆，有 1 小尖突；雄蕊长 6 ~ 7mm。蒴果壶形，长 1 ~ 1.2cm，宽 8 ~ 10mm。花期 4 ~ 9 月。

习性：喜高温多湿气候，不耐低温。绝对最低温度 0℃以上。

分布：华南有种置。

园林应用：园路树、庭荫树。

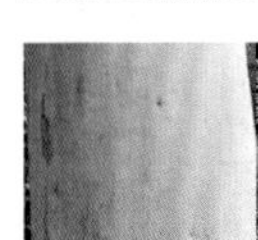

2 赤桉 *Eucalyptus camaldulensis* Dehnh. 桉属

形态特征：常绿大乔木，高 25m。树皮平滑，暗灰色。幼态叶对生，叶片阔披针形，长 6~9cm，宽 2.5~4cm；成熟叶片薄革质，狭披针形至披针形，长 6~30cm，宽 1~2cm，稍弯曲，两面有黑腺点，侧脉以 45 度角斜向上，边脉离叶缘 0.7mm；叶柄长 1.5~2.5cm，纤细。伞形花序腋生，有花 5~8 朵，总梗圆形，纤细，长 1~1.5cm；花梗长 5~7mm；雄蕊长 5~7mm，花药椭圆形，纵裂。蒴果近球形，宽 5 ~ 6mm，果缘突出 2~3mm，果瓣 4。花期 12 月 ~8 月。

习性：生长快，适应性强，喜光，耐高温、干旱，稍耐碱。

分布：南亚热带常绿阔叶林区和热带季雨林及雨林区。

园林应用：庭荫树、园路树。

3 蓝桉 *Eucalyptus globulus* Labill. 桉属

形态特征：常绿大乔木；树皮灰蓝色，片状剥落；嫩枝略有棱。幼态叶对生，叶片卵形，基部心形，无柄，有白粉；成长叶片革质，披针形，镰状，长 15~30cm，宽 1~2cm，两面有腺点，侧脉不很明显，以 35~40o 开角斜行，边脉离边缘 1mm；叶柄长 1.5~3cm，稍扁平。花大，宽 4mm，单生或 2~3 朵聚生于叶腋内；无花梗或极短；雄蕊长 8~13mm，多列，花丝纤细；花柱长 7~8mm。蒴果半球形，有 4 棱，宽 2~2.5cm。

习性：能耐零下低温，需水量大。

分布：云南、两广、福建、浙江、江西均有栽培。

园林应用：庭荫树、园路树、行道树。

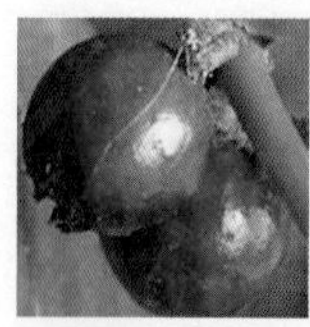

4 尾叶桉 *Eucalyptus urophylla* S.T.Blake 桉属

形态特征：常绿乔木。树皮红棕色，上部剥落，基部宿存。幼态叶披针形，对生；成熟叶披针形或卵形，互生，长 10 ~ 23cm，先端常尾尖，边脉细。花白色，伞状花序顶生，总状更扁，帽状花等腰圆锥形，顶端突兀。蒴果近球形，果瓣内陷。花期 12 月至次年 5 月。

习性：喜温暖湿润气候。

分布：我国广东、广西有栽培。

园林应用：园路树、庭荫树。

5 大叶桉 *Eucalyptus robusta* Smith 桉属

别名：桉

形态特征：常绿密荫大乔木，高 20m。嫩枝有棱。幼态叶对生，叶片厚革质，卵形，长 11cm，宽达 7cm，有柄；成熟叶卵状披针形，厚革质，不等侧，长 8 ~ 17cm，宽 3 ~ 7cm，侧脉多而明显，以 80o 开角缓斜走向边缘，两面均有腺点，边脉离边缘 1 ~ 1.5mm；叶柄长 1.5 ~ 2.5cm。伞形花序粗大，有花 4 ~ 8 朵，总梗压扁，长 2.5cm 以内；花梗短、长不过 4mm，有时较长，粗而扁平；花蕾长 1.4 ~ 2cm，宽 7 ~ 10mm；雄蕊长 1 ~ 1.2cm，花药椭圆形，纵裂。蒴果卵状壶形，长 1 ~ 1.5cm。花期 4 ~ 9 月。

习性：喜温暖湿润气候。

分布：西南部和南部有栽培。

园林应用：园路树、庭荫树，防护林（防风林树种）。

6 红千层 *Callistemon rigidus* R. Br. 红千层属

别名：瓶刷木

形态特征：常绿小乔木。树皮灰褐色；嫩枝有棱。叶片坚革质，线形，长5～9cm，宽3～6mm，先端尖锐，初时有丝毛，油腺点明显，干后突起，中脉在两面均突起，侧脉明显，边脉位于边上，突起;叶柄极短。穗状花序生于枝顶；萼齿半圆形，近膜质；花瓣绿色，卵形，长6mm，宽4.5mm，有油腺点;雄蕊长2.5cm，鲜红色；花柱比雄蕊稍长，先端绿色，其余红色。蒴果半球形，长5mm，宽7mm，果瓣稍下陷，3爿裂开，果爿脱落。花期集中在春末夏初。

习性：能耐－10℃低温和45℃高温。极耐旱耐瘠薄。

分布：长江以南都有种置。

园林应用：园景树、水边绿化、基础种植，防护林（防风林）、盆栽及盆景观赏等。

7 串钱柳 *Callistemon viminalis* Cheel. 红千层属

别名：垂枝红千层、多花红千层

形态特征：常绿灌木或小乔木，株高约2～5m。枝条细长且柔软，下垂如垂柳状。叶互生，披针形或狭线形。花顶生於树枝末梢，圆柱形穗状花序；树枝和花序柔软下垂，几乎每个枝条都能够开花，盛开时悬垂满树，色彩非常醒目，花期约在春至秋季(3～10月)。木质蒴果。

习性：喜暖热气候。耐寒。

分布：原产澳大利亚的新南威尔士及昆士兰，现时在全球不少城市或花园中担当当地的显花观赏植物。

园林应用：园路树、园景树、水边绿化、基础种植。

8 白千层 *Melaleuca leucadendron* Linn. 白千层属

别名：千层皮、脱皮树

形态特征:乔木，高18m。树皮灰白色，呈薄层状剥落。叶互生，叶片革质，披针形或狭长圆形，长4～10cm，宽1～2cm，两端尖，基出脉3～5条，多油腺点，香气浓郁;叶柄极短。花白色，密集于枝顶成穗状花序，长达15cm，花序轴常有短毛；萼管卵形，长3mm，有毛或无毛，萼齿5；花瓣5，卵形，长2～3mm，宽3mm；雄蕊约长1cm，常5～8枚成束。蒴果近球形，直径5～7mm。花期每年多次。

习性:喜温暖潮湿环境，喜光，耐干旱高温及瘠薄土壤，耐短期0℃低温。

分布：福建、台湾、广东、广西，云南等地有栽培。

园林应用：园路树、园景树、防护林。

9 黄金香柳 *Melaleuca bracteata* F. Muell. 'Revolution Gold' 白千层属

别名：千层金、金叶红千层

形态特征：常绿乔木，树高可达 6 ~ 8m。叶互生，披针形或狭线形，金黄色，夏至秋季开花，红色，但以观叶为主，树冠金黄柔美，风格独具。

习性：抗盐碱、抗水涝、抗寒热、抗台风。喜光，可耐 -7℃ ~-10℃的低温。

分布：长江以南各省。

园林应用：园景树、水边绿化、基础种植、盆栽及盆景观赏。

10 红果仔 *Eugenia uniflora* Linn. 番樱桃属

别名：巴西红果

形态特征：常绿灌木或小乔木，高可达 5m。叶对生，叶片纸质，卵形至卵状披针形，长 3.2 ~ 4.2cm，宽 2.3 ~ 3cm，先端渐尖或短尖，钝头，基部圆形或微心形，上面绿色发亮，下面颜色较浅，两面无毛，有无数透明腺点，侧脉以近 45° 开角斜出，离边缘约 2mm 处汇成边脉；叶柄长约 1.5mm。新生嫩叶红色，渐变绿。花白色，稍芳香，单生或数朵聚生于叶腋，短于叶；萼片 4，长椭圆形。浆果球形，直径 1 ~ 2cm，有 8 棱，熟时深红色。花期春季。

习性：喜温暖湿润的环境，不耐干旱，不耐寒。

分布：华南少量栽培。

园林应用：园路树、庭荫树、园景树、盆栽及盆景观赏等。

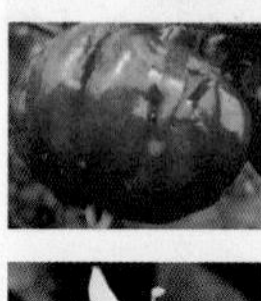

11 蒲桃 *Syzygium jambos* (L.) Alston 蒲桃属

别名：水蒲桃、响鼓

形态特征：常绿乔木，高 10m。叶片革质，披针形或长圆形，长 12 ~ 25cm，宽 3 ~ 4.5cm，先端长渐尖，基部阔楔形，叶面多透明细小腺点，侧脉 12 ~ 16 对，以 45 度开角斜向上，靠近边缘 2mm 处相结合成边脉，在下面明显突起，网脉明显；叶柄长 6 ~ 8mm。聚伞花序顶生，有花数朵，总梗长 1 ~ 1.5cm；花梗长 1 ~ 2cm，花白色，直径 3 ~ 4cm；花瓣分离，阔卵形，长约 14mm；雄蕊长 2 ~ 2.8cm；花柱与雄蕊等长。果实球形，果皮肉质，直径 3 ~ 5cm，成熟时黄色，有油腺点。花期 3 ~ 4 月，果熟 5 ~ 6 月。

习性：喜暖热气候。喜光、耐旱瘠和高温干旱，喜肥沃、深厚和湿润的土壤。耐水湿。

分布：台湾、海南、广东、广西、福建、云南、贵州和重庆等省。

园林应用：庭荫树、园景树、风景林、防护林树种。

12 赤楠 *Syzygium buxifolium* Hook. et Arn.

蒲桃属

形态特征：灌木或小乔木植物。高 1 ~ 6m。叶片革质，阔椭圆形至椭圆形，有时阔倒卵形，长 1.5 ~ 3cm，宽 1 ~ 2cm，先端圆或钝，有时有钝尖头，基部阔楔形或钝，侧脉多而密，脉间相隔 1 ~ 1.5mm，斜行向上，离边缘 1 ~ 1.5mm 处结合成边脉，在上面不明显，在下面稍突起；叶柄长 2mm。聚伞花序顶生，长约 1cm，有花数朵；花梗长 1 ~ 2mm；花蕾长 3mm；花瓣 4，分离，长 2mm；雄蕊长 2.5mm；花柱与雄蕊同等。果实球形，直径 5 ~ 7mm。花期 6 ~ 8 月。

习性：喜温暖潮湿环境和富含腐殖层土壤。稍耐寒。

分布：中国秦岭以南各省区。

园林应用：园景树、基础种植、绿篱、盆栽及盆景观赏等。

13 轮叶赤楠 *Syzygium grijsii* Merr. et Perry

蒲桃属

别名：轮叶蒲桃

形态特征：常绿灌木或小乔木；小枝四棱形。3 叶轮生，狭椭圆至倒披针形，长 1.5 ~ 3cm，先端钝，基部楔形。花小，白色；成顶生聚伞花序；5 ~ 6 月开花。果球形，径 4 ~ 5mm。

习性：喜好温暖潮湿环境和富含腐殖层土壤。稍耐寒。

分布：浙江、湖南、江西、广东、广西等地。

园林应用：园景树、基础种植、绿篱、盆栽及盆景观赏等。

14 红枝蒲桃 *Syzygium rehderianum* Merr. et Perry

蒲桃属

别名：红车

形态特征：常绿灌木至小乔木。嫩枝红色。叶革质，椭圆形至狭椭圆形，长 4 ~ 7cm，宽 2.5 ~ 3.5cm，先端急渐尖，尖尾长 1cm，尖头钝，基部阔楔形。叶下面多腺点，上面叶脉不明显，下面略突起，以 50o 开角斜向边缘，边脉离边缘 1 ~ 1.5mm。叶柄长 7 ~ 9mm。聚伞花序腋生或生于枝顶叶腋内，每分枝顶端有无梗的花 3 朵。果实椭圆状卵形，长 1.5 ~ 2cm，宽 1cm。花期 6 ~ 8 月。

习性：喜光，耐高温，喜肥沃土壤。海拔 160m 以下。

分布：广东、福建、广西等地。

园林应用：园景树、水边绿化、基础种植、绿篱、地被植物、盆栽及盆景观赏等。

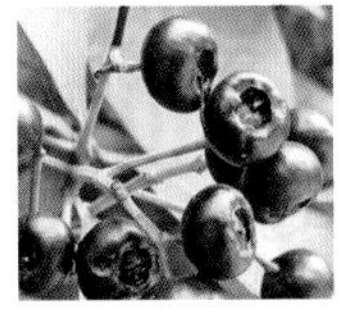

15 海南蒲桃 *Syzygium hainanense* Chang et Miau 蒲桃属

形态特征：常绿乔木，高 12m。叶片薄革质，椭圆形至长圆形，长 10 ~ 22cm，宽 5 ~ 8cm，先端钝或稍尖，基部变狭，圆形或微心形，下面多细小腺点，侧脉以 45 度开角斜行向上，离边缘 5mm 处互相结合成明显边脉，另在靠近边缘 1.5mm 处有 1 条附加边脉；叶柄不超过 4mm，有时近于无柄。聚伞花序顶生或腋生，长 5 ~ 6cm，有花数朵；花白色，花梗长约 5mm；萼齿 4，半圆形；雄蕊极多，长约 1.5cm。果实梨形或圆锥形，肉质，洋红色，发亮，长 4 ~ 5cm，顶部凹陷，有宿存的肉质萼片。花期 3 ~ 4 月，果实 5 ~ 6 月成熟。

习性：喜温怕寒，最适生长温度 25~30℃。

分布：华南有栽培。

园林应用：园路树、庭荫树、园景树。

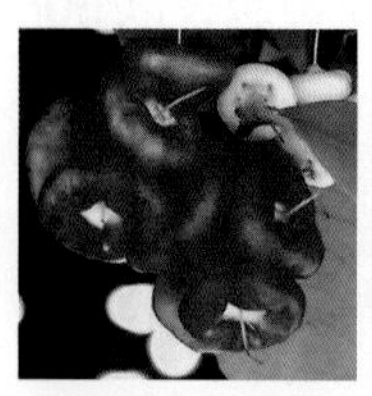

16 红鳞蒲桃 *Syzygium hancei* Merr. et Perry 蒲桃属

别名：红鳞树

形态特征：常绿乔木，高达 20m。叶片革质，狭椭圆形至长圆形或为倒卵形，长 3 ~ 7cm，宽 1.5 ~ 4cm，先端钝或略尖，基部阔楔形或较狭窄，上面有多数细小而下陷的腺点，下面同色，侧脉相隔约 2mm，以 60 度开角缓斜向上，在两面均不明显，边脉离边缘约 0.5mm；叶柄长 3 ~ 6mm。圆锥花序腋生，长 1 ~ 1.5cm，多花；无花梗；花蕾倒卵形，长 2mm；花瓣 4，分离，圆形，长 1mm，雄蕊比花瓣略短。果实球形，直径 5 ~ 6mm。花期 7 ~ 9 月。

习性：喜温暖湿润气候，适应性较强。

分布：福建、广东、广西等省区，湖南有引种。

园林应用：园路树、庭荫树、园景树、树林。

17 番石榴 *Psidium guajava* Linn 番石榴属

别名：喇叭番石榴

形态特征：常绿小乔木或灌木，高达 13m；树皮薄鳞片状剥落，平滑；小枝四棱形。单叶对生，叶背有绒毛并中肋侧脉隆起（叶脉表面下凹），长 6 ~ 12cm，长椭圆形，全缘。花白色，芳香，单生或 2 ~ 3 朵聚生叶腋，花两性，雄蕊多数，雌蕊 1 枚。浆果卵形或洋梨形，长 3 ~ 8cm，种子多数，小而坚硬。

习性：耐旱亦耐湿，喜光，最适温度 23 ~ 28℃。

分布：台湾、海南、广东、广西、福建、江西等省均有栽培。

园林应用：园景树、树林、水边绿化、基础种植、盆栽及盆景观赏。

六十九 石榴科 Punicaceae

1 石榴 *Punica granatum* Linn. 石榴属

别名：安石榴、若榴

形态特征：落叶灌木或乔木，高通常 3 ~ 5m。枝顶常成尖锐长刺，幼枝具棱角。叶通常对生，纸质，矩圆状披针形，长 2 ~ 9cm，顶端短尖、钝尖或微凹，基部短尖至稍钝形；叶柄短。花大，1 ~ 5 朵生枝顶；萼筒长 2 ~ 3cm，通常红色或淡黄色，裂片略外展，卵状三角形，长 8 ~ 13mm，外面近顶端有 1 黄绿色腺体;花瓣通常大，红色、黄色或白色，长 1.5 ~ 3cm，宽 1 ~ 2cm；花丝长达 13mm；花柱长超过雄蕊。浆果近球形，直径 5 ~ 12cm，通常为淡黄褐色或淡黄绿色。种子肉质的外种皮供食用。花期 5 ~ 7 月，果期 9 ~ 10 月。

习性：喜光、较耐寒，较耐旱。

分布：黄河流域及以南各省都有栽培。

园林应用：园景树、水边绿化、基础种植、盆栽及盆景观赏。

七十 野牡丹科 Melastomataceae

1 野牡丹 *Melastoma candidum* D.Don 野牡丹属

别名：山石榴

形态特征：常绿灌木，高 0.5 ~ 1.5m。茎四棱形或近圆柱形，茎、叶柄密被紧贴的鳞片状糙毛。叶对生；叶柄长 5 ~ 15mm；叶片坚纸质，卵形或广卵形，长 4 ~ 10cm，宽 2 ~ 6cm，先端急尖，基部浅心形或近圆形，全缘，两面被糙伏毛及短柔毛；基出脉 7 条。伞房花序生于分枝顶端，近头状，有花 3 ~ 5 朵，基部具叶状总苞 2；苞片、花梗及花萼密被鳞片产太糙伏毛；花梗长 3 ~ 20mm；花 5 数，花萼长约 2.2cm；花瓣玫瑰红色或粉红色，倒卵形。蒴果坛状球形，与宿存萼贴生，长 1 ~ 1.5cm，直径 8 ~ 12mm，密被鳞片状糙伏毛。花期 5 ~ 7 月，果期 10 ~ 12 月。

习性：喜温暖湿润的气候，稍耐旱和耐瘠。耐瘠薄。海拔 120m 以下。

分布：云南、广西、广东、福建、台湾。

园林应用:基础种植、绿篱、地被植物、盆栽及盆景观赏。

2 地稔 *Melastoma dodecandrum* Lour. 野牡丹属

别名：铺地锦、山地茎

形态特征：披散或匍匐状亚灌木。技秃净或被疏粗毛。叶小，卵形、倒卵形残椭圆形，长 1.2 ~ 3cm，宽 8 ~ 20mm，先端短尖，基部浑圆，3 ~ 5 条主脉，除上面边缘和背脉上薄被疏粗毛外，余均秃净；叶柄长 2 ~ 4mm，被粗毛。花 1 ~ 3 朵生于枝梢，直径约 2.5cm；萼管长约 5mm，被短粗毛，裂片 5，披针形，短于萼管；花瓣 5，紫红色，倒卵圆形，长约 1.2cm；雄蕊 10，5 强；子房与萼管合生，5 室。浆果球形，径约 7mm，熟时紫色，被祖毛。花期 5 月。果期 6 ~ 7 月。

习性：耐旱耐瘠、耐荫耐践踏。

分布：长江以南各省、海南省。

园林应用：基础种植、地被植物、特殊环境绿化、盆栽及盆景观赏。

3 银毛野牡丹 *Tibouchina aspera var. asperrima*

蒂牡花属

形态特征：常绿灌木，茎四棱形，分枝多，叶阔宽卵形，粗糙，两面密被银白色绒毛，叶下较叶面密集。聚伞式圆锥花序直立，顶生，花瓣倒三角状卵形，拥有较罕见的艳紫色，花期 5 ~ 7 月。

习性：喜光、稍荫，耐修剪，不耐寒。

分布：广东、广西有栽培。

园林应用：水边绿化、绿篱、基础种植、地被植物、盆栽及盆景观赏。

七十一 使君子科 Combretaceae

1 阿江榄仁 *Terminalia arjuna* Wight et Arn.

榄仁树属

别名：柳叶榄仁

形态特征：落叶大乔木，高度可达 25m，具有板根。叶片长卵形，冬季落叶前，叶色不变红。核果果皮坚硬，近球形，有 5 条纵翅。

习性：喜温暖湿润、光照充足的气候环境，耐寒性好。喜欢疏松湿润肥沃土壤，可耐较高地下水位。根系发达，具有较好的抗风性。

分布：原产于东南亚地区。

园林应用：行道树、园路树、庭荫树、园景树、树林、水边绿化、盆栽及盆景观赏。

2 小叶榄仁 *Terminalia mantaly* H. Perrier

榄仁树属

别名：细叶榄仁、非洲榄仁

形态特征：落叶乔木，株高可达 15m。花小而不显著，呈穗状花序，主干浑圆挺直，枝丫自然分层轮生于主干四周，层层分明有序水平向四周开展，枝桠柔软，小叶枇杷形，具短绒毛，冬季落叶后光秃柔细的枝桠美，益显独特风格；春季萌发青翠的新叶，随风飘整树外观逸，姿态甚为优雅。果近球形，有 3 膜质翅。叶小，叶长 3 ~ 4cm。

习性：喜光。，耐热、耐湿、耐碱、耐瘠、抗污染、易移植、寿命长。生长适温 23 ~ 32℃。

分布：热带地区。

园林应用：行道树、园路树、庭荫树、园景树、树林、水边绿化、特殊绿化（海岸树种）、盆栽及盆景观赏。

3 莫氏榄仁 *Terminalia muelleri* Benth. 榄仁树属

别名：中叶榄仁、澳洲榄仁树

形态特征：落叶乔木，高 5m。树干通直，枝叉分枝均匀。主干浑圆挺直，枝桠自然分层轮生于主干四周，层层分明有序水平向四周开展，枝桠柔软，冬季落叶后光秃柔细的枝桠美，显独特风格。叶革质，10cm，前头尖圆，落叶前转红色。花：小，1cm，花瓣肉厚，白色带红。果成熟时蓝色，直径 3cm，有 3 膜质翅。莫氏榄仁的叶子明显比小叶榄仁的叶子大，可以理解为小叶榄仁的放大版。

习性：喜光，喜排水良好的土壤；耐风；耐盐碱。

分布：热带地区。

园林应用：行道树、园路树、庭荫树、园景树、树林、水边绿化、特殊绿化（海岸树种）、盆栽及盆景观赏。

4 使君子 *Quisqualis indica* Linn. 使君子属

别名：史君子

形态特征：落叶攀援状灌木，高 2 ~ 8m；小枝被棕黄色短柔毛。叶对生或近对生，叶片膜质，卵形或椭圆形，长 5 ~ 11cm，宽 2.5 ~ 5.5cm，先端短渐尖，基部钝圆，表面无毛，背面有时疏被棕色柔毛；叶柄长 5 ~ 8mm，无关节，幼时密生锈色柔毛。顶生穗状花序，组成伞房花序式；萼管长 5 ~ 9cm，先端具广展、外弯、小形的萼齿 5 枚；花瓣 5，长 1.8 ~ 2.4cm，宽 4 ~ 10mm，先端钝圆，初为白色，后转淡红色；雄蕊 10，不突出冠外，外轮着生于花冠基部；子房下位。果卵形，短尖，长 2.7 ~ 4cm，径 1.2 ~ 2.3cm，无毛，具明显的锐棱角 5 条。花期 5 ~ 9 月，果期 6 ~ 10 月。

习性：不耐寒。喜光。

分布：四川、贵州至南岭以南各处。

园林应用：垂直绿化、地被植物、盆栽及盆景观赏。

七十二 八角枫科 Alangiaceae

1 八角枫 *Alangium chinense* (Lour.) Harms 八角枫属

别名：华瓜木

形态特征：落叶乔木或灌木，高 3 ~ 5m。小枝略呈"之"字形，幼枝紫绿色。叶纸质，近圆形或椭圆形、卵形，顶端短锐尖或钝尖，基部两侧常不对称，一侧微向下扩张，另一侧向上倾斜，阔楔形、截形、稀近于心脏形，长 13 ~ 19cm，宽 9 ~ 15cm，不分裂或 3 ~ 7 裂，裂片短锐尖或钝尖，叶上面深绿色，无毛，下面淡绿色，脉腋有丛状毛；基出脉 3 ~ 5，成掌状，侧脉 3 ~ 5 对；叶柄长 2.5 ~ 3.5cm。聚伞花序腋生，长 3 ~ 4cm，有 7 ~ 30 花，花梗长 5 ~ 15mm；花冠圆筒形,长1～1.5cm,花萼长2～3mm;花瓣6～8,线形,初为白色,后变黄色。核果卵圆形,长约5～7mm,直径5～8mm,成熟后黑色。花期5～7月和9～10月，果期7～11月。

习性：阳性树，稍耐荫。喜肥沃、疏松、湿润的土壤；具一定耐寒性，萌芽力强，耐修剪。

分布：河南、陕西、甘肃、长江中下游、西南、华南和台湾、西藏南部。

园林应用：园景树、树林、防护林、基础种植。

2 瓜木 *Alangium platanifolium* (Sieb. et Zucc.) Harms. 八角枫属

别名：八角枫

形态特征：落叶灌木或小乔木，高5～7m。树皮灰色，小枝细圆柱形，常略呈"之"形弯曲。叶互生，纸质，近圆形，稀阔卵形或倒卵形，长11～13cm，宽8～11cm，不分裂或稀分裂，先端钝尖，基部近心形或圆形，边缘波状或钝锯齿状，两面沿脉或脉腋幼时有柔毛，主脉3～5条；叶柄长3.5～5cm。聚伞花序腋生，长3～3.5cm，有3～5花；花萼近钟形，裂片5，三角形；花瓣6~7，线形，白色，外被短柔毛，花瓣长1.8cm以上，宽1～2mm，基部粘合，上部开放时反卷；雄蕊6～7。核果长卵形或长椭圆形，长8～12mm，直径4～8mm，顶端有宿存花萼裂片。花期3～7月，果期7～9月。

习性:喜光,稍耐荫。喜肥沃、疏松、湿润土壤,较耐寒,耐修剪。海拔2000m以下。

分布：吉林、辽宁、河北以南至长江流域。

园林应用：园景树、树林、防护林、基础种植。

七十三 蓝果树科（珙桐科）Nyssaceae

1 喜树 *Camptotheca acuminata* Decne. 喜树属

别名：旱莲、旱莲子

形态特征：落叶大乔木。树皮灰色或浅灰色，纵裂成浅沟状。小枝平展。叶互生，卵状长方形或卵状椭圆形，长12～28cm，宽6～12cm，顶端短锐尖，基部近圆形或阔楔形，全缘，上面亮绿色，幼时脉上有短柔毛，其后无毛，下面淡绿色，疏生短柔毛，叶脉上更密，中脉在上面微下凹，在下面凸起，侧脉11～15对，在上面显著，在下面略凸起;叶柄红色或略带红色，有疏毛。花单性同株，成球形头状花序；花萼5齿裂；花瓣5,绿色;雄花雄蕊10。果序球状。花期6～8月，果期10～11月。

习性：喜光，稍耐荫，不耐严寒、干燥。喜深厚、湿润而肥沃的土壤。萌芽性强。较耐水湿，海拔1000m以下较潮湿处。

分布：西南、华南及长江中下游各省。

园林应用：园路树、庭荫树、园景树、风景林、树林。

2 蓝果树 *Nyssa sinensis* Oliv.　蓝果树属

别名：紫树

形态特征：落叶乔木，高达 20m。树皮常裂成薄片脱落。叶纸质或薄革质，互生，椭圆形或长椭圆形，长 12 ~ 15cm，宽 5 ~ 6cm，顶端短急锐尖，基部近圆形，边缘略呈浅波状，上面无毛，深绿色，下面淡绿色，有微柔毛，中脉和侧脉均在上面微现，在下面显著；叶柄淡紫绿色，长 1.5 ~ 2cm。花序伞形或短总状，总花梗长 3 ~ 5cmc；花单性；雄花着生于叶已脱落的老枝上，花梗长 5mm；花瓣早落；雄蕊 5 ~ 10 枚。雌花生于具叶的幼枝上，基部有小苞片，花梗长 1 ~ 2mm；花萼的裂片近全缘；花瓣鳞片状，约长 1.5mm。核果矩圆状椭圆形或长倒卵圆形，长 1 ~ 1.2cm，宽 6mm，成熟时深蓝色；果梗长 3 ~ 4mm。花期 4 月下旬，果期 9 月。

习性：喜光，喜温暖湿润气候。喜深厚、肥沃而排水良好的酸性土。耐干旱瘠薄。对二氧化硫抗性强。

分布：长江中下游、西南和华南等省区。

园林应用：庭荫树、风景林、树林。

3 珙桐 *Davidia involucrata* Baill.　珙桐属

别名：鸽子树、鸽子花树

形态特征：落叶乔木，高 15 ~ 20m。叶纸质，互生，无托叶，阔卵形或近圆形，常长 9 ~ 15cm，宽 7 ~ 12cm，顶端急尖或短急尖，基部心脏形或深心脏形，边缘有三角形而尖端锐尖的粗锯齿，下面密被淡黄色或淡白色丝状粗毛，中脉和侧脉均在上面显著，在下面凸起；叶柄长 4 ~ 5cm。两性花与雄花同株，由多数的雄花与 1 个雌花或两性花成近球形的头状花序，直径约 2cm，着生于幼枝的顶端，两性花位于花序的顶端，雄花环绕于其周围，基部具纸质、矩圆状卵形或矩圆状倒卵形花瓣状的苞片 2 ~ 3 枚，长 7 ~ 15cm，宽 3 ~ 5cm，乳白色。雄花只有雄蕊 1 ~ 7，长 6 ~ 8mm；雌花或两性花具下位子房，与花托合生。果实为长卵圆形核果，长 3 ~ 4cm，直径 15 ~ 20mm，紫绿色具黄色斑点。花期 4 月，果期 10 月。

习性：喜半荫和温凉湿润气候。忌碱性和干燥土壤。不耐强光和高温。不耐瘠薄，不耐旱。

分布：陕西东南部、湖北、湖南、贵州、四川、云南东北。

园林应用：庭荫树、园景树。

七十四 山茱萸科 Cornaceae

1 红瑞木 *Cornus alba* L.　梾木属

别名：凉子木、红梗木

形态特征：落叶灌木，高达 3m。树皮紫红色。叶对生，纸质，椭圆形，长 5 ~ 8.5cm，宽 1.8 ~ 5.5cm，先端突尖，基部楔形或阔楔形，边缘全缘或波状反卷，上面暗绿色，有极少柔毛，下面粉绿色，被白色贴生短柔毛，中脉和侧面在上面微凹陷，下面凸起，侧脉5对，弓形内弯。伞房状聚伞花序顶生，宽3cm；总花梗长1.1～2.2cm；花小，白色或淡黄白色，长5～6mm，直径6～8.2mm；雄蕊4；子房下位。核果长圆形，长约8mm，直径5.5～6mm，成熟时乳白色或蓝白色，花柱宿存。花期6～7月；果期8～10月。

习 性：喜光，耐寒，喜略湿润土壤。海拔600～1700m。

分布：东北、华北、北京。

园林应用：园景树、基础种植、绿篱、盆栽观赏。

2 光皮树 *Cornus wilsoniana* Wangerin 梾木属

别名：光皮树

形态特征：落叶乔木，高5～18m。树皮灰色至青灰色，块状剥落；幼枝灰绿色，略具4棱，小枝圆柱形，深绿色。叶对生，纸质，椭圆形或卵状椭圆形，长6～12cm，宽2～5.5cm，先端渐尖或突尖，基部楔形或宽楔形，边缘波状，微反卷，上面深绿色，有散生平贴短柔毛，下面灰绿色，密被白色乳头状突起及平贴短柔毛，主脉在上面稍显明，下面凸出，弓形内弯，在上面稍显明，下面微凸起；叶柄细圆柱形，长0.8～2cm。顶生圆锥状聚伞花序，宽6～10cm，被灰白色疏柔毛；总花梗长2～3cm；花小，白色，直径约7mm；花萼裂片4，三角形；花瓣4，长披针形，长约5mm；雄蕊4；花柱圆柱形；子房下位，花托倒圆锥形。核果球形，直径6～7mm，成熟时紫黑色至黑色。花期5月；果期10～11月。

习性：喜光，耐旱，耐寒，对土壤适应性强。深根性，萌芽力强。海拔1130m以下。

分布：黄河及以南流域各省区。

园林应用：园路树、庭荫树、园景树、风景林、树林。

3 灯台树 *Cornus controversa* Hemsl. 灯台树属

别名：六角树

形态特征：落叶乔木，高达20m。树冠阔圆锥形；侧枝轮状着生，层次分明；枝条紫红色。叶互生，广卵形或长圆状卵形，长6～13㎝，叶面深绿，叶背灰绿色，疏生短柔毛，全缘或为波状，常集生于枝梢。花白色，伞房状聚伞花序顶生；核果球形，初为紫红，熟后变蓝黑色。花期5～6月，果熟期8～9月。

习性：喜光，稍耐荫；防火性能较好，有一定抗污染能力。

分布：辽宁、河北以南各省。

园林应用：园路树、庭荫树、园景树、风景林、树林、防护林、特殊环境绿化。

4 山茱萸 *Cornus officinalis* Sieb. et Zucc.

山茱萸属

别名：药枣

形态特征：落叶灌木或小乔木，高达 10m。树皮灰褐色，片状剥落。叶对生，卵状椭圆形或稀卵状披针形，先端渐尖，全缘，长 5.5 ~ 10cm，宽 2.5~4.5cm，上面疏被平伏毛,下面被白色平伏毛。伞形花序生于枝侧，有总苞片 4。花金黄色,花瓣小,花蕊突出。核果椭圆形，红色至紫红色。花期 3 ~ 4 月，果熟期 9 ~ 10 月。

习性：喜温暖、湿润及半荫的环境。较耐寒。喜肥沃、湿润而疏松的砂质土。海拔 400 ~ 1500m。

分布:山西、山东、河南、陕西、甘肃南部、浙江、安徽、江西、湖南等地，江苏、四川等省有栽培。

园林应用：园景树、盆栽及盆景观赏。

5 四 照 花 *Dendrobenthamia japonica* (DC.) Fang. *var. chinensis* (Osb.)Fang.

四照花属

别名：山荔枝、日本四照花

形态特征：落叶灌木或小乔木。高可达 9m，小枝细，绿色，后变褐色，光滑，嫩枝被白色短绒毛。叶纸质，对生，卵形或卵 状椭圆形，表面浓绿色，疏生白柔毛，叶背粉绿色，有白柔毛，并在脉腋簇生。白色的总苞片 4 枚；花瓣状，卵形或卵状披针形；5 ~ 6 月开花，光彩四照,所以名曰"四照花"。核果聚为球形的聚合果，肉质，9 ~ 10 月成熟后变为紫红色，俗称 "鸡素果"。

习性:喜光，耐半荫。较耐寒、旱、瘠薄，耐 -15℃低温。

分布：陕西、山西、甘肃以南各省。

园林应用：园路树、庭荫树、园景树、风景林、树林、基础种植。

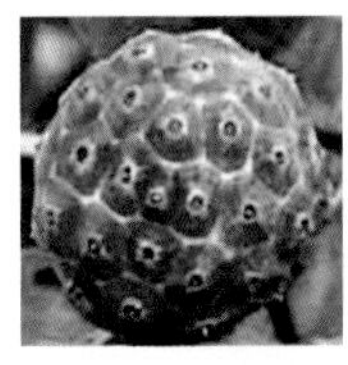

6 尖 叶 四 照 花 *Dendrobenthamia angustata* (Chun) Fang.

四照花属

别名：狭叶四照花

形态特征:常绿乔木或灌木,高 4 ~ 12m。叶对生,革质，长圆椭圆形，长 7 ~ 9 (12)cm，宽 2.5 ~ 4.2(5)cm，先端渐尖形，具尖尾，基部楔形或宽楔形，中脉在上面明显，弓形内弯，有时脉腋有簇生白色细毛；叶柄细圆柱形。头状花序球形，总苞片 4，长卵形至倒卵形，初为淡黄色，后变为白色，两面微被白色贴生短柔毛；总果梗纤细，长 6 ~ 10.5cm，紫绿色。花期 4~5 月；果期 10 ~ 11 月。

习性：生于海拔 340 ~ 1400m 的密林内或混交林中。

分布：陕西、甘肃以南各省区。

园林应用：园景树、风景林、树林、基础种植。

7 桃叶珊瑚 *Aucuba chinensis* Benth. 桃叶珊瑚属

别名：青木

形态特征：常绿灌木。小枝粗圆，光滑；皮孔白色。叶对生，薄革质，椭圆状卵圆形至长椭圆形，先端急尖或渐尖，边缘疏生锯齿，两面油绿有光泽，叶痕大，显著。圆锥花序顶生，花小，紫红或暗紫色。花期 1 月~2 月。果鲜红色。果熟期 11 月至翌年 2 月。

习性：喜温暖湿润环境，耐荫性强，不耐寒，要求肥沃湿润、排水良好的土壤。海拔 1000m 以下。

分布：福建、台湾、广东、海南、广西等省区。

园林应用：基础种植、地被植物、特殊环境绿化、盆栽及盆景观赏。

8 洒金东瀛珊瑚 *Aucuba japonica* Thunb 'Variegata' 桃叶珊瑚属

形态特征：常绿灌木，高可达 5m。小枝绿色，无毛。叶对生，椭圆状卵形到长椭圆形，长 8 ~ 20cm，基部广楔形，缘疏生粗齿，暗绿色，叶面有黄色斑点。革质而有光泽。雌雄异株，花紫红色，圆锥花序密生刚毛。核果长圆形，红色。为青木的栽培品种，青木为 *Aucuba japonica* Thunb。

习性：喜荫，喜温暖环境，不耐寒。耐修剪，病虫害极少。对烟害的抗性很强。

分布：中国长江中下游地区广泛栽培。

园林应用：基础种植、绿篱、地被植物、盆栽及盆景观赏等。

9 青荚叶 *Helwingia japonica* (Thunb.) Dietr. 青荚叶属

别名：叶上花、叶上珠

形态特征：落叶灌木，高 1 ~ 2m；幼枝绿色。叶纸质，卵形、卵圆形，稀椭圆形，长 3.5 ~ 9cm，宽 2 ~ 6cm，先端渐尖，基部阔楔形或近于圆形，边缘具刺状细锯齿；叶上面亮绿色，下面淡绿色；中脉及侧脉在上面微凹陷，下面微突出；叶柄长 1 ~ 5cm；托叶线状分裂。花淡绿色，3 ~ 5 数，花萼小，花瓣长 1 ~ 2mm，镊合状排列；雄花 4 ~ 12，呈伞形或密伞花序，常着生于叶上面中脉的 1/2 ~ 1/3 处；花梗长 1 ~ 2.5mm；雄蕊 3 ~ 5；雌花 1 ~ 3 枚，着生于叶上面中脉的 1/2 ~ 1/3 处；花梗长 1 ~ 5mm；柱头 3 ~ 5 裂。浆果幼时绿色，成熟后黑色。花期 4 ~ 5月；果期 8 ~ 9月。

习性：喜阴湿凉爽环境，忌高温、干燥气候。海拔 3300m 以下。

分布：黄河流域以南各省区。

园林应用：园景树、地被植物、盆栽及盆景观赏。

七十五 卫矛科 Celastraceae

1 卫矛 *Euonymus alatus* (Thunb.)Sieb. 卫矛属

别名：鬼箭羽

形态特征：落叶灌木，高 1 ~ 3m；小枝常具 2 ~ 4 列宽阔木栓翅。叶卵状椭圆形、窄长椭圆形，长 2 ~ 8cm，宽 1 ~ 3cm，边缘具细锯齿，两面光滑无毛；叶柄长 1 ~ 3mm。聚伞花序 1 ~ 3 花；花序梗长约 1cm，小花梗长 5mm；花白绿色，直径约 8mm，4 数；萼片半圆形；花瓣近圆形；雄蕊着生花盘边缘处，花丝极短，开花后稍增长，花药宽阔长方形，2 室顶裂。蒴果 1 ~ 4 深裂，裂瓣椭圆状，长 7 ~ 8mm；种子椭圆状或阔椭圆状，长 5 ~ 6mm，种皮褐色或浅棕色，假种皮橙红色，全包种子。花期 5 ~ 6 月，果期 7 ~ 10 月。

习性：喜光、稍耐荫；耐干旱、瘠薄和寒冷。耐修剪，对二氧化硫有较强抗性。

分布：东北、西北、广东及海南没有。

园林应用：园景树、盆栽及盆景观赏。

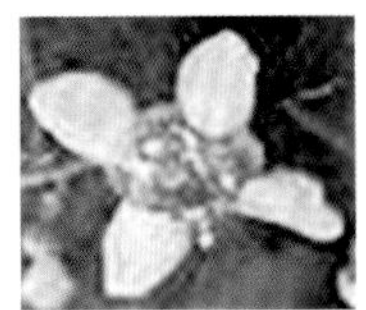

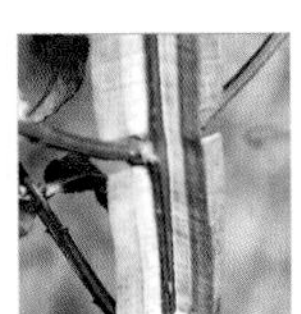

2 丝棉木 *Euonymus maackii* Rupr. 卫矛属

别名：白杜

形态特征：落叶小乔木，高 6 ~ 8m。小枝绿色，近四棱形；二年生枝四棱，每边各有白线。叶对生，卵状至卵状椭圆形，先端长渐尖，基部阔楔形或近圆形，缘有细锯齿，有时极深而锐利；叶柄细长约为叶片长的 1/4 ~ 1/3，秋季叶色变红。聚伞花序 3 至多花，花序梗略扁，长 1 ~ 2cm；花 4 数，淡白绿色或黄绿色，直径约 8mm；小花梗长 2.5 ~ 4mm。蒴果倒圆心状，长 5 ~ 6mm，直径约 4mm，种皮棕黄色，假种皮橙红色，全包种子。花期 5 ~ 6 月，果熟期 9 ~ 10 月。

习性：喜光，稍耐荫；耐寒，耐干旱，耐水湿，对二氧化硫的抗性中等。

分布：陕西、西南和两广未有，其它省都有。

园林应用：园景树、水边绿化。

3 大叶黄杨 *Euonymus japonicus* Thunb. 卫矛属

别名：正木、冬青卫矛

形态特征：常绿灌木，高达3m。小枝绿色。叶革质有光泽，倒卵形或椭圆形，长3 ~ 5cm，宽2 ~ 3cm，先端圆端或急尖，基部楔形，边缘具有浅细钝齿；叶柄长约1cm。聚伞花序5 ~ 12朵，花序梗长2 ~ 5cm，2 ~ 3次分枝；花白绿色，直径5 ~ 7mm；花瓣近卵圆形，长宽各约2mm。蒴果近球状，直径约8mm，淡红色，假种皮橘红色，全包种子。花期6 ~ 7月，果熟期9 ~ 10月。有金边、金心、银边、银斑、斑叶等品种。

习性：喜光，稍耐荫，喜温暖湿润的海洋性气候及肥沃湿润土壤，耐干旱瘠薄，耐 -17℃左右低温。极耐修剪整形。对各种有毒气体及烟尘有很强的抗性。

分布：北京以南都有栽培。

园林应用：基础种植、绿篱、地被、盆栽及盆景。

4 扶芳藤 *Euonymus fortunei* (Turcz.) Hand.-Mazz. 卫矛属

形态特征：常绿藤本状灌木，高1至数米。叶薄革质，椭圆形、长方椭圆形或长倒卵形，宽窄变异较大，长3.5 ~ 8cm，宽1.5 ~ 4cm，先端钝或急尖，基部楔形，边缘齿浅不明显，侧脉和小脉全不明显；叶柄长3 ~ 6mm。聚伞花序3 ~ 4次分枝；花序梗长1.5 ~ 3cm，最终小聚伞花密集，有花4 ~ 7朵，分枝中央有单花，小花梗长约5mm；花白绿色，4数，直径约6mm。蒴果粉红色，果皮光滑，近球状，直径6 ~ 12mm；假种皮鲜红色，全包种子。花期6月，果期10月。

习性：耐荫，喜温暖，耐寒性不强。耐干旱、瘠薄。

分布：陕西、四川，长江中下流各省。

园林应用：地被植物、垂直绿化、特殊环境绿化、盆栽及盆景观赏。

5 爬行卫矛 *Euonymus fortunei* (Turcz.) Hand.-Mazz. *var. racicans* Rehd. 卫矛属

形态特征：扶芳藤变种。叶较小，长椭圆形，长1.5 ~ 3cm，先端较钝，叶缘钝齿尖而明显，背面叶脉不明显。

习性：耐荫，喜温暖，耐寒性不强，对土壤要求不严，能耐干旱、瘠薄。

分布：江苏、浙江、安徽、江西、湖北、湖南、四川、陕西等省。生长于山坡丛林中。

园林应用：地被植物、垂直绿化、特殊环境绿化、盆栽及盆景观赏。

6 南蛇藤 *Celastrus orbiculatus* Thunb. 南蛇藤属

别名：南蛇风

形态特征：落叶藤本。小枝光滑无毛。叶通常阔倒卵形，近圆形或长方椭圆形，长5 ~ 13cm，宽3 ~ 9cm，先端圆阔，具有小尖头或短渐尖，基部阔楔形到近钝圆形，边缘具锯齿，两面光滑无毛或叶背脉上具稀疏短柔毛；叶柄细长1～2cm。聚伞花序腋生，间有顶生，花序长1～3cm，小花1～3朵，小花梗关节在中部以下或近基部；雄花花瓣倒卵椭圆形或长方形，长3～4cm，宽2～2.5mm。雌花花冠较雄花窄小；子房近球状，柱头3深裂。蒴果近球状，直径8～10mm。花期5～6月，果期7～10月。

习性：喜阳耐荫，抗寒耐旱。海拔1500m以下。

分布：东北、华北、长江中下流和四川。

园林应用：水边绿化、地被植物、垂直绿化、特殊环境绿化、盆栽及盆景观赏。

七十六 冬青科 Aquifoliaceae

1 枸骨 *Ilex cornuta* Lindl. et Paxt. 冬青属

别名：鸟不宿、猫儿刺

形态特征：常绿灌木或小乔木，高1～3m。叶片厚革质，二型，四角状长圆形或卵形，长4～9cm，宽2～4cm，先端具3枚尖硬刺齿，中央刺齿常反曲，基部圆形或近截形，两侧各具1～2刺齿；两面无毛，主脉在上面凹下，背面隆起，侧脉在背面凸起；叶柄长4～8mm。花序簇生于二年生枝的叶腋内；苞片卵形；花淡黄色，4基数。雄花的花萼盘状，花冠辐状，直径约7mm。雌花的花萼与花瓣像雄花，退化雄蕊长为花瓣的4/5，柱头4浅裂。果球形，直径8～10mm，成熟时鲜红色，果梗长8～14mm。花期3~4月，果期10～12月。

习性：喜光、稍耐荫耐寒性不强；对有害气体有较强抗性。耐修剪。海拔150～1900m。

分布：长江中下流各省，昆明等城市有栽培。

园林应用：园景树、造型树、基础种植、绿篱、专类园、特殊环境绿化、盆栽及盆景观赏等。

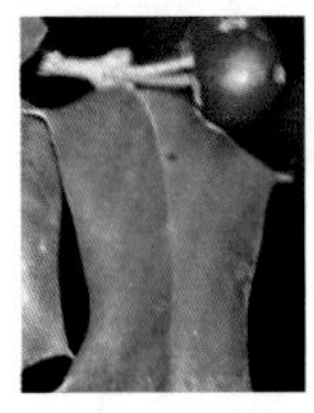

2 冬青 *Ilex chinensis* Sims 冬青属

别名：冻青

形态特征：常绿乔木，高达13m。叶片薄革质至革质，椭圆形或披针形，长5～11cm，宽2～4cm，先端渐尖，基部楔形或钝，边缘具圆齿，叶面绿色，有光泽，背面淡绿色，主脉和侧脉在叶面平，背面隆起；叶柄长8～10mm。雄花：花序具3～4回分枝，每分枝具花7～24朵；花淡紫色或紫红色，4～5基数；花冠辐状，花瓣卵形，基部稍合生；雄蕊短于花瓣；雌花：花序具1～2回分枝，具花3～7朵，总花梗长约3～10mm；柱头具不明显的4～5裂。果长球形，成熟时红色，长10～12mm，直径6～8mm。花期4～6月，果期7～12月。

习性：喜光，稍耐荫；较耐潮湿，不耐寒。耐修剪。抗风能力强，对二氧化碳及烟尘有一定抗性。海拔500～1000m。

分布：长江中下流、西南、华南和台湾。

园林应用：园景树、造型树、基础种植、绿篱、盆栽及盆景观赏等。

3 钝齿冬青 *Ilex crenata* Thunb. 冬青属

别名：齿叶冬青、波缘冬青

形态特征：常绿灌木或小乔木，高 5m。多分枝，小枝有灰色细毛。叶较小，厚革质，椭圆形至长倒卵形，长 1 ~ 2.5cm，先端钝，缘有浅钝齿，背面有腺点。花小，白色；雄花 3 ~ 7 朵成聚伞花序生于当年生枝叶腋，雌花单生。果球形，熟时黑色。花期 5 ~ 6 月，果熟期 10 月。

习性：喜光，稍耐荫；较耐潮湿，不耐寒。耐修剪。海拔 700 ~ 2100m。

分布：安徽、浙江、江西、福建、台湾、湖北、湖南、广东、广西、海南。

园林应用：造型树、绿篱、盆栽及盆景等。

4 铁冬青 *Ilex rotunda* Thunb. 冬青属

别名：熊胆木、白银木

形态特征：常绿灌木或乔木，高可达 20m。叶仅见于当年生枝上，叶片薄革质或纸质，卵形、倒卵形或椭圆形，长 4 ~ 9cm，宽 1.8 ~ 4cm，先端短渐尖，基部楔形或钝，全缘，主脉在叶面凹陷，背面隆起，侧脉 6 ~ 9 对，在两面明显；叶柄长 8 ~ 18mm；托叶早落。聚伞花序或伞形状花序 4 ~ 13 花，单生于当年生枝的叶腋内。雄花序：总花梗长 3 ~ 11mm；花白色，4 基数；花萼 4 浅裂；花冠辐状，直径约 5mm，花瓣基部稍合生；雄蕊长于花瓣。雌花序：具 3 ~ 7 花，总花梗长约 5 ~ 13mm；花白色，5 基数；花萼浅杯状；花冠辐状，直径约 4mm，花瓣长约 2mm，基部稍合生。果近球形，直径 4 ~ 6mm，成熟时红色，宿存花萼平展。花期 4 月，果期 8 ~ 12 月。

习性：耐荫，耐瘠、耐旱、耐霜冻。海拔 400 ~ 1100m。

分布：西南、华南、长江中下流及台湾。

园林应用：庭荫树、园景树、风景林、树林。

5 满树星 *Ilex aculeolata* Nakai 冬青属

形态特征：落叶灌木，高 1 ~ 3m。叶在长枝上互生，在短枝上，1 ~ 3 枚簇生于顶端；叶片膜质或薄纸质，倒卵形，长 2 ~ 5cm，宽 1 ~ 3cm，先端急尖或极短的渐尖，稀钝，基部楔形且渐尖，边缘具锯齿，主脉和侧脉在叶面稍凹陷，在背面突起；叶柄长 5 ~ 11mm；托叶微小，宿存。花序单生于长枝的叶腋内或短枝顶部的鳞片腋内；花白色，芳香，4 或 5 基数。雄花序具 1 ~ 3 花，小苞片三角形；花萼盘状；花冠辐状，直径约 7mm，花瓣圆卵形，直径约 3mm，基部稍合生；雄蕊 4 或 5。雌花单花生于短枝鳞片腋内或长枝叶腋内，花梗长 3 ~ 4mm，基部具小苞片；花萼与花冠同雄花。果球形，直径约 7mm，成熟时黑色。花期 4 ~ 5 月，果期 6 ~ 9 月。

习性：喜温暖湿润的气候。海拔 100 ~ 1200m。

分布：浙江、江西、福建、湖北、湖南、广东、广西、海南和贵州等省。

园林应用：园景树、盆栽或盆景。

七十七 黄杨科 Buxaceae

1 黄杨 *Buxus sinica* (Rehd. et Wils.) Cheng 黄杨属

别名：瓜子黄杨、千年矮

形态特征：常绿灌木或小乔木，高 1 ~ 6m。小枝四棱形。叶革质，阔椭圆形，长 1.5 ~ 3. 5cm，宽 0. 8 ~ 2cm，先端圆或钝，常有小凹口，不尖锐，基部圆或急尖或楔形，中脉凸出，侧脉明显，叶背中脉平坦或稍凸出，中脉上常密被白色短线状钟乳体，叶柄长 1 ~ 2mm。花序腋生，头状，花密集，花序轴长 3 ~ 4mm，被毛，苞片阔卵形．长 2 ~ 2. 5mm。雄花约 10 朵，无花梗，外萼片卵状椭圆形，内萼片近圆形，长 2.5 ~ 3mm。雌花萼片长 3mm。蒴果近球形，长 6 ~ 8mm，宿存花柱长 2 ~ 3mm 。花期 3 月，果期 5 ~ 6 月。

习性：喜半荫，在强光下叶发黄，耐寒性不强。耐修剪，对多种有毒气体抗性强。海拔 1200 ~ 2600m。

分布：陕西、甘肃以南各省。

园林应用：造型树、园景树、基础种植、绿篱、盆栽及盆景观赏等。

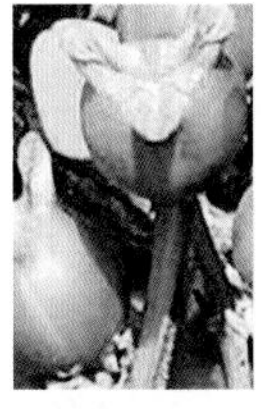

2 锦熟黄杨 *Buxus sempervirens* L. 黄杨属

别名：窄叶黄杨

形态特征：常绿灌木或小乔木，高可达 6m。小枝近四棱形。叶革质，长卵形或卵状长圆形，长 1.5 ~ 2cm，宽 1 ~ 1.2cm，顶端圆形，偶有微凹，基部楔形，叶面暗绿色光亮，中脉突起，叶背苍白色，侧脉两面不明显；具短柄。总状花序腋生。雄花：萼片 4 枚，覆瓦状，2 轮排列；外轮卵圆形，长 2mm，膜质，内凹，背部具疏柔毛，内轮近圆形，长 2mm，宽近 2mm，内凹；雄蕊 4 枚，长 3mm，略长于萼片。雌花：萼片 6 枚，排列 2 轮；子房 3 室，花柱 3 枚，柱头倒心形。蒴果球形，3 瓣室背开裂。种子黑色，光亮。花期 4 月，果期 7 月。

习性：较耐荫，阳光不宜过于强烈；耐干旱，不耐水湿，较耐寒，耐修剪。

分布：华北园林中有栽培。

园林应用：基础种植、绿篱、盆栽及盆景观赏等。

3 雀舌黄杨 *Buxus bodinieri* Lévl. 黄杨属

别名：细叶黄杨、匙叶黄杨

形态特征：常绿灌木，高 3 ~ 4m；枝圆柱形；小枝四棱形，被短柔毛，后变无毛；叶薄革质，通常匙形，亦有狭卵形或倒卵形，大多数中部以上最宽，长 2 ~ 4cm，宽 8 ~ 18mm，先端圆或钝，往往有浅凹口或小尖凸头，基部狭长楔形，有时急尖，叶面绿色，光亮，叶背苍灰色，中脉两面凸出，侧脉极多，在两面或仅叶面显著，与中脉成 50 ~ 60 度角，叶面中脉下半段大多数被微细毛；叶柄长 1 ~ 2mm。花序腋生，头状，长 5 ~ 6mm，花密集，花序轴长约 2.5mm；苞片卵形，背面无毛，或有短柔毛；雄花约 10 朵，花梗长仅 0.4mm，萼片卵圆形，长约 2.5mm，雄蕊连花药长 6mm，和萼片近等长，或稍超出；雌花：外萼片长约 2mm，内萼片长约 2.5mm，受粉期间，子房长 2mm。蒴果卵形，长 5mm 。花期 2 月，果期 5 ~ 8 月。

习性：喜光，耐干旱和半荫，耐寒性不强，萌蘖力强，生长极慢。海拔 400 ~ 2700m。

分布：甘肃、陕西以南各省区。

园林应用：造型树、绿篱、盆栽及盆景等。

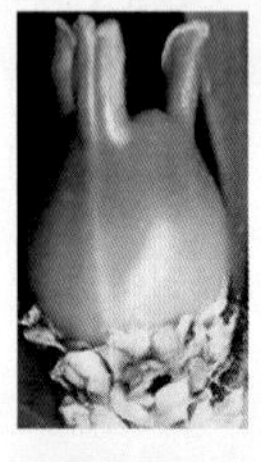

七十八 大戟科 Euphorbiaceae

1 秋枫 *Bischofia javanica* Bl. 秋枫属

别名：万年青树

形态特征：常绿或半常绿大乔木，高达 40m。砍伤树皮后流出汁液红色。三出复叶，总叶柄长 8 ~ 20cm；小叶片纸质，卵形、椭圆形、倒卵形或椭圆状卵形，长 7 ~ 15cm，宽 4 ~ 8cm，顶端急尖或短尾状渐尖，基部宽楔形至钝，边缘有浅锯齿，每 1cm 长有 2 ~ 3 个，老叶无毛；顶生小叶柄长 2 ~ 5cm，侧生小叶柄长 5 ~ 20mm；托叶膜质，早落。花小，雌雄异株，多朵组成腋生的圆锥花序；雄花序长 8 ~ 13cm；雌花序长 15 ~ 27cm，下垂；雄花：直径达 2.5mm；花丝短；雌花：萼片长圆状卵形；子房光滑无毛，3 ~ 4 室，花柱 3 ~ 4。果实浆果状，圆球气形或近圆球形，直径 6 ~ 13mm。花期 4 ~ 5 月，果期 8 ~ 10 月。

习性：喜阳，稍耐荫，喜温暖而耐寒力较差，耐水湿，抗风力强。海拔 800m 以下。

分布：陕西以南各省，包括西南、海南和台湾。

园林应用：行道树、庭荫树、园景树、风景林、树林、水边绿化等。

2 重阳木 *Bischofia polycarpa* (Levl.) Airy Shaw 秋枫属

别名：乌杨、茄冬树

形态特征：落叶乔木，高达 15m。三出复叶；叶柄长 9 ~ 13.5cm；顶生小叶通常较两侧的大，小叶片纸质，卵形或椭圆状卵形，有时长圆状卵形，长 5 ~ 9cm，宽 3 ~ 6cm，顶端突尖或短渐尖，基部圆或浅心形，边缘具钝细锯齿每 1cm 长 4 ~ 5 个；顶生小叶柄长 1.5 ~ 4cm，侧生小叶柄长 3 ~ 14mm；托叶小，早落。花雌雄异株，春季与叶同时开放，组成总状花序；花序着生于新枝的下部，花序轴纤细而下垂；雄花序长 8 ~ 13cm；雌花序 3 ~ 12cm；雄花：萼片半圆形，膜质，向外张开；花丝短；有明显的退化雌蕊；雌花：萼片与雄花的相同，有白色膜质的边缘。果实浆果状，圆球形，直径5 ~ 7mm，成熟时褐红色。花期在4 ~ 5月，果期10 ~ 11月。

习性：喜光，稍耐荫。耐寒性较弱。耐旱、瘠薄，耐水湿，抗风。对二氧化硫有一定的抗性。拔1000m以下。

分布：秦岭、淮河流域以南至两广北部。

园林应用：园路树、庭荫树、园景树、风景林、树林、水边绿化等。

3 石岩枫 *Mallotus repandus* (Willd.) Muell. Arg. 野桐属

别名：倒挂茶

形态特征：常绿攀缘状灌木。嫩枝、叶柄、花序和花梗均密生黄色星状柔毛。叶互生，纸质或膜质，卵形或椭圆状卵形，长3.5 ~ 8cm，宽2.5 ~ 5cm，顶端急尖或渐尖，基部楔形或圆形，边全缘或波状，老叶叶脉腋部被毛和散生黄色颗粒状腺体；基出脉3条，有时稍离基；叶柄长2 ~ 6cm。花雌雄异株，总状花序或下部有分枝。雄花序顶生，长5 ~ 15cm；苞片钻状，长约2mm，苞腋有花2 ~ 5朵；花梗长约4mm；花萼裂片3 ~ 4；雄蕊40 ~ 75枚。雌花序顶生，长5 ~ 8cm，苞片长三角形；花梗长约3mm；花萼裂片5，长约3.5mm，外面被绒毛；花柱2枚。蒴果具2个分果爿，直径约1cm，密生黄色粉末状毛和具颗粒状腺体。花期3 ~ 5月，果期8 ~ 9月。

习性：喜光，耐干旱瘠薄。海拔250 ~ 300m。

分布：陕西、甘肃、四川、贵州、湖北、湖南、江西、安徽、江苏、浙江、福建和广东北部。

园林应用：垂直绿化。

4 蝴蝶果 *Cleidiocarpon cavaleriei* (Levl.) Airy Shaw 蝴蝶果属

别名：山板粟

形态特征：常绿乔木，高达25m。叶纸质，椭圆形或披针形，长6 ~ 22cm，宽1.5 ~ 6cm，顶端渐尖，基部楔形；小托叶2枚；叶柄长1 ~ 4cm，基部具叶枕；托叶长1.5 ~ 2.5mm。圆锥状花序，长10 ~ 15cm，雄花7 ~ 13朵密集成的团伞花序，疏生于花序轴，雌花1 ~ 6朵，生于花序的基部或中部。雄花的花萼裂片4 ~ 5枚，长1.5 ~ 2mm；雄蕊4 ~ 5枚。雌花的萼片5 ~ 8枚，长3 ~ 5mm。果呈偏斜的卵球形或双球形，直径约3cm或5cm，基部骤狭呈柄状，长0.5 ~ 1.5cm，花柱基喙状，外果皮革质。花果期5 ~ 11月。

习性：喜光，喜温暖多湿气候，耐寒，抗风较差。海拔150 ~ 750m。

分布：贵州、广西、云南。

园林应用：园路树、庭荫树、园景树。

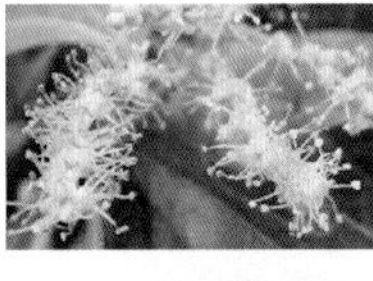

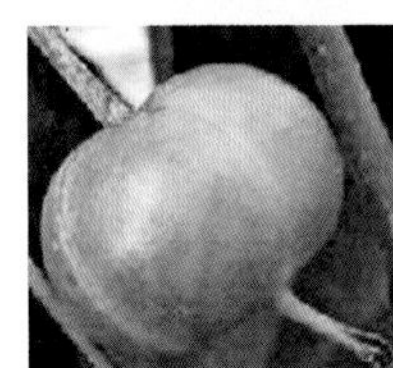

5 红桑 *Acalypha wilkesiana* Muell.- Arg. 铁苋菜属

别名：铁苋菜

形态特征：常绿灌木，高 1 ~ 4m。叶纸质，阔卵形，古铜绿色或浅红色，常有不规则的红色或紫色斑块，长 10 ~ 18cm，宽 6 ~ 12cm，顶端渐尖，基部圆钝，边缘具粗圆锯齿，下面沿叶脉具疏毛；基出脉 3 ~ 5 条；叶柄长 2 ~ 3cm；托叶狭三角形，长约 8mm。雌雄同株，通常雌雄花异序，雄花序长 10 ~ 20cm，苞片长约 1mm，苞腋具雄花 9 ~ 17 朵，排成团伞花序。雌花序长 5 ~ 10cm，花序梗长约 2cm，雌花苞片阔卵形，长 5mm，宽约 8mm 具粗齿 7 ~ 11 枚，苞腋具雌花 1(2) 朵。雄花的花萼裂片 4 枚，雄蕊 8 枚。雌花的萼片 3 ~ 4 枚，花柱 3。花期几全年。蒴果直径约 4mm，具 3 个分果爿。

习性：喜光、喜暖热多湿气候，耐干旱，忌水湿，不耐寒，最低温度为 16℃。

分布：台湾、福建、华南、海南和云南有栽培。

园林应用：基础种植、绿篱、盆栽及盆景观赏等。

6 红穗铁苋菜 *Acalypha hispida* Burm. F. 铁苋菜属

别名：狗尾红

形态特征：常绿灌木，高 0.5 ~ 3m。叶纸质，阔卵形或卵形，长 8 ~ 20cm，宽 5 ~ 14cm，顶端渐尖或急尖，基部阔楔形、圆钝或微心形，上面近无毛，下面沿中脉和侧脉具疏毛，边缘具粗锯齿；基出脉 3 ~ 5 条；叶柄长 4 ~ 8cm；托叶长 0.6 ~ 1cm。雌雄异株，雌花序腋生，穗状，长 15 ~ 30cm，下垂；雌花苞片卵状菱形，长约 1mm，全缘，苞腋具雌花 3 ~ 7 朵，簇生。雌花：萼片 4 枚，近卵形，花柱 3 枚，红色或紫红色。花期 2 ~ 11 月。

习性：喜光和温暖、湿润环境，不耐寒冷

分布：台湾、福建、华南、海南、云南有栽培。

园林应用：地被、基础种置、盆栽观赏。

7 山麻杆 *Alchornea davidii* Franch. 山麻杆属

别名：荷包麻

形态特征：落叶灌木，高 1 ~ 4m。叶薄纸质，阔卵形或近圆形，长 8 ~ 15cm，宽 7 ~ 14cm，顶端渐尖，基部心形、浅心形或近截平，边缘具粗锯齿或具细齿，齿端具腺体，上面沿叶脉具短柔毛，下面被短柔毛，基部具斑状腺体 2 或 4 个；基出脉 3 条；叶柄长 2 ~ 10cm；托叶早落。雌雄同株，雄花序穗状，1 ~ 3 个生于一年生枝已落叶腋部，长 1.5 ~ 2.5 cm，苞片卵形，长约 2mm，雄花 5 ~ 6 朵簇生于苞腋。雌花序总状，顶生，长 4 ~ 8cm，具花 4 ~ 7 朵。雄花的萼片 3 枚；雄蕊 6 ~ 8 枚。雌花的萼片 5 枚，花柱 3 枚。蒴果近球形，具 3 圆棱，直径 1 ~ 1.2cm。花期 3 ~ 5 月，果期 6 ~ 7 月。

习性：喜光，稍耐荫，喜温暖湿润的气候环境，抗旱能力低。海拔 300 ~ 700。

分布：陕西、广西、西南和长江中下流各省。

园林应用：地被、园景树、基础种植。

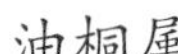

8 油桐 *Vernicia fordii* (Hemsl.) Airy Shaw 油桐属

别名：桐油树、桐子树

形态特征：落叶乔木，高达10m。叶卵圆形，长8 ~ 18cm，宽6 ~ 15cm，顶端短尖，基部截平至浅心形，全缘，稀1 ~ 3浅裂，成长叶上面深绿色，无毛，下面灰绿色，被贴伏微柔毛；掌状脉5条；叶柄顶端有2枚扁平、红色无柄腺体。花雌雄同株，先叶或与叶同时开放；花萼长约1cm；花瓣白色，有淡红色脉纹，长2 ~ 3cm，宽1 ~ 1.5cm；雄花：雄蕊8 ~ 12枚；雌花：子房3 ~ 5室，花柱与子房室同数。核果近球状，直径4 ~ 6cm，果皮光滑；种子3 ~ 4。花期3 ~ 4月，果期8 ~ 9月。

习性：喜光。忌严寒。冬季长时－10℃以下会引起冻害。喜肥沃、砂质土壤。海拔1000m以下。

分布：陕西以南各省，台湾。

园林应用：园路树、庭荫树、园景树、风景林、树林等。

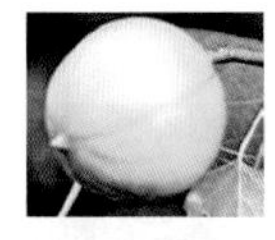

9 木油桐 *Vernicia montana* Lour. 油桐属

别名：千年桐、皱果桐

形态特征：落叶乔木，高达20m。叶阔卵形，长8 ~ 20cm，宽6 ~ 18cm，顶端短尖至渐尖，基部心形至截平，全缘或2 ~ 5裂。裂缺常有杯状腺体，掌状脉5条；叶柄长7 ~ 17cm，顶端有2枚具柄的杯状腺体。花序生于当年生已发叶的枝条上，雌雄异株或有时同株异序；花瓣白色或基部紫红色且有紫红色脉纹，长2 ~ 3cm。雄花：雄蕊8 ~ 10枚。雌花：花柱3枚，2深裂。核果卵球状，直径3 ~ 5cm，具3条纵棱，棱间有粗疏网状皱纹。花期4 ~ 5月。果期8 ~ 9月。

习性：喜光，不耐荫；耐寒性比油桐差，抗病性强。海拔1300m以下。

分布：华南、西南及长江中下流各省、台湾。

园林应用：园路树、庭荫树、园景树、风景林、树林等。

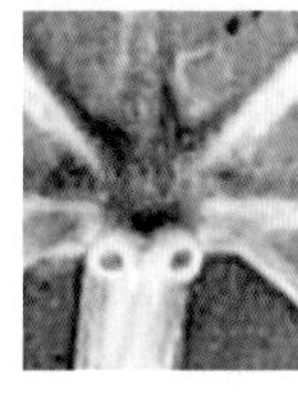
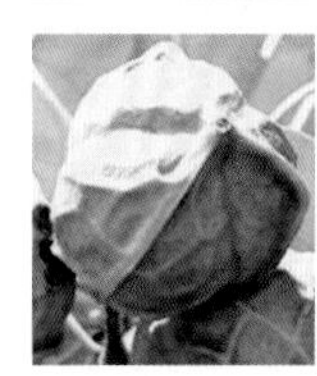

10 石栗 *Aleurites moluccana* (L.) Willd. 石栗属

别名：烛果树、油桃

形态特征：常绿乔木，高达18m。叶纸质，卵形至椭圆状披针形，长14 ~ 20cm，宽7 ~ 17cm，顶端短尖至渐尖，基部阔楔形或钝圆，全缘或3浅裂，成长叶上面无毛，下面疏生星状微柔毛或几无毛；基出脉3 ~ 5条；叶柄长6 ~ 12cm，顶端有2枚扁圆形腺体。花雌雄同株，同序或异序，花序长15 ~ 20cm；花萼在开花时整齐或不整齐的2 ~ 3裂；花瓣长圆形，长约 6mm，乳白色至乳黄色；雄花：雄蕊 15 ~ 20 枚，排成 3 ~ 4 轮，生于突起的花托上，被毛；雌花：花柱 2 枚。核果近球形或稍偏斜的圆球状，长约 5cm，直径 5 ~ 6cm，具 1 ~ 2 颗种子。花期 4 ~ 10 月。

习性：喜光，喜暖气候，不耐寒，深根性，生长快。

分布：福建、台湾、广东、海南、广西、云南等省区。

园林应用：庭荫树、风景林等。

11 变叶木 *Codiaeum variegatum*（L.）A.Juss.

变叶木属

别名：洒金榕

形态特征：常绿灌木或小乔木，高可达 2m。叶薄革质，形状大小变异很大，线形、线状披针形、长圆形、椭圆形、披针形、卵形、匙形、提琴形至倒卵形。长 5 ~ 30cm，宽 0.3 ~ 8cm，顶端短尖、渐尖至圆钝，基部楔形、短尖至钝，边全缘、浅裂至深裂，叶面绿色、淡绿色、紫红色、紫红与黄色相间、黄色与绿色相间或有时在绿色叶片上散生黄色或金黄色斑点或斑纹；叶柄长 0.2 ~ 2.5cm。总状花序腋生，雌雄同株异序，长 8 ~ 30cm，雄花：白色，萼片 5 枚；花瓣 5 枚；腺体 5 枚；雄蕊 20 ~ 30 枚。雌花：淡黄色，萼片卵状三角形；无花瓣。蒴果近球形，稍扁，直径约 9mm。花期 9 ~ 10 月。

习性：喜高温、湿润和阳光充足的环境，不耐寒。

分布：南部各省区常见栽培。

园林应用：园景树、基础种植、绿篱、地被植物、盆栽及盆景观赏等。

12 琴叶珊瑚 *Jatropha pandurifolia* Andre

麻疯树属

别名：日日樱

形态特征：常绿灌木，高 1 ~ 2m。叶互生，倒卵状长椭圆形，全缘，近基两侧各具 1 尖齿。花红色，花瓣 5，卵形；聚伞花序顶生；几乎全年开花。果球形，有纵棱。

习性：喜光、耐半荫、喜高温多湿气候，也耐干旱，不择土壤，适应性强。

分布：原产于西印度群岛，华南地区有栽培。

园林应用：园景树、基础种置、盆栽及盆景观赏。

13 红背桂 *Excoecaria cochinchinensis* Lour. 海漆属

别名：红紫木、紫背桂

形态特征：常绿灌木，高达1m。叶对生，纸质，叶片狭椭圆形或长圆形，长6～14cm，宽1.2～4cm，顶端长渐尖，基部渐狭，边缘有疏细齿，齿间距3～10mm，两面均无毛，腹面绿色，背面紫红或血红色；中脉于两面均凸起，侧脉8～12对，弧曲上升，离缘弯拱连接；叶柄长3～10mm，无腺体；托叶长约1mm。花单性，雌雄异株，聚集成腋生，雄花序长1～2cm，雌花序由3～5朵花组成。雄花：苞片阔卵形，长和宽近相等，约1.7mm，基部于腹面两侧各具1腺体，每一苞片仅有1朵花；萼片3。雌花：萼片3，花柱3。蒴果球形，直径约8mm，基部截平，顶端凹陷。花期几乎全年。

习性：不耐干旱，不甚耐寒。耐半荫，忌阳光曝晒。喜肥沃、排水好的沙壤。

分布：台湾、广东、广西、云南等地普遍栽培。

园林应用：地被、基础种植、绿篱、盆栽及盆景观赏等。

14 乌桕 *Sapium sebiferum* (Linn.) Roxb. 乌桕属

别名：腊子树、桕子树

形态特征：落叶乔木，高可达15m。叶互生，纸质，叶片菱形、菱状卵形，长3～8cm，宽3～9cm，顶端骤然紧缩具长短不等的尖头，基部阔楔形或钝，全缘；中脉两面微凸起；叶柄长2.5～6cm，顶端具2腺体；托叶长约1mm。花单性，雌雄同株，聚集成顶生、长6～12cm的总状花序。雌花通常生于花序轴最下部，雄花生于花序轴上部或有时整个花序全为雄花。雄花：苞片阔卵形，基部两侧各具一近肾形的腺体，每一苞片内具10～15朵花；雄蕊2枚。雌花：苞片基部两侧的腺体与雄花的相同，每一苞片内仅1朵雌花；花柱3，基部合生。蒴果梨状球形，成熟时黑色，直径1～1.5cm。具3种子；种子外被白色、蜡质的假种皮。花期4～8月。

习性：喜光，不耐荫。喜温暖环境，不甚耐寒。抗风力强，耐水湿。

分布：黄河以南各省区，北达陕西、甘肃。

园林应用：园路树、庭荫树、园景树、风景林、树林、水边绿化等。

15 紫锦木 *Euphorbia cotinifolia* Linn. 大戟属

别名：肖黄栌

形态特征：常绿乔木，高13～19m。叶3枚轮生，圆卵形，长2～6cm，宽2～4cm，先端钝圆，基部近平截；主脉于两面明显，侧脉近平行；边缘全缘；两面红色；叶柄长2～9cm，略带红色。花序生于二歧分枝的顶端，柄长2cm；总苞阔钟状，高2.5～3mm，边缘4～6裂，边缘具毛；腺体4～6

枚，半圆形，深绿色。雄花多数；苞片丝状；雌花柄伸出总苞外；子房三棱状，纵沟明显。蒴果三棱状卵形，高约 5mm，直径约 6mm，光滑无毛。

习性：喜阳光充足、温暖、湿润的环境，不耐寒。

分布：福建、台湾有栽培。

园林应用：园路树、庭荫树、园景树、盆栽及盆景观赏等。

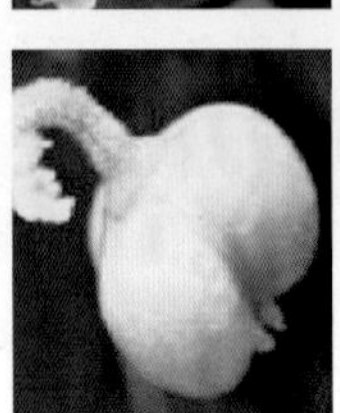

16 一品红 *Euphorbia pulcherrima* Willd. ex Klotzsch　　大戟属

别名：老来娇、圣诞花

形态特征：常绿灌木，高 1 ~ 3m。叶互生，卵状椭圆形、长椭圆形或披针形，长 6 ~ 25cm，宽 4 ~ 10cm，先端渐尖或急尖，基部楔形或渐狭，绿色，边缘全缘或浅裂或波状浅裂，叶面被短柔毛或无毛，叶背被柔毛；叶柄长 2 ~ 5cm；无托叶；苞叶 5 ~ 7 枚，狭椭圆形，长 3 ~ 7cm，宽 1 ~ 2cm，全缘，朱红色；叶柄长 2 ~ 6cm。花序数个聚伞排列于枝顶；花序柄长 3 ~ 4mm；总苞坛状，淡绿色，边缘齿状 5 裂，腺体常 1 枚，黄色，常压扁，呈两唇状，长 4 ~ 5mm，宽约 3mm。雄花多数；苞片丝状，具柔毛；雌花 1 枚；花柱 3。蒴果，三棱状圆形，长 1.5 ~ 2.0 cm，直径约 1.5cm。花果期 10 至次年 4 月。

习性：喜暖热气候，不耐寒。

分布：热带和亚热带。

园林应用：园景树、基础种置、盆栽及盆景观赏等。

17 绿玉树 *Euphorbia tirucalli* L.　　大戟属

形态特征：小乔木，高 2 ~ 6m，幼时绿色。小枝肉质，具丰富乳汁。叶互生，长圆状线形，长 7 ~ 15mm，宽 0.7 ~ 1.5mm，先端钝，基部渐狭，全缘，无柄；常生于当年生嫩枝上，稀疏且很快脱落，由茎行使光合功能，故常呈无叶状态。花序密集于枝顶，基部具柄；总苞陀螺状，高约 2mm；腺体 5 枚。雄花数枚，伸出总苞之外。雌花 1 枚，花柱 3，中部以下合生。蒴果棱状三角形，长度与直径均约 8mm，平滑。花果期 7 ~ 10 月。

习性：喜光，喜温暖气候，耐旱，耐盐和耐风，耐瘠薄。

分布：热带和亚热带。

园林应用：园景树、海边防风林。

18 铁海棠 *Euphorbia milii* Ch. Des Moulins　　大戟属

别名：虎刺梅

形态特征：蔓生灌木。茎多分枝，长 60 ~ 100cm，直径 5 ~ 10mm，具纵棱，密生硬而尖的锥状刺，刺长 1 ~ 1.5cm，常呈 3 ~ 5 列排列于棱脊上。叶互生，通常集中于嫩枝上，倒卵形或长圆状匙形，长 1.5 ~ 5.0cm，宽 0.8 ~ 1.8cm，先端圆，具小尖头，基部渐狭，全缘；无柄或近无柄；托叶早落。花序 2、4 或 8 个组成二歧状复花序，生于枝上部叶腋；苞叶 2 枚，肾圆形，长 8 ~ 10mm，宽 12 ~ 14mm，上面鲜红色，下面淡红色，紧贴花序。雄花数枚；花柱 3，中部以下合生。蒴果三棱状卵形，长约 3.5mm，直径约 4mm，平滑无毛，成熟时分裂为 3 个分果爿。花果期全年。

习性：喜温暖、湿润和阳光充足的环境。稍耐阴，忌高温，较耐旱，不耐寒。

分布：热带和温带；我国南北方均有栽培。

园林应用：盆栽观赏，刺篱等。

19 玉麒麟 *Euphorbia neriifolia f. cristata* 大戟属

形态特征：叶片翠绿，茎叶均具肉质，株形优雅，酷似我国古代传说中的麒麟，故得名玉麒麟。肉质变态茎呈不规则的掌状扇形，嫩时绿色，老时黄褐色并木质化，变态茎顶端及边缘密生肉质叶。

习性：喜温暖，喜光，耐旱，不耐寒，耐半荫。

分布：全国各地均有栽培。

园林应用：园景树、盆栽观赏。

20 五月茶 *Antidesma bunius* (L.) Spreng.

五月茶属

形态特征：常绿乔木，高达 10m。叶片纸质，长椭圆形、倒卵形或长倒卵形，长 8 ~ 23cm，宽 3 ~ 10cm，顶端急尖至圆，有短尖头，基部宽楔形或楔形，叶面有光泽，叶背绿色；侧脉每边 7 ~ 11 条，在叶面扁平，在叶背稍凸起；叶柄长 3 ~ 10mm；托叶线形，早落。雄花序为顶生的穗状花序，长 6 ~ 17cm；雄花：花萼杯状，雄蕊 3 ~ 4。雌花序为顶生的总状花序，长 5 ~ 18cm，雌花：雌蕊稍长于萼片。核果近球形或椭圆形，长 8 ~ 10mm，直径 8mm，成熟时红色。花期 3 ~ 5 月，果期 6 ~ 11 月。

习性：生于疏林或密林中。海拔 200 ~ 1500m。

分布：江西、福建、湖南、广东、海南、广西、贵州、云南和西藏等省区。

园林应用：庭荫树、园景树。

21 守宫木 *Sauropus androgynus* (L.) Merr.

守宫木属

形态特征:灌木，高 1 ~ 3m。叶片近膜质或薄纸质，卵状披针形、长圆状披针形或披针形，长 3 ~ 10cm，宽 1.5 ~ 3.5cm，顶端渐尖，基部楔形、圆或截形；侧脉上面扁平，下面凸起；叶柄长 2 ~ 4mm；托叶 2。雄花：1 ~ 2 朵腋生，直径 2 ~ 10mm；裂片倒卵形，无退化雌蕊。雌花：单生于叶腋；花萼 6 深裂，裂片红色，花柱 3，顶端 2 裂。蒴果扁球状或圆球状，直径约 1.7cm，高 1.2cm，乳白色，宿存花萼红色；果梗长 5 ~ 10mm。花期 4 ~ 7 月，果期 7 ~ 12 月。

习性：耐强光，又耐弱光。耐旱耐湿能力都特强。

分布：海南、广东和云南均有栽培。

园林应用：庭荫树、绿篱、盆栽观赏。

22 雪花木 *Breynia nivosa* (Bull) Small

大戟科

形态特征：常绿小灌木。株高约 0.5 ~ 1.2m。叶互生，排成 2 列，圆形或阔卵形，白色或有白色斑纹。嫩时白色，成熟时绿色带有白斑，老叶绿色。花小，花有红色、橙色、黄白等色，花期、夏秋两季。

习性：喜高温，耐寒性差，需全日照或半日照。

分布：我国南方各省栽培。

园林应用：地被、基础种置、绿篱、盆栽观赏。

七十九 鼠李科 Rhamnaceae

1 拐枣 *Hovenia acerba* Lindl.

枳椇属

别名：枳椇

形态特征：落叶乔木，高 10 ~ 25m。叶互生，厚纸质至纸质，宽卵形、椭圆状卵形或心形，长 8 ~ 17cm，宽 6 ~ 12cm，顶端长渐尖或短渐尖，基部截形或心形，边缘常具整齐浅而钝的细锯齿，上部或近顶端的叶有不明显的齿，上面无毛；叶柄长 2 ~ 5cm。二歧式聚伞圆锥花序，顶生和腋生，被棕色短柔毛；花两性，直径 5 ~ 6.5mm；萼片长 1.9 ~ 2.2mm，宽 1.3 ~ 2mm；花瓣椭圆状匙形，长 2 ~ 2.2mm，宽 1.6 ~ 2mm，具短爪。浆果状核果近球形，直径 5 ~ 6.5mm，无毛，成熟时黄褐色或棕褐色；果序轴明显膨大。花期 5 ~ 7 月，果期 8 ~ 10 月。

习性：喜温暖湿润气候。喜光，潮湿环境。萌芽力强。海拔 2100m 以下。

分布：陕西、甘肃以南各省。

园林应用：园路树、庭荫树。

2 枣 *Ziziphus jujuba* Mill. 枣属

别名：枣树、枣子

形态特征：落叶小乔木，高达 10m。有长枝，短枝和无芽小枝。长枝呈之字形曲折，具 2 个托叶刺，长刺可达 3cm，粗直，短刺下弯，长 4 ~ 6mm。叶纸质，卵形，卵状椭圆形，长 3 ~ 7cm，宽 1.5 ~ 4cm，顶端钝或圆形，具小尖头，基部稍不对称，近圆形，边缘具圆齿状锯齿，基生三出脉；叶柄长 1 ~ 6mm。花黄绿色，两性，5 基数，单生或 2 ~ 8 个密集成腋生聚伞花序；花梗长 2 ~ 3mm；萼片卵状三角形；花瓣倒卵圆形，基部有爪，与雄蕊等长；花柱 2 半裂。核果矩圆形或长卵圆形，长 2 ~ 3.5cm，直径 1.5 ~ 2cm，成熟时红色，后变红紫色。花期 5 ~ 7 月，果期 8 ~ 9 月。

习性：强阳性，耐干旱、瘠薄，较耐酸性、盐碱土及低湿地。海拔 1700m 以下。

分布：西北、吉林、辽宁以南各省。

园林应用：园路树、园景树、盆栽及盆景观赏等。

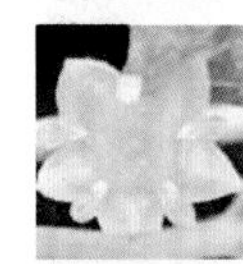

3 马甲子 *Paliurus ramosissimus* (Lour.) Poir. 马甲子属

别名：铁篱笆、铜钱树

形态特征：落叶灌木，高达 6m。叶互生，纸质，卵状椭圆形或近圆形，长 3 ~ 5.5cm，宽 2.2 ~ 5cm，顶端钝或圆形，基部宽楔形、楔形或近圆形，稍偏斜，边缘具钝细锯齿或细锯齿，上面沿脉被棕褐色短柔毛，基生三出脉；叶柄长 5 ~ 9mm，基部有 2 个紫红色斜向直立的针刺，长 0.4 ~ 1.7cm。腋生聚伞花序，被黄色绒毛；萼片长 2mm，宽 1.6 ~ 1.8mm；花瓣匙形；雄蕊与花瓣等长或略长于花瓣；花柱 3 深裂。核果杯状，被黄褐色或棕褐色绒毛，周围具木栓质 3 浅裂的窄翅。花期 5 ~ 8 月，果期 9 ~ 10 月。

习性：强阳性，喜干冷气候及沙壤，耐干旱、瘠薄；对酸性、盐碱土及低湿地都有一定的忍耐性。海拔 2000m 以下。

分布：长江中下流、华南、西南、台湾。

园林应用：绿篱、盆栽及盆景等。

4 铜钱树 *Paliurus hemsleyanus* Rehd. 马甲子属

形态特征：落叶乔木，高达 13m。叶互生，纸质或厚纸质，宽椭圆形，卵状椭圆形，长 4 ~ 12cm，宽 3 ~ 9cm，顶端长渐尖或渐尖，基部偏斜，宽楔形或近圆形，边缘具圆锯齿或钝细锯齿，两面无毛，基生三出脉；叶柄长 0.6 ~ 2cm；无托叶刺，但幼树叶柄基部有 2 个斜向直立的针刺。聚伞花序或聚伞圆锥花序；萼片三角形或宽卵形，长 2mm，宽 1.8mm；花瓣匙形，长 1.8mm，宽 1.2mm；雄蕊长于花瓣；花柱 3 深裂。核果草帽状，周围具革质宽翅，红褐色或紫红色，无毛，直径 2 ~ 3.8cm；果梗长 1.2 ~ 1.5cm。花期 4 ~ 6 月，果期 7 ~ 9 月。

习性：海拔 200 ~ 1000m 的山地林间。

分布：甘肃、陕西以南各省。

园林应用：园景树、绿篱。

5 鼠李 *Rhamnus davurica* Pall. 鼠李属

别名：臭李子、大绿

形态特征：落叶灌木或小乔木，高达10m。叶纸质，对生或近对生，或在短枝上簇生，宽椭圆形或卵圆形，长4～13cm，宽2～6cm，顶端突尖或短渐尖至渐尖，基部楔形或近圆形，有时稀偏斜，边缘具圆齿状细锯齿，齿端常有红色腺体，上面无毛或沿脉有疏柔毛，下面沿脉被白色疏柔毛，侧脉两面凸起，网脉明显；叶柄长1.5～4cm。花单性，雌雄异株，4基数，有花瓣。雌花1～3个生于叶腋或数个至20余个簇生于短枝端，花柱2～3浅裂或半裂。核果球形，黑色，直径5～6mm，具2分核，基部有宿存的萼筒。花期5～6月，果期7～10月。

习性：喜光，怕湿热，耐寒，零下10℃无冻害。较耐旱，不耐积水。海拔1800m以下。

分布：黑龙江、吉林、辽宁、河北、山西。

园林应用：树林、园景树、绿篱、盆栽及盆景等。

6 多花勾儿茶 *Berchemia floribunda* (Wall.) Brongn. 勾儿茶属

形态特征：落叶藤状或直立灌木。幼枝光滑。叶纸质，上部叶较小，卵形或卵状椭圆形至与卵状披针形，长4～9cm，宽2～5cm，顶端锐尖，下部叶较大，椭圆形至矩圆形，长达11cm，宽达6.5cm，顶端钝或圆形，基部圆形，上面绿色，无毛；侧脉两面稍凸起；叶柄长1～2cm。花多数，通常数个簇生排成顶生宽聚伞圆锥花序，花序长可达15cm；花瓣倒卵形，雄蕊与花瓣等长。核果圆柱状椭圆形，长7～10mm，直径4～5mm，有时顶端稍宽，基部有盘状的宿存花盘。花期7～10月，果期翌时年4～7月。

习性：生于海拔2600m以下的山坡、沟谷、林缘、林下或灌丛中。

分布：山西、陕西、甘肃、河南、安徽、江苏、浙江、江西、福建、广东、广西、湖南、湖北、四川、贵州、云南、西藏。

园林应用：地被植物、垂直绿化。

八十 葡萄科 Vitaceae

1 葡萄 *Vitis vinifera* L. 葡萄属

别名：菩提子

形态特征：落叶木质藤本。卷须2叉分枝，每隔2节间断与叶对生。叶卵圆形，显著3～5浅裂或中裂，长7～18cm，宽6～16cm，中裂片顶端急尖，裂片常靠合，裂缺狭窄，间或宽阔，基部深心形，基缺凹成圆形，边缘有 22 ~ 27 个锯齿，齿深而粗大，不整齐，齿端急尖，上面绿色，下面浅绿色；基生脉 5 出，中脉有侧脉 4 ~ 5 对。叶柄长 4 ~ 9cm，托叶早落。圆锥花序密集或疏散，多花，与叶对生，基部分枝发达，长 10 ~ 20cm。花梗长 1.5 ~ 2.5mm；萼浅碟形；花瓣 5，呈帽状粘合脱落；雄蕊 5。果实球形或椭圆形，直径 1.5 ~ 2cm。花期 4 ~ 5 月，果期 8 ~ 9 月。

习性：喜光，喜干燥及夏季高温的大陆性气候；冬季要一定低温。耐干旱、怕涝。

分布：各地广泛种置。

园林应用：垂直绿化、盆栽及盆景观赏等。

2 爬山虎 *Parthenocissus tricuspidata* (Sieb. et Zucc.) Planch. 地锦属

别名：地锦、趴墙虎

形态特征：落叶木质藤本植物。卷须 5 ~ 9 分枝，相隔 2 节间断与叶对生。卷须顶端嫩时膨大呈圆珠形，后遇附着物扩大成吸盘。叶为单叶，通常着生在短枝上为 3 浅裂，在长枝上者小型不裂，叶片通常倒卵圆形，长 4.5 ~ 17cm，宽 4 ~ 16cm，顶端裂片急尖，基部心形，边缘有粗锯齿，下面浅绿色；基出脉 5；叶柄长 4 ~ 12cm。花序着生于两叶间的短枝上，形成多歧聚伞花序，长 2.5 ~ 12.5cm；花梗长 2 ~ 3mm，无毛；花瓣 5，长椭圆形，高 1.8 ~ 2.7mm；雄蕊 4。果实球形，直径 1 ~ 1.5cm，有种子 1 ~ 3 颗。花期 5 ~ 8 月，果期 9 ~ 10 月。

习性：喜阴湿环境，但不怕强光，耐寒，耐旱，耐贫瘠，耐修剪，怕积水。对二氧化硫和氯化氢等有害气体有较强的抗性，对空气中的灰尘有吸附能力。海拔 150 ~ 1200m。

分布：吉林、辽宁，华北、长江中下流、福建、台湾。

园林应用：地被植物、专类园、特殊环境绿化、垂直绿化等。

3 异叶地锦 *Parthenocissus dalzielii* Gagnep. 地锦属

别名：异叶爬山虎

形态特征：落叶木质藤本。卷须总状 5 ~ 8 分枝，相隔 2 节间断与叶对生，卷须顶端嫩时膨大呈圆珠形，后遇附着物扩大呈吸盘状。两型叶，着生在短枝上常为 3 小叶，长枝上为单叶。单叶者叶片卵圆形，长 3 ~ 7cm，宽 2 ~ 5cm，顶端急尖或渐尖，基部心形或微心形，边缘有 4 ~ 5 个细牙齿，基出脉 3 ~ 5，中央脉有侧脉 2 ~ 3 对；3 小叶者，中央小叶长椭圆形，长 6 ~ 21cm，宽 3 ~ 8cm，最宽处在近中部，顶端渐尖，基部楔形，边缘在中部以上有 3 ~ 8 个细牙齿，侧生小叶卵椭圆形，长 5.5 ~ 19cm，宽 3 ~ 7. 5cm，最宽处在下部，顶端渐尖，基部极不对称，近圆形，外侧边缘有 5 ~ 8 个细牙齿；小叶有侧脉 5 ~ 6 对。花序假顶生于短枝顶端，多歧聚伞花序，长 3 ~ 12cm；花梗长 1 ~ 2mm；花瓣 4；雄蕊 5。果实近球形，直径 0.8 ~ 1cm，成熟时紫黑色。花期 5 ~ 7 月，果期 7 ~ 11 月。

习性：生山崖陡壁、山坡或山谷林中或灌丛岩石缝中，海拔 200 ~ 3800m。

分布：台湾、华南、长江中下流各省。

园林应用：地被植物、垂直绿化。

4 五叶地锦 *Parthenocissus quinquefolia* (L.) Planch. 地锦属

别名：五叶爬山虎

形态特征：落叶木质藤本。卷须总状 5 ~ 9 分枝，相隔 2 节间断与叶对生，卷须顶端嫩时尖细卷曲，后遇附着物扩大成吸盘。叶为掌状 5 小叶，小叶倒卵圆形、倒卵椭圆形或外侧小叶椭圆形，长 5.5 ~ 15cm，宽 3 ~ 9cm，最宽处在上部或外侧小叶最宽处在近中部，顶端短尾尖，基部楔形或阔楔形，边缘有粗锯齿；侧脉 5 ~ 7 对；叶柄长 5 ~ 14.5cm。花序假顶生，形成圆锥状多歧聚伞花序，长 8 ~ 20cm；萼碟形；花瓣 5；雄蕊 5。果实球形，直径 1 ~ 1.2cm。花期 6 ~ 7 月，果期 8 ~ 10 月。

习性：喜光，稍耐荫，耐寒，喜肥沃的沙壤。

分布：华北及东北有栽培。

园林应用：地被植物、垂直绿化、特殊环境绿化。

5 绿叶地锦 *Parthenocissus laetevirens* Rehd. 地锦属

别名：绿叶爬山虎

形态特征：木质藤本。卷须总状 5 ~ 10 分枝，相隔 2 节间断与叶对生，卷须顶端嫩时膨大呈块状，后遇附着物扩大成吸盘。叶为掌状 5 小叶，小叶倒卵长椭圆形或倒卵披针形，长 2 ~ 12cm，宽 1 ~ 5cm，最宽处在近中部或中部以上，顶端急尖或渐尖，基部楔形，边缘上半部有 5 ~ 12 个锯齿，上面显著呈泡状隆起；叶柄长 2 ~ 6cm，小叶有短柄或几无柄。多歧聚伞花序圆锥状，长 6 ~ 15cm，中轴明显，假顶生；花序梗长 0.5 ~ 4cm；花瓣 5，椭圆形，高 1.6 ~ 2.6mm；雄蕊 5。果实球形，直径 0.6 ~ 0.8cm。花期 7 ~ 8 月，果期 9 ~ 11 月。

习性：生山谷林中或山坡灌丛，攀援树上或崖石壁上，海拔 140 ~ 1100m。

分布：产河南、安徽、江西、江苏、浙江、湖北、湖南、福建、广东、广西。

园林应用：地被植物、垂直绿化、特殊环境绿化。

6 粉叶爬山虎 *Yua thomsonii* (Laws.) C. L. Li
俞藤属

别名：俞藤

形态特征：落叶木质藤本。小枝圆柱形，褐色，嫩枝略有棱纹，无毛；卷须 2 叉分枝，相隔 2 节间断与叶对生。叶为掌状 5 小叶，草质，小叶披针形或卵披针形，长 2.5 ~ 7cm，宽 1.5 ~ 3cm，顶端渐尖或尾状渐尖，基部楔形，边缘上半部每侧有 4 ~ 7 个细锐锯齿，上面绿色，无毛，下面淡绿色，常被白色粉霜，无毛或脉上被稀疏短柔毛，网脉不明显突出，侧脉 4 ~ 6 对；小叶柄长 2 ~ 10cm，有时侧生小叶近无柄，无毛；叶柄长2.5 ~ 6cm，无毛。花序为复二歧聚伞花序，与叶对生，无毛；萼碟形，边缘全缘，无毛；花瓣 5，雄蕊 5，稀 4，长约 2.5mm，花药长椭圆形，长约 1.5mm；雌蕊长约 3mm，花柱细，柱头不明显扩大。果实近球形，直径 1 ~ 1.3cm，紫黑色，味淡甜。种子梨形。花期 5 ~ 6 月，果期 7 ~ 9 月。

习性：生山坡林中，攀援树上，海拔 250 ~ 1300m。

分布：长江中下流、福建、四川、云南、广西。

园林应用：垂直绿化。

7 扁担藤 *Tetrastigma planicaule* (Hook. f.) Gagnep.
崖爬藤属

别名：扁藤、过江扁龙

形态特征：木质大藤本，茎如扁担。小枝圆柱形或微扁，有纵棱纹。卷须不分枝，相隔 2 节间断与叶对生。叶为掌状 5 小叶，小叶长圆披针形、披针形、卵披针形，长 9~16cm，宽 3~6cm，顶端渐尖或急尖，基部楔形，边缘每侧有 5~9 个锯齿，锯齿不明显或细小，上面绿色，下面浅绿色，两面无毛；侧脉 5~6 对，网脉突出；叶柄长 3~11cm。花序腋生，长 15~17cm，比叶柄长 1~1.5 倍，下部有节，节上有褐色苞片，二级和三级分枝 4，集生成伞形；花序梗长 3~4cm；花梗长 3-10mm；萼浅碟形；花瓣 4，卵状三角形，高 2~2.5mm，顶端呈风帽状；雄蕊 4；花盘 4 浅裂。果实近球形，直径 2~3cm，多肉质，有种子 1~2 颗，幼嫩时绿色，较酸，成熟时棕红色，变软，汁多微甜可食用。花期 4~6 月，果期 8~2 月。

习性：生长河谷，季雨林中。海拔 340 ~ 1550m。

分布：福建、广东、广西、贵州、云南、西藏东南部。

园林应用：地被植物、垂直绿化。

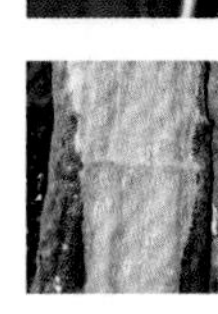

八十一 省沽油科 Staphyleaceae

1 野鸦椿 *Euscaphis japonica* (Thunb.) Dippel
野鸦椿属

别名：酒药花、鸡肾果

形态特征：落叶小乔木或灌木，高 2 ~ 8m。枝叶揉碎后发出恶臭气味。叶对生，奇数羽状复叶，长 8 ~ 32cm，叶轴淡绿色，小叶 5 ~ 9cm，厚纸质，长卵形或椭圆形，长 4 ~ 9cm，宽 2 ~ 4cm，先端渐尖，基部钝圆，边缘具疏短锯齿，齿尖有腺休，主脉在上叶面明显、叶背面突出，侧脉 8 ~ 11，在两面可见，小叶柄长 1 ~ 2mm，小托叶线形，基部较宽，先端尖，有微柔毛。圆锥花序顶生，花梗长达 21cm，花多，较密集，黄白色，径 4 ~ 5mm，萼片与花瓣均 5。蓇葖果长 1 ~ 2cm，每一花发育为 1 ~ 3 个蓇葖，果皮软革质，紫红色，种子假种皮肉质，黑色。花期 5 ~ 6 月，果期 8 ~ 9 月。

习性：喜湿润、日照时间短、土壤肥沃、疏松、排水良好的典型的山区环境条件。

分布：除西北各省外，全国均产。

园林应用：园景树、树林等。

2 瘿椒树 *Tapiscia sinensis* Oliv. 瘿椒树属

别名：银鹊树、银雀树

形态特征：落叶乔木，高 8 ~ 15m。奇数羽状复叶，长达 30cm；小叶 5 ~ 9，狭卵形或卵形，长 6 ~ 14cm，宽 3.5 ~ 6cm，基部心形或近心形，边缘具锯齿，两面无毛或仅背面脉腋被毛，上面绿色，背面带灰白色，密被近乳头状白粉点；侧生小叶柄短，顶生小叶柄长达 12cm。圆锥花序腋生，雄花与两性花异株，雄花序长达 25cm，两性花的花序长约 10cm，花小，长约 2mm，黄色，有香气；两性花：花萼钟状，长约 1mm，5 浅裂；花瓣 5；雄蕊 5，花柱长过雄蕊；雄花有退化雌蕊。果序长达 10cm，核果近球形或椭圆形，长仅 7mm。

习性：较耐荫，喜肥沃湿润环境，不耐高温和干旱。

分布：浙江、安徽、湖北、湖南、广东、广西、四川、云南、贵州。

园林应用：园景树。

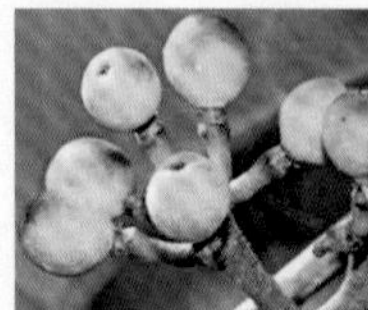

3 大果山香圆 *Turpinia pomifera* (Roxb.) DC. 山香圆属

形态特征：常绿小乔木或灌木，高可达 8m。小枝灰色，节处常膨大；奇数羽状复叶长 15~50cm，托叶在二对生叶柄间，脱落；小叶 3~9，薄革质，矩圆状椭圆形，稀近卵形，长 8~14cm，宽 5~7cm，先端尖或钝有突尖，基部常宽楔形，边缘有锯齿，两面无毛，侧脉 7~8，连同网脉在两面明显可见，网脉近平行；顶生小叶柄长达 5cm，侧生小叶柄长仅 5—15mm。圆锥花序顶生，花序短于叶，长达 21cm，较粗壮，花大，长 3.5~4mm。果大，径 1.5~2.5cm。花期 1~4 月；果 10 月尚存。

习性：杂木林中、村边、路旁。海拔 350~650m.

分布：云南南部、广西。

园林应用：园景树。

八十二 伯乐树科 Bretschneideraceae

1 伯乐树 *Bretschneidera sinensis* Hemsl. 伯乐树属

别名：钟萼木

形态特征：乔木，高 10 ~ 20m。羽状复叶通常长 25 ~ 45cm，总轴有疏短柔毛或无毛；叶柄长 10 ~ 18cm，小叶 7 ~ 15 片，纸质或革质，狭椭圆形，菱状长圆形，长圆状披针形或卵状披针形，多少偏斜，长 6 ~ 26cm，宽 3 ~ 9cm，全缘，顶端渐尖或急短渐尖，基部钝圆或短尖、楔形，叶脉在叶背明显。花序长 20 ~ 36cm;花淡红色，直径约 4cm，花梗长 2 ~ 3cm；花萼直径约 2cm，长 1.2 ~ 1.7cm，顶端具短的 5 齿，花瓣阔匙形或倒卵楔形，长 1.8 ~ 2cm，宽 1 ~ 1.5cm，内面有红色纵条纹。果椭圆球形或阔卵形,长 3 ~ 5.5cm，直径 2 ~ 3.5cm。花期 3 ~ 9 月,果期 5 月至翌年 4 月。

习性：中性偏荫，能耐 -8℃的低温，不耐高温；抗风能力强。

分布：西南、华南及长江中下流地区。

园林应用：园景树、树林等。

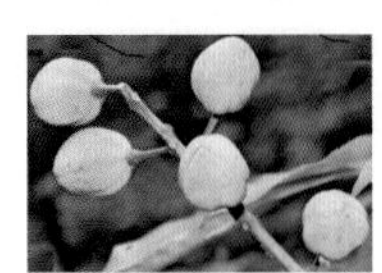

八十三 无患子科 Sapindaceae

1 栾树 *Koelreuteria paniculata* Laxm. 栾树属

别名：木栾、栾华、石栾树

形态特征：落叶乔木。叶为一回、不完全二回或偶有为二回羽状复叶，长可达 50cm；小叶 11 ~ 18 片，对生或互生，纸质，卵形、阔卵形至卵状披针形，长 5 ~ 10cm，宽 3 ~ 6cm，顶端短尖或短渐尖，基部钝至近截形，边缘有不规则的钝锯齿，齿端具小尖头，有时小叶背面被茸毛。聚伞圆锥花序长 25 ~ 40cm，分枝长而广展,在末次分枝上的聚伞花序具花 3 ~ 6 朵；苞片狭披针形；花淡黄色，稍芬芳；花瓣 4，瓣片基部的鳞片初时黄色，开花时橙红色；雄蕊 8 枚。蒴果圆锥形，具 3 棱，长 4 ~ 6cm，顶端渐尖，果瓣卵形。花期 6 ~ 8 月，果期 9 ~ 10 月。

习性：喜光，稍耐半荫的植物；耐寒；不耐水淹，耐干旱和瘠薄。抗 -25℃低温。抗风、烟尘、粉尘、二氧化硫和臭氧均有较强的抗性。海拔 2600m 以下。

分布:辽宁以南至中部、云南，以华中、华东较为常见。

园林应用:行道树、园路树、庭荫树、园景树、防护林、特殊环境绿化等。

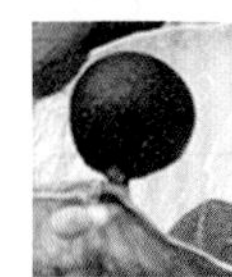

2 复羽叶栾树 *Koelreuteria bipinnata* Franch. 栾树属

别名：灯笼树、摇钱树

形态特征：落叶乔木，高可达 20m。叶平展，二回羽状复叶，长 45 ~ 70cm；小叶 9 ~ 17 片，互生，纸质或近革质，斜卵形，长 6.5 ~ 7cm，宽 2 ~ 3.5cm，顶端短尖至短渐尖，基部阔楔形或圆形，略偏斜，边缘有内弯的小锯齿，两面无毛或上面中脉上被微柔毛，下面密被短柔毛。圆锥花序大型，长 35 ~ 70cm；萼 5 裂达中部;花瓣 4，长圆状披针形，瓣片长 6 ~ 9mm，宽 1.5 ~ 3mm，瓣爪长 1.5 ~ 3mm，鳞片深 2 裂；雄蕊 8 枚。蒴果椭圆形或近球形，具 3 棱，淡紫红色，长 4 ~ 7cm，宽 3.5 ~ 5cm，顶端钝或圆。花期 7 ~ 9 月，果期 8 ~ 10 月。

习性：喜光，喜温暖湿润气候，耐干旱，抗风，抗大气污染。海拔 400 ~ 2500m。

分布：云南、贵州、四川、湖北、湖南、广西、广东等省区。生于的山地疏林中。

园林应用：行道树、园路树、庭荫树、园景树、防护林、特殊环境绿化等。

3 台湾栾树 *Koelreuteria elegans* (Seem.) A. C. Smith *subsp. formosana* (Hayata) Meyer 栾树属

形态特征：落叶乔木，高 17m 或更高。二回羽状复叶连叶柄长可达 50cm；叶柄长 2 ~ 2.5cm；小叶 5 ~ 13 片，近革质，长圆状卵形，长 6 ~ 8cm，宽 2.5 ~ 3cm，形状和大小有变异，顶端长渐尖至尾尖，基部极偏斜，边缘有稍内弯的锯齿或中部以下齿不明显而近全缘。圆锥花序顶生，长达 25cm；花黄色，直径约 5mm；萼片 5；花瓣 5 片，披针形或长圆形，内侧基部有 2 裂、顶端具疣状小齿的鳞片；雄蕊 7 ~ 8 枚。蒴果膨胀，椭圆形，具 3 棱，长约 4cm，果瓣近圆形，外面具网状脉纹。花期 10 月。

习性：耐旱，抗风。

分布：台湾，深圳等地有引种栽培。

园林应用：行道树、园路树、庭荫树、园景树等。

4 文冠果 *Xanthoceras sorbifolium* Bunge 文冠果属

别名：文冠树、文冠花

形态特征：落叶灌木或小乔木，高 2 ~ 5m。叶连柄长 15 ~ 30cm；小叶 4 ~ 8 对，膜质或纸质，披针形或近卵形，两侧稍不对称，长 2.5 ~ 6cm，宽 1.2 ~ 2cm，顶端渐尖，基部楔形，边缘有锐利锯齿，顶生小叶通常 3 深裂；侧脉两面略凸起。花序先叶开放或与叶同时开放。两性花的花序顶生，雄花序腋生，长 12 ~ 20cm，直立，总花梗短；花梗长 1.2 ~ 2cm；苞片长 0.5 ~ 1cm；萼片长 6 ~ 7mm；花瓣白色，基部紫红色或黄色，有清晰的脉纹，长约 2cm，宽 7 ~ 10mm；花盘的角状附属体橙黄色，长 4 ~ 5mm；雄蕊长约 1.5cm。蒴果长达 6cm。花期春季,果期秋初。

习性：喜阳，耐半荫，耐瘠薄、耐盐碱，抗寒、抗旱能力极强，不耐涝、怕风。

分布：西至宁夏、甘肃，东北至辽宁，北至内蒙古，南至河南。

园林应用：庭荫树、园景树、风景林等

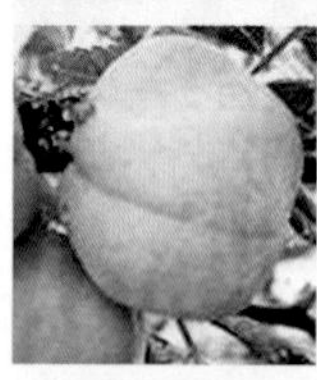

5 无患子 *Sapindus mukorossi* Gaertn. 无患子属

别名：洗手果、苦患树

形态特征：落叶大乔木，高达 20m。一回羽状复叶，叶连柄长 25 ~ 45cm 或更长，叶轴稍扁；小叶 5 ~ 8 对，通常近对生，叶片薄纸质，长椭圆状披针形或稍呈镰形，长 7 ~ 15cm 或更长，宽 2 ~ 5cm，顶端短尖或短渐尖，基部楔形，稍不对称，腹面有光泽，两面无毛或背面被微柔毛；侧脉近平行；小叶柄长约 5mm。花序

顶生，圆锥形；花小，辐射对称，花梗常很短；萼片长约 2mm；花瓣 5，长约 2.5mm；雄蕊 8，伸出。果的发育分果爿近球形，直径 2 ~ 2.5cm 。花期春季，果期夏秋。

习性：喜光，稍耐荫，耐寒能力较强。抗风力强。不耐水湿，能耐干旱。不耐修剪。对二氧化硫抗性较强。

分布：东部、南部至西南部。

园林应用：行道树、园路树、庭荫树、园景树、风景林、特殊环境绿化等。

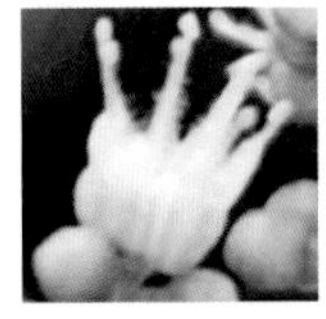

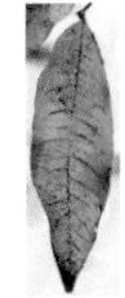

6 荔枝 *Litchi chinensis* Sonn. 荔枝属

别名：离枝

形态特征：常绿乔木，高通常不超过 10m。叶连柄长 10 ~ 25cm；小叶 2 或 3 对，薄革质或革质，披针形或卵状披针形，有时长椭圆状披针形，长 6 ~ 15cm，宽 2 ~ 4cm，顶端骤尖或尾状短渐尖，全缘，腹面深绿色，有光泽，背面粉绿色，两面无毛；侧脉在背面明显或稍凸起；小叶柄长 7 ~ 8mm。花序顶生，阔大，多分枝；花梗纤细，长 2 ~ 4mm，有时粗而短；萼被金黄色短绒毛；雄蕊 6 ~ 7，有时 8。果卵圆形至近球形，长 2 ~ 3.5cm，成熟时通常暗红色至鲜红色。花期春季，果期夏季。

习性：喜高温高湿，喜光向阳；要求花芽分化期有相对低温。

分布：广东、广西和福建南部。

园林应用：行道树、园路树、园景树等。

7 龙眼 *Dimocarpus longan* Lour. 龙眼属

别名：圆眼、桂圆

形态特征：常绿乔木，高 10 余 m，有板根。叶连柄长 15 ~ 30cm 或更长；小叶 4 ~ 5 对，薄革质，长圆状椭圆形至长圆状披针形，两侧常不对称，长 6 ~ 15cm，宽 2.5 ~ 5cm，顶端短尖，有时稍钝头，基部极不对称，上侧阔楔形至截平，几与叶轴平行，下侧窄楔尖；侧脉在背面凸起。花序大型，多分枝，顶生和近枝顶腋生，密被星状毛；花梗短；萼片近革质，三角状卵形，长约 2.5mm，两面均被褐黄色绒毛和成束的星状毛；花瓣乳白色，披针形，与萼片近等长，仅外面被微柔毛；花丝被短硬毛。果近球形，直径 1.2 ~ 2.5cm。花期春夏间，果期夏季。

习性：喜暖热湿润气候，稍比荔枝耐寒和耐旱。耐旱、耐酸、耐瘠、忌浸。

分布：广东、广西和福建南部。

园林应用：园路树、园景树等。

8 红毛丹 *Nephelium lappaceum* L.　　韶子属

形态特征：常绿乔木，高10m。叶连柄长15～45cm，叶轴稍粗壮；小叶2或3对，薄革质，椭圆形或倒卵形，长6～18cm，宽4～7.5cm，顶端钝或微圆，基部楔形，全缘，两面无毛；侧脉在背面凸起。花序常多分枝，与叶近等长或更长，被锈色短绒毛；花梗短；无花瓣；雄蕊长约3mm。果阔椭圆形，红黄色，连刺长约5cm，宽约4.5cm，刺长约1cm。花期夏初，果期秋初。

习性：喜高温多湿。土壤pH值在4.5～6.5之间。

分布：台湾、海南、云南。

园林应用：庭荫树、园景树。

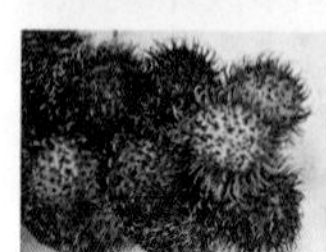

9 蕨叶罗望子 *Sarcotoechia serrata* Fern.

形态特征：小乔木，胸径偶可达30cm。偶数羽状复叶，有小叶6～12对，小叶长2～5.5cm，宽1.2～2.5cm，小叶柄短或无，小叶边缘有明显大锯齿，近于浅裂，中脉上凸，顶芽和嫩枝淡棕色，多少具卷曲或直立的毛，老时颜色变深，多叶的小枝有纵槽。花长5～10mm，花梗长约3～5mm，花瓣卵形或渐尖，长约2mm，雄蕊，花丝长约2.5～3.5mm。果实扁椭圆球形或倒卵球形，长12～23mm，宽12～25mm，通常2裂。

习性：喜热带高温、高湿环境。

分布：华南有引种栽培。

园林应用：园景树。

八十四 七叶树科 Hippocastanaceae

1 七叶树 *Aesculus chinensis* Bunge　七叶树属

别名：桫椤树

形态特征：落叶乔木，高达25m。掌状复叶，由5～7小组成，叶柄长10～12cm，有灰色微柔毛；小叶纸质，长圆披针形至长圆倒披针形，稀长椭圆形，先端短锐尖，基部楔形或阔楔形，边缘有钝尖形的细锯齿，长8～16cm，宽3～5cm；侧脉在上面微显著，在下面显著；中央小叶的小叶柄长1～1.8cm，两侧的小叶柄长5～10mm。花序圆筒形，连同长5～10cm的总花梗在内共长21～2 5cm，小花序常由5～10朵花组成，长2～2.5cm，花梗长2～4mm。花杂性，雄花与两性花同株；花瓣4，白色，长圆倒卵形至长圆倒披针形，长约8～12mm，宽5～1.5mm；雄蕊6，长1.8～3cm。果实球形或倒卵圆形，顶部短尖或钝圆而中部略凹下，直径3～4cm，黄褐色。花期4～5月，果期10月。

习性：喜光，稍耐荫；喜温暖气候，耐严寒。海拔700m以下。

分布：河北、山西、河南、陕西均有栽培。

园林应用：行道树、园路树、庭荫树、园景树、风景林、树林、特殊环境绿化。

2 天师栗 *Aesculus wilsonii* Rehd. 七叶树属

别名：猴板栗、娑罗果

形态特征：落叶乔木，常高 15 ~ 20m。掌状复叶对生，有长 10 ~ 15cm 的叶柄；小叶 5 ~ 7 枚，长圆倒卵形、长圆形或长圆倒披针形，先端锐尖或短锐尖，基部阔楔形或近于圆形，边缘骨质硬头的小锯齿，长 10 ~ 25cm，宽 4 ~ 8cm，侧脉上面微凸起，在下面很显著地凸起，小叶柄长 1.5 ~ 2.5cm。花序顶生，直立，圆筒形，长 20 ~ 30cm，基部的直径 10 ~ 12，总花梗长 8 ~ 10cm。花有很浓的香味，杂性，雄花与两性花同株，雄花多生于花序上段，两性花生于其下段，不整齐；花瓣 4，倒卵形，长 1.2 ~ 1.4cm，外面有绒毛。蒴果黄褐色，卵圆形或近于梨形，长 3 ~ 4cm。花期 4 ~ 5 月，果期 9 ~ 10 月。

习性：弱阳性，喜温暖湿润气候，不耐寒。海拔 1000 ~ 1800m。

分布：河南、湖北、湖南、江西、广东、四川、贵州和云南。

园林应用：行道树、园路树、庭荫树、园景树、风景林等。

3 红花七叶树 *Aesculus × carnea* ‘Briotii’ 七叶树属

形态特征：落叶乔木，高达 12m。树皮灰褐色，有片状剥落。小枝粗壮，栗褐色，光滑无毛。小叶通常 7 枚，倒卵状长椭圆形，春季新叶初上时，叶色殷红如血。花期为 5 月。花小，红色 。果球形或倒卵形，红褐色，9 ~ 10 月成熟。

习性：喜光、耐遮荫、耐寒、适应城市环境，抗风性强，喜排水良好的土壤。适于气候温暖、湿润地区，也能耐 -43℃低温。

分布：华北地区有引种。

园林应用：行道树、园路树、庭荫树、园景树、风景林等。

4 欧洲七叶树 *Aesculus hippocastanum* Linn. 七叶树属

形态特征：落叶乔木，通常高达 25 ~ 30m。掌状复叶对生，有 5 ~ 7 小叶；小叶无小叶柄，倒卵形，长 10 ~ 25cm，宽 5 ~ 12cm，先端短急锐尖，基部楔形，边缘有钝尖的重锯齿，侧脉两面均显著；叶柄长 10 ~ 20cm。圆锥花序顶生，长 20 ~ 30cm，基部直径约 10cm，无毛或有棕色绒毛。花较大，直径约 2cm；花萼钟形，长 5 ~ 6mm，5 裂；花瓣 4 或 5，白色，有红色斑纹，爪初系黄色，后变棕色，边缘有长柔毛，中间的花瓣和其余 4 花瓣等长或不发育；雄蕊 5 ~ 8，生于雄花者较长，长 11 ~ 20mm，花丝有长柔毛；雌蕊有长柔毛，子房具有柄的腺体。果实系近于球形的蒴果，直径 6cm，褐色。花期 5 ~ 6 月，果期 9 月。

习性：喜光，稍耐荫，耐寒，喜深厚、肥沃而排水良好的土壤。

分布：上海和青岛等城市都有栽培。

园林应用：行道树、庭荫树、园景树等。

八十五 槭树科 Aceraceae

1 红翅槭 *Acer fabri* Hance 槭树属

别名：罗浮槭

形态特征：常绿乔木，高达 10m。单叶对生，全缘，革质，披针形或矩圆状披针形。雄花及两性花同株，组成圆锥花序；萼片 5，矩圆形，紫色，微有短柔毛；花瓣 5，倒卵形；雄蕊 8；翅果红色，两翅果张开成钝角。花期 4 月，果期 5 月上旬至 10 月底。

习性：耐寒、耐荫，喜肥沃的微酸性土壤，光照不足处，结果较少。海拔 500 ~ 1800m。

分布：广东、广西、江西、湖北、湖南、四川。

园林应用：风景林、园景树。

2 光叶槭 *Acer laevigatum* Wall. 槭树属

别名：长叶槭树

形态特征：常绿乔木，常高 10m，稀达 15m。当年生枝绿色或淡紫绿色；多年生枝淡褐绿色或深绿色。叶革质，全缘或近先端有稀疏的细锯齿，披针形或长圆披针形。花杂性，雄花与两性花同株，成伞房花序；萼片 5，淡紫绿色；花瓣 5，白色；雄蕊 6 ~ 8。翅果嫩时紫色，成熟时淡黄褐色，张开成锐角至钝角。花期 4 月，果期 8 ~ 9 月。

习性：喜光、喜湿润，耐荫能力强。海拔 1000 ~ 2000m。

分布：陕西南部、湖北西部、四川、贵州和云南。

园林应用：园景树、风景林、生态林。

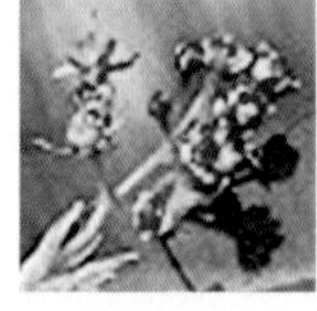

3 青榨槭 *Acer davidii* Franch. 槭树属

别名：青虾蟆、大卫槭

形态特征：落叶乔木，高约 10 ~ 15m。当年生的嫩枝紫绿色或绿褐色。叶纸质，长圆卵形或近于长圆形，常有尖尾，嫩时被红褐色短柔毛，渐老则脱落。花黄绿色，杂性，雄花与两性花同株，成下垂的总状花序，顶生于着叶的嫩枝，开花与嫩叶的生长大约同时，雄花通常 9 ~ 12 朵常成总状花序；两性花通常 15 ~ 30 朵常成总状花序；萼片 5；花瓣 5，倒卵形。翅果嫩时淡绿色，成熟后黄褐色，展开成钝角或成水平。花期 4 月，果期 9 月。

习性：耐半荫。能抗 -30 ~ -35℃的低温。耐瘠薄，萌芽性强。海拔 500 ~ 1500m。

分布：华北、华东、中南、西南各省区。

园林应用：庭荫树、园景树。

4 五角枫 *Acer mono* Maxim. 槭树属

别名：色木槭、地锦槭、五角槭

形态特征：落叶乔木，高可达 20m。叶通常掌状 5 裂，基部常为心形，裂片卵状三角形，全线、两面无毛或仅背面脉腋有簇毛，网脉两面明显隆起。花黄绿色，多花成顶生伞房花序。果核扁平，果翅展开成钝角，长约为果核的 2 倍。花期在 4 月；果 9 月 ~ 10 月成熟。

习性：喜温凉湿润气候，较喜光，稍耐荫；耐寒，耐贫瘠。海拔 800 ~ 1500m。

分布：东北、华北和长江流域各省。

园林应用：庭荫树、园路树。

5 元宝枫 *Acer truncatum* Bunge 槭树属

别名：平基槭

形态特征：落叶乔木，高达 8 ~ 10m。干皮灰黄色，浅纵裂；小枝淡土黄色，光滑无毛。叶掌状 5 裂，长 5 ~ 10cm，有时中裂片又 3 裂，裂片先端渐尖，叶基通常截形，两面无毛；叶柄细长，3 ~ 5cm。花黄绿色，径约 1cm，成顶生伞房花序。翅果扁平，两翅展开约成直角，翅较宽，略长于果核。花期在 4 月，果 10 月成熟。

习性：弱阳性，耐半荫，较抗风，不耐干热和强烈日晒；在潮湿、肥沃及排水良好的土壤中生长良好。

分布：华北、辽宁南部、河北、山西、陕西、河南、山东、安徽。

园林应用：庭荫树、风景林、行道树。

6 中华槭 *Acer sinense* Pax 槭树属

别名：华槭、华槭树

形态特征：落叶乔木，高 3 ~ 5m。树皮平滑，淡黄褐色或深黄褐色。当年生枝淡绿色或淡紫绿色，多年生枝绿褐色或深褐色，平滑；叶近于革质，基部心脏形或近于心脏形，稀截形；裂片长圆卵形或三角状卵形；花杂性，雄花与两性花同株，多花组成下垂的顶生圆锥花序；萼片 5，淡绿色；花瓣 5，白色；雄蕊 5 ~ 8。翅果淡黄色，常生成下垂的圆锥果序，张开成钝角或近于水平。花期 5 月；果期 8 ~ 9 月。

习性：较耐荫、喜湿润而肥沃土壤。海拔 1200 ~ 2000m。

分布：湖北、四川、湖南、贵州、广东、广西。

园林应用：庭荫树、风景林、专类园。

7 三角枫 *Acer buergerianum* Miq. 槭树属

别名：三角槭

形态特征：落叶乔木，高 5 ~ 10m；树皮暗灰色，片状剥落。叶倒卵状三角形、三角形或椭圆形，长 6 ~ 10cm，宽 3 ~ 5cm，通常 3 裂，裂片三角形，近于等大而呈三叉状，顶端短渐尖，全缘或略有浅齿，表面深绿色，无毛，背面有白粉，初有细柔毛，后变无毛。伞房花序顶生，有柔毛;花黄绿色，发叶后开花;子房密生柔毛。翅果棕黄色，两翅呈镰刀状，中部最宽，基部缩窄两翅开展成锐角，小坚果突起，有脉纹。花期 4 ~ 5 月，果熟期 9 ~ 10 月。

习性：喜光也耐荫，耐水湿，萌芽力强，耐修剪。喜温暖湿润气候。海拔 300 ~ 1000m。

分布：山东、河南、江苏、浙江、安徽、江西、湖北、湖南、贵州和广东等。

园林应用：园路树、庭荫树、园景树、风景林、专类园、盆栽及盆景观赏。

8 茶条槭 *Acer ginnala* Maxim. 槭树属

别名：茶条子

形态特征：落叶大灌木或小乔木，高达 6m。树皮灰褐色。幼枝绿色或紫褐色，老枝灰黄色。单叶对生，卵形或长卵状椭圆形，通常 3 裂或不明显 5 裂，或不裂，中裂片特大而长，基部圆形或近心形，边缘为不整齐疏重锯齿，近基部全缘；叶柄细长。花杂性同株，顶生伞房花序，多花，淡绿色或带黄色。翅果深褐色；两翅直立，展开成锐角或两翅近平行，相重叠。花期 5 ~ 6 月。果熟期 9 月。

习性：喜光，耐轻度遮荫；耐干旱及碱性土壤，耐寒。海拔 800m 以下。

分布：华北和华中地区。

园林应用：行道树、庭荫树，绿篱、盆栽。

9 鸡爪槭 *Acer palmatum* Thunb. 槭树属

别名：鸡爪枫

形态特征：落叶小乔木。树皮深灰色。当年生枝紫色或淡紫绿色；多年生枝淡灰紫色或深紫色。叶纸质，直径 7 ~ 10cm，基部心脏形或近于心脏形稀截形，5 ~ 9 掌状分裂，通常 7 裂，裂片长圆卵形或披针形，先端锐尖或长锐尖，边缘具紧贴的尖锐锯齿；裂片间的凹缺钝尖或锐尖，深达叶片的直径的 1/2 或 1/3;花紫色，杂性，雄花与两性花同株，生于无毛的伞房花序，叶发出以后才开花；萼片和花瓣均为 5；雄蕊 8。翅果嫩时紫红色，成熟时淡棕黄色；小坚果球形；翅果张开成钝角。花期 5 月，果期 9 月。

习 性：弱阳性，耐半荫，耐寒性不强。海拔 200 ~ 1200m。

分布：山东、河南及长江中下流各省。

园林应用：园景树、庭荫树、盆景或盆栽。

10 日本槭 *Acer japonicum* Thunb.　　槭树属

别名：羽扇槭、舞扇槭

形态特征：落叶小乔木。叶较大，长 8 ~ 14cm，掌状 7 ~ 11 裂，基部心形，裂片长卵形，边缘有重锯齿，幼时有丝状毛，不久即脱落，仅背面脉上有残留 . 花较大，紫红色，径约 1 ~ 1.5cm，萼片大而花瓣状，子房密生柔毛；雄花与两性花同株，成顶生下垂伞房花序 . 果核扁平或略突起，两果翅长而展开成钝角或几成水平 . 花期 4 ~ 5 月,与叶同放。果 9 ~ 10 月成熟。

习性:喜光,耐半荫。喜温暖湿润气候和排水良好、肥沃、湿润的土壤。生长较慢。

分布：辽宁、江苏引种栽培。

园林应用：园景树、风景林、水边绿化、基础种植、专类园、盆栽及盆景观赏。

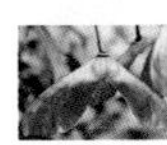

11 复叶槭 *Acer negundo* L.　　槭树属

别名：梣叶槭、美国槭

形态特征：落叶乔木，高达 20m。树皮黄褐色或灰褐色。当年生枝绿色，多年生枝黄褐色。奇数羽状复叶，有 3 ~ 7(稀 9) 枚小叶；小叶纸质，卵形或椭圆状披针形，边缘常有 3 ~ 5 个粗锯齿，稀全缘。雄花的花序聚伞状，雌花的花序总状，雌雄异株。果翅狭长，张开成锐角或近于直角。花期 4 ~ 5 月，果期 9 月。

习性：喜光，喜干冷气候，暖湿地区生长不良，耐寒。

分布：辽宁、内蒙古、河北以南至长江中下流各省有引种。

园林应用：庭荫树、园景树。

12 金钱槭 *Dipteronia sinensis* Oliv.　金钱槭属

别名：双轮果

形态特征：落叶小乔木，高 5 ~ 10m。小枝幼嫩部分紫绿色，较老的部分褐色或暗褐色。叶为对生的奇数羽状复叶；小叶纸质，通常 7 ~ 13 枚，长圆卵形或长圆披针形，边缘具稀疏的钝形锯齿；花序为顶生或腋生圆锥花序；花白色，杂性，雄花与两性花同株，花瓣 5，阔卵形。果实为翅果，常有两个扁形的果实生于一个果梗上，果实的周围围着圆形或卵形的翅，嫩时紫红色，成熟时淡黄色；种子圆盘形。花期 4 月，果期 9 月。

习性：喜温凉湿润环境。海拔 1000 ~ 2000m。

分布:河南西南部、陕西南部、甘肃东南部、湖北西部、四川、贵州、湖南等省。

园林应用：园路树、庭荫树、庭园树。

13 樟叶槭 *Acer cinnamomifolium* Hayata 槭树属

形态特征：常绿乔木，常高 10m。叶革质，长圆椭圆形或长圆披针形，长 8 ~ 12cm，宽 4 ~ 5cm，基部圆形、钝形或阔楔形，先端钝形，具有短尖头，全缘或近于全缘；上面绿色，无毛，下面淡绿色或淡黄绿色，被白粉和淡褐色绒毛，长成时毛渐减少；主脉和侧脉在上面凹下，在下面凸起，最下一对侧脉由叶的基部生出；叶柄长 1.5 ~ 3.5cm。翅果淡黄褐色，常成被绒毛的伞房果序；小坚果凸起，长 7mm，宽 4mm；翅和小坚果长 2.8 ~ 3.2cm，张开成锐角或近于直角；果梗长 2 ~ 2.5cm。果期 7 ~ 9 月。

习性：喜充足日照及温暖多湿环境。海拔 300 ~ 1200m。

分布：华南及长江中下流各省。

园林应用：园路树、庭荫树、园景树。

八十六 漆树科 Anacardiaceae

1 盐肤木 *Rhus chinensis* Mill. 盐肤木属

别名：五倍子树、倍子柴

形态特征：落叶小乔木，高达 8 ~ 10m。奇数羽状复叶，叶轴有狭翅，小叶 7 ~ 13，卵状椭圆形，长 6 ~ 14cm。边缘有粗钝锯齿，背面密被灰褐色毛。近无柄，圆锥花序顶生，密生柔毛；花小而乳白色。核果扁球形，径约 5mm，桔红色，密被毛。花期 7 ~ 8 月，10 ~ 11 月果熟。

习性：喜光，耐寒、干旱。不耐水湿。萌蘖性强。

分布：北自东北南部，西自甘肃南部、四川中部、云南以东。

园林应用：园景树、风景林。

2 火炬树 *Rhus typhina* L. 盐肤木属

别名：鹿角漆

形态特征：落叶小乔木，高达 8m 左右。分枝少，小枝粗壮，密生长绒毛。羽状复叶，小叶 19 ~ 23，长椭圆状披针形，长 5 ~ 13cm，缘有锯齿，先端长渐尖，背面有白粉，叶轴无翅。雌雄异株，顶生圆锥花序，密生有毛。核果深红色，密生绒毛，密集成火炬形。花期 6 ~ 7 月；果 8 ~ 9 月成熟。

习性：喜光，适应性强，抗寒，抗旱，耐盐碱。萌蘖力强。

分布：华北、西北等省市栽培。

园林应用：园景树、风景林。

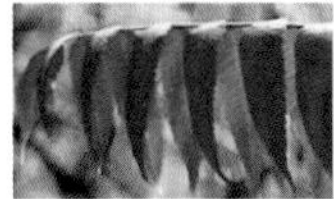

3 南酸枣 *Choerospondias axillaris* (Roxb.) Burtt et Hill 南酸枣属

别名：山枣、五眼果、酸枣

形态特征：落叶乔木，高达30m。树干端直，树皮灰褐色，浅纵裂，老则条片状剥落。小叶7～15，卵状披针形，长8～14cm，先端长尖，基部稍歪斜，全缘，或萌芽枝上叶有锯齿，背面脉腋有簇毛。核果成熟时黄色，长2～3cm。花期4月；果8～10月成熟。

习性：喜光，稍耐荫，不耐寒；不耐水淹和盐碱。萌芽力强。对二氧化硫、氯气抗性强。

分布：华南、西南及长江中下流各省。

园林应用：庭荫树、园景树。

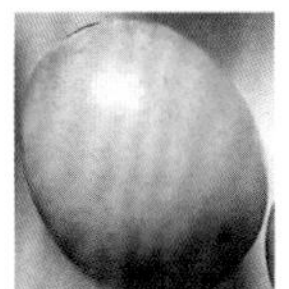

4 人面子 *Dracontomelon duperreanum* Pierre 人面子属

别名：人面树、银莲果

形态特征：常绿大乔木，高达20m。奇数羽状复叶长30～45cm，有小叶5～7对，叶轴和叶柄具条纹，疏披毛；小叶互生，近革质，长圆形，自下而上逐渐增大，长5～14.5cm，宽2.5～4.5cm，先端渐尖，基部常偏斜，阔楔形至近圆形，全缘，两面沿中脉疏被微柔毛，叶背脉腋具灰白色髯毛，侧脉8～9对，近边缘处弧形上升，侧脉和细脉两面突起；小叶柄短，长2～5mm。圆锥花序顶生或腋生，长10～23cm；花白色，花梗长2～3mm；花瓣披针形或狭长圆形，长约6mm，宽约1.7mm。核果扁球形，长约2cm，径约2.5cm，成熟时黄色，果核压扁，径1.7～1.9cm。

习性：喜阳、高温多湿环境，萌芽力强，不耐寒。海拔120～350m。

分布：云南东南部、广西、广东。

园林应用：园路树、庭荫树、园景树。

5 黄栌 *Cotinus coggygria* Scop. 黄栌属

形态特征：落叶灌木或小乔木，高达5～8m。单叶互生，通常倒卵形，长3～8cm，先端圆或微凹，全缘，无毛或仅背面脉上有短柔毛，侧脉顶端常2叉状；叶柄细长，1～4cm。花小，杂性，黄绿色；成顶生圆锥花序。果序长5～20cm，有多数不育花的紫绿色羽毛状细长花梗宿存；核果肾形；径3～4mm。花期4～5月；

果 6 ~ 7 月成熟。

习性：喜光，耐半荫；耐寒，耐干旱瘠薄和碱性土壤，但不耐水湿。萌蘖性强。对二氧化硫有较强抗性，对氯化物抗性较差。海拔 700 ~ 1600m。

分布：河北、山东、河南、湖北、四川。

园林应用：园景树、风景林、树林。

6 杧果 *Mangifera indica* L. 杧果属

别名：马蒙、抹猛果、莽果

形态特征：常绿大乔木，高 10 ~ 20m。叶薄革质，常集生枝顶，叶形和大小变化较大，常为长圆形或长圆状披针形，长 12 ~ 30cm，宽 3.5 ~ 6.5cm，先端渐尖、长渐尖或急尖，基部楔形或近圆形，边缘皱波状，侧脉两面突起；叶柄长 2 ~ 6cm。圆锥花序长 20 ~ 35cm，多花密集，被灰黄色微柔毛，长 6 ~ 15cm；苞片披针形，长约 1.5mm；花小，杂性，黄色或淡黄色；花瓣长圆形或长圆状披针形，长 3.5 ~ 4mm，宽约 1.5mm，无毛，里面具 3 ~ 5 条棕褐色突起的脉纹；雄蕊仅 1 个发育。核果大，肾形，压扁，长 5 ~ 10cm，宽 3 ~ 4.5cm，成熟时黄色。

习性：喜光、高温、干湿季明显而光照充足的环境，不耐寒霜。海拔 200 ~ 1350m。

分布：云南、广西、广东、福建、台湾。

园林应用：庭荫、园路树、园景树。

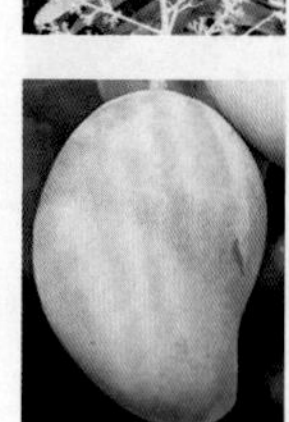

7 扁桃 *Mangifera persiciformis* C.Y.Wu T.L. Ming 杧果属

别名：桃形杧

形态特征：常绿乔木，高 10 ~ 19m。叶薄革质，狭披针形或线状披针形，长 11 ~ 20cm，宽 2 ~ 2.8cm，先端急尖或短渐尖，基部楔形，边缘皱波状，中脉两面隆起，叶柄长 1.5 ~ 3.5cm，上面具槽。圆锥花序顶生，单生或 2 ~ 3 条簇生，长 10 ~ 19cm。花黄绿色，花梗长约 2mm；萼片 4 ~ 5，长约 2mm，宽约 1.5mm，花瓣 4 ~ 5，雄蕊仅 1 个发育。花柱近顶生，与雄蕊近等长。果桃形，略压扁，长约 5cm，宽约 4cm，果核大。

习性：生于低至中海拔的山区，常见于多石砾的干旱坡地。海拔 290 ~ 600m。

分布：云南、贵州、广西。

园林应用：行道树、庭荫树、园景树。

8 黄连木 *Pistacia chinensis* Bunge 黄连木属

别名：楷木

形态特征：落叶乔木，高达 30m；树皮薄片剥落。通常为偶数羽状复叶，小叶 10 ~ 14，披针形或卵状披针形，长 5 ~ 9cm，先端渐尖，基部偏斜、全缘。圆锥花序，雌花序红色，雄花序淡绿色。核果径 6mm，初为黄色，后变红色或蓝紫色，红果多空粒。花期 3 月 ~ 4 月，先叶开放；9 月 ~ 11 月果熟。

习性：喜光，不耐庇荫，畏严寒；耐干旱瘠薄，抗风力强。对二氧化硫、氯化氢和煤烟的抗性较强。

分布：黄河流域至华南、西南均有分布。

园林应用：庭荫树、园路树、风景树。

9 清香木 *Pistacia weinmannifolia* J. Poisson ex Franch. 黄连木属

形态特征：常绿灌木或小乔木，高 2 ~ 8m。偶数羽状复叶互生，有小叶 4 ~ 9 对，叶轴具狭翅，上面具槽；小叶革质，长圆形或倒卵状长圆形，长 1.3 ~ 3.5cm，宽 0.8 ~ 1.5cm，先端微缺，具芒刺状硬尖头，基部略不对称，阔楔形，全缘，侧脉在叶面微凹，在叶背明显突起；小叶柄极短。花序腋生，与叶同出；花小，紫红色；雄花：花被片 5 ~ 8；雄蕊 5；不育雌蕊存在。雌花：花被片 7 ~ 10，无不育雄蕊，花柱柱头 3 裂。核果球形，长 5mm，径约 6mm，成熟时红色。

习性：生于海拔 580 ~ 2700m 的石灰山林下或灌丛中。

分布：云南、西藏、四川、贵州、广西

园林应用：庭荫树、园路树、园景树、风景树。

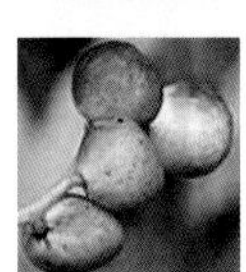

八十七 苦木科 Simaroubaceae

1 臭椿 *Ailanthus altissima* (Mill.) Swingle 臭椿属

别名：樗

形态特征：落叶乔木，高达 30m。奇数羽状复叶，小叶 13 ~ 25，卵状被针形，长 4 ~ 15cm，先端渐长尖，基部具 1 ~ 2 对腺齿，中上部全缘；背面稍有白粉，无毛或沿中脉有毛。花杂性异株，成顶生圆锥花序。翅果长 3 ~ 5cm，熟时淡褐黄色或淡红褐色。花期 4 ~ 5 月，果 9 ~ 10 月成熟。

习性：喜光，耐干旱、瘠薄，但不耐水湿。能耐中度盐碱土，能耐 -35℃的绝对最低温度。对烟尘和二氧化硫抗性较强。

分布：东北南部、华北、西北至长江流域。

园林应用：行道树、园路树、庭荫树、园景树、风景林、树林、防护林。

八十八 楝科 Meliaceae

1 苦楝 *Melia azedarach* L. 楝属

别名：楝、楝树、紫花树

形态特征：落叶乔木，高 15 ~ 20m，枝条广展，树冠近于平顶。树皮暗褐色，浅纵裂。小枝粗壮，皮孔多而明显，幼枝有星状毛。2 ~ 3 回奇数羽状复叶，小叶卵形至卵状长椭圆形，长 3 ~ 8m，先端渐尖，基部楔形或圆形，缘有锯齿或裂。花淡紫色，长约 1cm，有香味；成圆锥状复聚伞花序，长 25 ~ 30cm。核果近球形，径 1 ~ 1.5cm，熟时黄色，宿存树枝，经冬不落。花期 4 ~ 5 月；果 10 ~ 11 月成熟。

习性：喜光，不耐荫；耐寒力不强。稍耐干旱、瘠薄，抗风。对二氧化硫抗性较强，但对氯气抗性较弱。

分布：华北南部至华南，西至甘肃、四川、云南。

园林应用：庭荫树、行道树、园景树。

2 麻楝 *Chukrasia tabularis* A. Juss.

别名：白皮香椿

形态特征：落叶乔木，高达 25m。树皮纵裂。叶通常为偶数羽状复叶，小叶互生，纸质，卵形至长圆状披针形，长 7 ~ 12cm，先端渐尖，基部圆形，偏斜，两面均无毛或近无毛。圆锥花序顶生，苞片早落；花有香味；萼浅杯状；花瓣黄色或略带紫色；雄蕊管圆筒形。蒴果灰黄色或褐色，近球形或椭圆形。花期 4 ~ 5 月，果期 7 月至翌年 1 月。

习性：喜光，幼树耐荫；耐寒性差，幼树 0℃以下受冻害。海拔 380 ~ 1530m。

分布：广东、广西、云南和西藏。

园林应用：庭荫树、园路树。

3 香椿 *Toona sinensis* (A. Juss.) Roem. 香椿属

别名：香椿子

形态特征：落叶乔木，高达 25m。小枝粗壮；叶痕大，扁圆形，内有 5 维管束痕。偶数羽状复叶，有香气，小叶 10 ~ 20，长椭圆形至广披针形，长 8 ~ 15cm，先端渐长尖，基部不对称，全缘或具不明显钝锯齿。花白色，有香气，子房、花盘均无毛。蒴果长椭球形，长 1.5 ~ 2.5cm，5 瓣裂；种子一端有膜质长翅。花期 5 ~ 6 月；果 9 ~ 10 月成熟。

习性：喜光，不耐荫；耐轻盐渍，较耐水湿，有一定的耐寒力。萌芽、萌蘖力均强。对有毒气体抗性较强。

分布：辽宁南部、华北至东南和西南各地均有栽培。

园林应用：庭荫树、园路树、园景树。

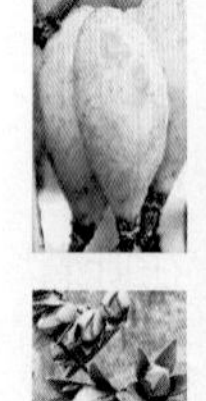

4 红椿 *Toona ciliata* Roem. 香椿属

别名：红楝子

形态特征：落叶或半常绿乔木，高可达 35m。与香椿的主要区别点是本种小叶全缘，子房和花盘有毛，种子两端有翅，蒴果长 2.5 ~ 3.5cm。

习性：喜光，耐半荫，喜暖热气候，稍耐寒，耐干旱，抗瘠薄。对有毒气体特别对氯气的抗性最强。

分布：产广东、广西、贵州、云南等省。

园林应用：庭荫树、行道树。

5 桃花心木 *Swietenia mahagoni* (L.) Jacq. 桃花心木属

形态特征：常绿大乔木，高达 30m。树皮红褐色，片状剥落。偶数羽状复叶，小叶 6 ~ 12，卵形或卵状披针形，先端渐锐，基部歪形，长 11 ~ 19cm。圆锥花序腋生，长 13 ~ 19cm，雄蕊筒壶形，花小、黄绿色，花期 3 ~ 4 月。蒴果木质，卵状矩圆形，翌年 3 ~ 4 月成熟，栗褐色。

习性：喜光，喜温暖湿润气候，幼苗能耐 1℃低温，喜肥沃砂壤。约 10 年生开始出现板根，抗风力强。

分布：福建、台湾、广东、广西、海南及云南等省区。

园林应用：庭荫树、园路树。

6 米仔兰 *Aglaia odorata* Lour. 米仔兰属

别名：米兰

形态特征：常绿灌木或小乔木，高 4 ~ 7m，树冠圆球形。羽状复叶，叶轴有窄翅，小叶 3 ~ 5，倒卵形至长椭圆形，长 2 ~ 7cm，先端钝，基部楔形，全缘。花黄色，径约 2 ~ 3mm，极芳香，成腋生圆锥花序，长 5 ~ 10cm。浆果卵形或近球形，长约 1.2cm。夏秋开花。

习性：喜光，略耐荫，喜暖怕冷，冬季温度不低于 10℃，不耐旱。

分布：华南。

园林应用：园景树、水边绿化、基础种植、盆栽及盆景观赏。

八十九 芸香科 Rutaceae

1 花椒 *Zanthoxylum bungeanum* Maxim. 花椒属

别名：蜀椒、川椒

形态特征：落叶灌木或小乔木，高 3 ~ 8m。枝具宽扁而尖锐皮刺。小叶 5 ~ 9，卵形至卵状椭圆形，长 1.5 ~ 5cm，先端尖，基部近圆形或广楔形，锯齿细钝，齿缝处有大透明油腺点，表面无刺毛，背面中脉基部两侧常簇生褐色长柔毛；叶轴具窄翅。聚伞状圆锥花序顶生；花单性，花被片 4 ~ 8，1 轮；子房无柄。蓇葖果球形，红色或紫红色，密生疣状腺体。花期 3 ~ 5 月，果 7 ~ 11 月成熟。

习性：喜光，较耐寒，大树在 -25℃低温时冻死。耐修剪。不耐涝，短期积水即死亡。

分布：辽南以南至两广，西南、甘肃以东。

园林应用：园景树、绿篱。

2 椿叶花椒 *Zanthoxylum ailanthoides* Sieb. et. Zucc. 花椒属

别名：樗叶花椒、刺椒

形态特征：落叶乔木，高稀达 15m。茎干有鼓钉状、基部宽达 3cm，长 2 ~ 5mm 的锐刺，当年生枝髓常空心。叶有小叶 11 ~ 27 片或稍多；小叶整齐对生，狭长披针形或位于叶轴基部的近卵形，长 7 ~ 18cm，宽 2 ~ 6cm，顶部渐狭长尖，基部圆，对称或一侧稍偏斜，叶缘有明显裂齿，油点多，肉眼可见，中脉在叶面凹陷。花序顶生，多花，几无花梗；萼片及花瓣均 5 片；花瓣淡黄白色，长约 2.5mm；雄花的雄蕊 5 枚；退化雌蕊极短；雌花有心皮 3 个，分果瓣淡红褐色，径约 4.5mm，油点多。花期 8 ~ 9 月，果期 10 ~ 12 月。

习性：见于山地杂木林中。海拔 500 ~ 1500m。

分布：云南、贵州、浙江、福建、广东、广西。

园林应用：庭荫树、园景树。

3 胡椒木 *Zanthoxylum piperitum* DC. 花椒属

别名：一摸香、清香木

形态特征：常绿灌木，高约 30 ~ 90cm。奇数羽状复叶，叶基有短刺 2 枚，叶轴有狭翼。小叶对生，倒卵形，长 0.7 ~ 1cm，革质，叶面浓绿富光泽，全叶密生腺体。雌雄异株，雄花黄色，雌花橙红色，子房 3 ~ 4 个。果实椭圆形，绿褐色。

习性：喜光，不耐涝。耐热，耐风，耐修剪，易移植。喜欢略微干燥或湿润的气候环境，

分布：长江以南地区广为栽培。

园林应用：地被植物、盆栽及盆景观赏。

4 九里香 *Murraya exotica* L. 九里香属

别名：九树香

形态特征：常绿灌木或小乔木，高 3 ~ 8m，小枝无毛嫩枝略有毛。奇数羽状复叶；小叶 3 ~ 9，互生，小叶形变异大，由卵形至倒卵形至菱形，长 2 ~ 7cm，宽 1 ~ 3cm，全缘。聚伞花序短，腋生或顶生，花大而少，白色，极芳香，长 1.2 ~ 1.5cm，径达 4cm；萼极小，5 片，宿存；花瓣 5，有透明腺点。果肉质，红色长 8 ~ 12mm，内含种子 1 ~ 2 粒。花期 4 ~ 8 月，果期 9 ~ 12 月。

习性：喜暖热气候，不耐寒，冬季气温不低于 0℃，喜光，较耐荫；耐旱。

分布：云南、贵州、湖南、广东、广西、福建、台湾

海南等南部及西南部。

园林应用：园路树、庭荫树、地被植物、绿篱、盆栽及盆景观赏。

5 枸桔 *Poncirus trifoliate* (L.)Raf　　枳属

别名：枳、臭橘

形态特征：落叶灌木或小乔木，高 1 ~ 5m。茎枝具粗大腋生的棘刺，刺长 3 ~ 4cm，基部扁平；幼枝青绿色，扁而具棱。3 出复叶，总叶柄长 1 ~ 3cm，具翼；顶生小叶片椭圆形至倒卵形，长 2.5 ~ 6cm，宽 1.5 ~ 3cm，先端圆或微凹，基部楔形，侧生小叶较小，基部偏斜边缘均有波形锯齿。花生于二年生枝上叶腋，通常先叶开放；萼片 5，卵状三角形；花瓣 5，白色，长椭圆状倒卵形，长 8 ~ 10mm；雄蕊 8 ~ 10，或多至 20 枚，离生；子房上位，具短柔毛，6 ~ 8 室，花柱粗短。柑果圆球形，直径 2 ~ 4cm，熟时黄色，芳香。花期 4 ~ 5 月。9 ~ 10 月果熟。

习性：喜光，耐荫。耐 -20 ~ 28℃低温。不耐碱性土；干燥、瘠薄、低洼积水处生长不良。耐修剪。对有害气体抗性强。

分布：黄河流域以南地区多有栽培。

园林应用：绿篱、园景树。

6 香橼 *Citrus medica* L.　　柑桔属

别名：拘橼

形态特征：常绿小乔木或灌木。枝有短刺。叶长椭圆形，长 8 ~ 15cm，叶端钝或短尖，叶缘有钝齿，油点显著，叶柄短，无翼，柄端无关节。花单生或成总状花序；花白色，外面淡紫色。果近球形，长 10 ~ 25cm，顶端有 1 乳头状突起，柠檬黄色，果皮粗厚而芳香。

习性：喜光，喜温暖气候。喜肥沃、适湿而排水良好土壤。

分布：台湾、华南和云南。

园林应用：园景树、基础种植、盆栽及盆景观赏。

7 佛手 *Citrus medica* L. *var. sarcodactylus* Swingle　　柑桔属

形态特征：香橼的变种。常绿小乔木，叶长圆形，长约 10cm，叶端钝，叶面粗糙，油点极显著。果实长形，分裂如拳或张开如指，其裂数即代表心皮之数。裂纹如拳者称拳佛手，张开如指者叫做开佛手，富芳香。

习性：喜光，喜温暖气候。喜肥沃适湿而排水良好土壤。

分布：台湾、华南、浙江和云南。

园林应用：园景树、基础种植、盆栽及盆景观赏。

8 柚 *Citrus maxima* (Burm.) Merr. 柑桔属

别名：文旦、抛

形态特征：常绿小乔木、高 5 ~ 10m。小枝有毛，刺较大。叶卵状椭圆形，长 6 ~ 17cm，叶缘有钝齿；叶柄具宽大倒心形之翼。花两性，白色，单生或族生叶腋。果极大，球形、扁球形或梨形，径 15 ~ 25cm，果皮平滑，淡黄色。春季开花，果 9 ~ 10 月成熟。

习性：喜暖热湿润气候及深厚、肥沃而排水良好的中性或微酸性砂质壤土。

分布：中国南部地区有较久的栽培。

园林应用：园路树、庭园树、园景树。

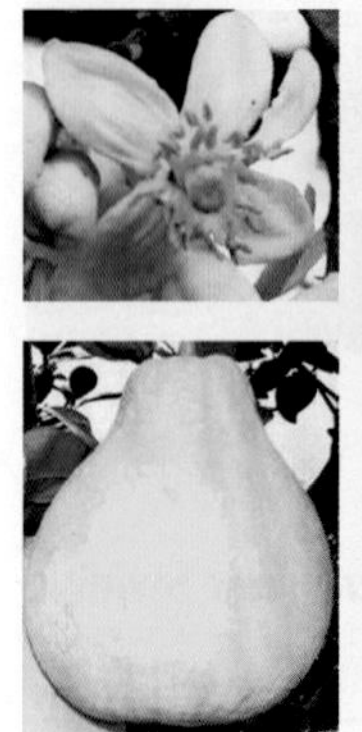

9 柑桔 *Citrus reticulata* Blanco 柑桔属

别名：柑桔、蜜橘

形态特征：常绿小乔木或灌木，高约 3m。小枝较细弱，无毛，通常有刺。叶长卵状披针形，长 4 ~ 8cm，叶端渐尖而钝，叶基楔形，全缘或有细钝齿；叶柄近无翼，花黄白色，单生或簇生叶腋。果扁球形，径 5 ~ 7cm，橙黄色或橙红色；果皮薄易剥离。春季开花，10 ~ 12 月果熟。

习性：喜温暖湿润气候，耐寒性较柚、酸橙、甜橙稍强。

分布：长江以南各省。

园林应用：庭荫树、园景树。

10 柠檬 *Citrus* × *limon* (Linnaeus) Osbeck 柑桔属

形态特征：常绿灌木或小乔木；枝具硬刺。叶较小，椭圆形，叶柄端有关节，有狭翼。花瓣内面白色，背面谈紫色。果近球形，果项有不发达的乳头突起，直径约 5cm，黄色至朱红色，果皮球形而易剥。果味极酸。

习性：喜肥，较耐湿。喜温暖气候。

分布：我国南部有栽培。

园林应用：盆栽观赏。

11 金橘 *Fortunella margaqrita* (Lour.) Swingle 金橘属

别名：长寿金柑、公孙橘

形态特征：常绿灌木，高可达 3m，通常无刺。叶长椭圆状批针形，两端渐尖，长 4 ~ 9cm，叶全缘但近叶端处有不明显浅齿；叶柄具极狭翼。花 1 ~ 3 朵腋生，白色，花瓣 5，子房 5 室。果倒卵形，长约 3cm，熟时橙黄色；果皮肉质。

习性:性较强健，对旱、病的抗性均较强，亦耐瘠薄土，易开花结实。

分布：华南，现各地有盆栽。

园林应用：盆栽观赏。

12 臭辣吴萸 *Evodia fargesii* Dode 吴茱萸属

别名：臭辣树、臭吴萸

形态特征:落叶乔木,高达 17m。叶有小叶 5 ~ 9 片,小叶斜卵形至斜披针形,长 8 ~ 16cm,宽 3 ~ 7cm,生于叶轴基部的较小，小叶基部通常一侧圆，另一侧楔尖，两侧甚不对称，叶面无毛，叶背灰绿色，油点不显或甚细小且稀少，叶缘波纹状或有细钝齿，叶轴及小叶柄均无毛。花序顶生，花甚多；5 基数；萼片长不及 1mm；花瓣长约 3mm，腹面被短柔毛；雄花的雄蕊长约 5mm，退化雌蕊顶部 5 深裂；雌花的退化雄蕊甚短，花柱长约 0.5mm。成熟心皮 5 ~ 4，紫红色，每分果瓣 1 种子。花期 6 ~ 8 月，果期 8 ~ 10 月。

习性：喜光，喜温暖湿润环境。海拔 600 ~ 1500m。

分布：西南、华南和长江中下流各省。

园林应用：园路树、庭荫树、园景树、水边绿化。.

13 三桠苦 *Evodia lepta* (Spreng.) Merr. 吴茱萸属

形态特征：乔木。3 小叶，偶有 2 小叶或单叶存在，叶柄基部稍增粗，小叶长椭圆形，两端尖，长 6 ~ 20cm，宽 2 ~ 8cm，全缘，油点多；小叶柄甚短。花序腋生，长 4 ~ 12cm，花甚多；萼片及花瓣均 4 片；花瓣淡黄或白色，长 1.5 ~ 2mm，常有透明油点；雄花的退化雌蕊细垫状凸起，被白毛；雌花的花柱与子房等长或略短，柱头头状。分果瓣淡黄或茶褐色，散生肉眼可见的透明油点,每分果瓣有 1 种子。花期 4 ~ 6 月,果期 7 ~ 10 月。

习性：喜阴蔽的山谷湿润地方。海拔 2000m 以下。

分布：台湾、华南、福建、江西、海南、贵州及云南。

园林应用：行道树、园路树、庭荫树、园景树。

14 吴茱萸 *Evodia rutaecarpa* (Juss.) Benth. 吴茱萸属

形态特征：小乔木或灌木，高 3 ~ 5m。嫩枝暗紫红色。

叶有小叶5～11片，小叶薄至厚纸质，卵形，椭圆形或披针形，长6～18cm，宽3～7cm，叶轴下部的较小，两侧对称或一侧的基部稍偏斜，边全缘或浅波浪状，小叶两面及叶轴被长柔毛，毛密如毡状，或仅中脉两侧被短毛。花序顶生；雄花序的花彼此疏离，雌花序的花密集或疏离；萼片及花瓣均5片；雄花花瓣长3～4mm，雄蕊伸出花瓣之上；雌花花瓣长4～5mm。果序宽12cm，果密集或疏离，暗紫红色，有大油点，每分果瓣有1种子。花期4～6月，果期8～11月。

习性：生于温暖地带山地、路旁或疏林下。海拔1500m以下。

分布：秦岭以南各地，但海南无。

园林应用：园景树。

15 小花山小桔 *Glycosmis parviflora* (Sims) Kurz　山小桔属

形态特征：常绿灌木或小乔木，高1～3m。叶有小叶2～4片，小叶柄长1～5mm；小叶片椭圆形，长圆形或披针形，长5～19cm，宽2.5～8cm，顶部短尖至渐尖，基部楔尖，全缘，侧脉明显。圆锥花序腋生及顶生，通常3～5cm；萼裂片卵形，端钝，宽约1mm；花瓣白色，长约4mm；雄蕊10枚，花柱极短。果圆球形或椭圆形，径10～15mm，淡黄白色转淡红色或暗朱红色，半透明油点明显。花期3～5月，果期7～9月。

习性：喜温暖、湿润气候，喜光，稍耐荫。

分布：华南、台湾、贵州、云南六省区的南部及海南。

园林应用：园景树、盆栽及盆景观赏。

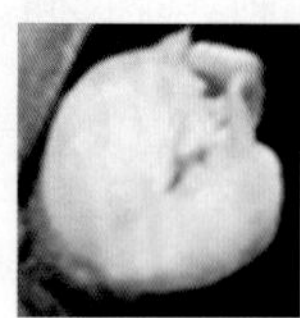

九十 酢浆草科 Oxalidaceae

1 阳桃 *Averrhoa carambola* L.　阳桃属

形态特征：常绿乔木，高可达12m。奇数羽状复叶，互生，长10~20cm；小叶5~13片，全缘，卵形或椭圆形，长3~7cm，宽2~3.5cm，顶端渐尖，基部圆，一侧歪斜，小叶柄甚短；花小，微香，数朵至多朵组成聚伞花序或圆锥花序，自叶腋出或着生于枝干上，花枝和花蕾深红色；萼片5，花瓣略向背面弯卷，长8~10mm，宽3~4mm，背面淡紫红色，边缘色较淡，有时为粉红色或白色；雄蕊5~10枚，花柱5枚。浆果肉质，有5棱，横切面呈星芒状，长5～8cm。花期4~12月，果期7~12月。

习性：喜高温湿润气候，不耐寒。忌霜害和干旱

分布：华南、台湾、云南有栽培。

园林应用：园路树、庭荫树、园景树、风景林、树林。

九十一 五加科 Araliaceae

1 常春藤 *Hedera nepalensis* K.Koch *var.sinensis* (Tobler) Rehder 常春藤属

别名：爬树藤、爬墙虎

形态特征：常绿攀援灌木；茎长 3 ~ 20m，有气生根。叶片革质，在不育枝上通常为三角状卵形或三角状长圆形，先端短渐尖，基部截形，边缘全缘或 3 裂。花枝上的叶片通常为椭圆状卵形至椭圆状披针形，略歪斜而带菱形，先端渐尖或长渐尖，基部楔形或阔楔形，全缘或有 1 ~ 3 浅裂，上面深绿色，有光泽，下面淡绿色或淡黄绿色，侧脉和网脉两面均明显；叶柄细长，无托叶。伞形花序单个顶生，或总状排列或伞房状排列成圆锥花序；花淡黄白色或淡绿白色，芳香；花瓣 5。果实球形，红色或黄色。花期 9 ~ 11 月，果期次年 3 ~ 5 月。

习性：喜暖、荫蔽的环境，较耐寒。

分布：全国广为栽培。

园林应用：垂直绿化、地被植物、盆栽。

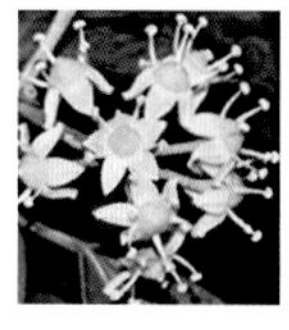

2 洋常春藤 *Hedera helix* L. 常春藤属

别名：长春藤

形态特征：常绿攀援藤本，借气生根攀援。幼枝上有星状柔毛。营养枝上的叶 3 ~ 5 浅裂。花果枝上的叶无裂而成为卵状棱形。果球形，径约 6mm，熟时黑色。为尼泊尔常春藤（我国不产）的变种。

习性：极耐荫，可在光照充足之处生长。喜温暖、湿润环境，稍耐寒，耐短暂的 -5 ~ -7℃低温。耐干旱、耐贫瘠，具有抗烟、耐尘、减弱日光反射、降低气温的作用。

分布：华中、华南、西南、甘肃和陕西等地。

园林应用：地被植物、垂直绿化、盆栽观赏。

3 五加 *Acanthopanax gracilistylus* W.W.Smith 五加属

别名：五叶木

形态特征：落叶灌木，高 2 ~ 3m，有时蔓生状；枝无刺或在叶柄基部有刺。掌状复叶在长枝上互生，在短枝上簇生；小叶 5，稀 3 ~ 4，叶柄常有细刺；小叶片膜质至纸质，倒卵形至倒披针形，边缘有细钝齿。伞形花序单生于叶腋或短枝的顶端；花瓣 5，花黄绿色；子房 2 室。果实扁球形，黑色。花期 4 ~ 8 月，果期 6 ~ 10 月。

习性：喜温暖湿润气候，耐寒、耐微荫蔽。

分布：华东、华中、华南及西南均有分布。

园林应用：基础种植、地被。

4 刺五加 *Acanthopanax senticosus* (Rupr. Maxim.) Harms 五加属

别名：五加参、五加皮

形态特征：落叶灌木，高 1 ~ 6m；分枝多，通常密生刺；叶有小叶 5，稀 3，纸质，椭圆状倒卵形或长圆形，边缘有锐利重锯齿，侧 6 ~ 7 对。伞形花序单个顶生，或 2 ~ 6 个组成稀疏的圆锥花序；花瓣 5，花紫黄色；子房 5 室。果实球形或卵球形，有 5 棱，黑色。花期 6 ~ 7 月，果期 8 ~ 10 月。

习性：喜温暖湿润气候，耐寒、耐微荫蔽。海拔 2000m 以下。

分布：东北地区、河北、河北和山西等地。

园林应用：基础种植、地被。

5 鹅掌柴 *Schefflera octophylla* (Lour.) Harms 鹅掌柴属

别名：鸭脚木

形态特征：常绿乔木或灌木，高 2 ~ 15m。小叶 6 ~ 9，最多至 11，纸质至革质，椭圆形、长圆状椭圆形或倒卵状椭圆形，稀椭圆状披针形，边缘全缘，但在幼树时常有锯齿或羽状分裂。圆锥花序顶生；花白色；花瓣 5 ~ 6，开花时反曲，无毛；子房 5 ~ 7 室，稀 9 ~ 10 室。果实球形，浆果黑色。花期 11 ~ 12 月，果期 12 月。

习性：喜温暖、湿润、半荫环境。稍耐瘠薄。

分布：西藏、云南、广西、广东、浙江、福建和台湾。

园林应用：盆栽、绿篱、地被、园景树。

6 熊掌木 ×*Fatshedera lizei* (Cochet) Guill. 熊掌木属

别名：五角金盘

形态特征：常绿藤蔓植物。高可达 1 m 以上。单叶互生，叶掌状，五裂，叶端渐尖，叶基心形，全缘，波状有扭曲，新叶密被毛茸，老叶浓绿而光滑。花小，淡绿色，秋季开花。八角金盘与常春藤杂交而成。

习性：喜半荫环境，忌强烈日光直射，耐荫性好。喜温暖和冷凉环境，忌高温，有一定的耐寒力。喜较高的空气湿度。

分布：长沙、上海等地有栽培。

园林应用：垂直绿化、地被植物

7 通脱木 *Tetrapanax papyrifer* (Hook.) K. Koch 通脱木属

别名：通草、木通树

形态特征：常绿灌木或小乔木，高 1 ~ 3.5m。叶大，集生茎顶；叶片纸质或薄革质，掌状 5 ~ 11 裂，裂片通常为叶片全长的 1/3 或 1/2，倒卵状长圆形或卵状长圆形，通常再分裂为 2 ~ 3 小裂片，先端渐尖，上面深绿色，无毛，下面密生白色厚绒毛，边缘全缘或疏生粗齿；叶柄粗壮；托叶和叶柄基部合生，锥形，密生淡棕色或白色厚绒毛。伞形花序聚生成顶生或近顶生大型复圆锥花序；花淡黄白色；花瓣 4；雄蕊和花瓣同数。果实球形，紫黑色。花期 10 ~ 12 月，果期次年 1 ~ 2 月。

习性：喜光，喜温暖。喜湿润、肥沃的土壤。

分布：长江以南各省区，陕西。

园林应用：基础种植、地被植物。

8 刺楸 *Kalopanax septemlobus* (Thunb.) Koidz. 刺楸属

别名：刺枫树、刺桐

形态特征：落叶乔木，高约 10m。小枝散生粗刺。叶片纸质，在长枝上互生，在短枝上簇生，圆形或近圆形，掌状 5 ~ 7 浅裂，茁壮枝上的叶片分裂较深，裂片长超过全叶片的 1/2，先端渐尖，基部心形。伞形花序聚生成顶生圆锥花序，花白色或淡绿黄色；花瓣 5;子房下位，2 室。果实球形，直径约 5mm，蓝黑色。花期 7 ~ 10 月，果期 9 ~ 12 月。

习性：喜阳光充足和湿润的环境，稍耐荫，耐寒冷。

分布：东北以南至华南，四川西部以东各省。

园林应用：园景树。

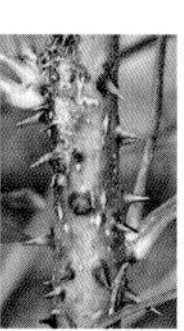

9 八角金盘 *Fatsia japonica* (Thunb.) Decne. et Planch. 八角金盘属

形态特征：常绿灌木或小乔木，高可达 5m。茎光滑无刺。叶柄长 10 ~ 30cm；叶片大，革质，近圆形，掌状 7 ~ 9 深裂，裂片长椭圆状卵形，先端短渐尖，基部心形，边缘有疏离粗锯齿，上表面暗绿色，下面色较浅，边缘有时呈金黄色。花瓣 5，花黄白或淡绿色，集生成圆锥状聚伞花序，顶生。果近球形，熟时黑色。花期 10 ~ 11 月，果熟期翌年 4 月。

习性：喜温暖湿润环境，耐荫，不耐干旱，具有一定耐寒能力。

分布：长江以南地区、台湾广泛栽培。

园林应用：地被植物、盆栽观赏。

10 短梗大参 *Macropanax rosthornii* (Harms) C. Y. Wu ex Hoo　大参属

别名：七叶风、七叶莲

形态特征：常绿灌木或小乔木，高 2 ~ 9m。小叶 3 ~ 5，稀 7；小叶片纸质，倒卵状披针形，先端短渐尖或长渐尖。伞形花序组成顶生圆锥花序，顶生；总花梗长 0.8~1.5cm，无毛；花梗长 3~5mm，稀长 7~8mm，无毛；花白色；花瓣 5；子房 2 室。果实卵球形。花期 7 ~ 9 月，果期 10 ~ 12 月。

习性：生于森林、灌丛和林缘路旁。海拔 500 ~ 1300m。

分布：甘肃以南、西南、华南及长江中下流。

园林应用：基础种植、园景树。

11 掌叶梁王茶 *Nothopanax delavayi* (Franch.) Harms ex Diels　梁王茶属

形态特征：常绿灌木，高 1 ~ 5m。叶为掌状复叶；叶柄长 4 ~ 12cm；小叶片 3 ~ 5，小叶柄长 1~10mm。长圆状披针形至椭圆状披针形，长 6 ~ 12cm，宽 1 ~ 2.5cm，先端渐尖至长渐尖，基部楔形，边缘疏生钝齿或近全缘，侧脉上面明显。圆锥花序顶生，长约 15cm；伞形花序直径约 2cm，有花 10 余朵；苞片长约 2mm，早落；花梗有关节，长 8~10mm；花白色；花瓣 5，长约 1.5mm；雄蕊 5，花柱 2，基部合生。果实球形，侧扁，直径约 5mm；花柱宿存。花期 9 ~ 10 月，果期 12 月至次年 1 月。

习性：生于森林或灌木丛中，海拔 1600 ~ 2500m。

分布：贵州、云南。

园林应用：园景树、盆栽及盆景观赏。

12 幌伞枫 *Heteropanax fragrans* (Roxb.) Seem.　幌伞枫属

别名：凉伞木、罗伞枫

形态特征：常绿乔木，高 5 ~ 30m。叶大，三至五回羽状复叶；叶柄长 15 ~ 30cm；小叶片在羽片轴上对生，纸质，椭圆形，边缘全缘。圆锥花序顶生；花淡黄白色，芳香；花瓣 5；子房 2 室。果实卵球形，黑色。花期 10 ~ 12 月，果期次年 2 ~ 3 月。

习性：喜光，性喜温暖湿润气候；亦耐荫，不耐寒，能耐 5 ~ 6℃低温及轻霜，不耐 0℃以下低温。较耐干旱、贫瘠。

分布：云南、广西、广东等地。

园林应用：园景树、庭荫树。

九十二 马钱科 Loganiaceae

1 灰莉 *Fagraea ceilanica* Thunb.　灰莉属

别名：非洲茉莉、鲤鱼胆

形态特征：常绿乔木，高达 15m。叶片稍肉质，椭圆形、卵形、倒卵形或长圆形，有时长圆状披针形，长 5 ~ 25cm，宽 2 ~ 10cm，顶端渐尖、急尖或圆而有小尖头，基部楔形或宽楔形，叶面深绿色；叶面中脉扁平，叶背微凸起，侧脉不明显。花单生或组成顶生二歧聚伞花序；花序梗短而粗；花梗粗壮，长达 1cm；花萼绿色，肉质，长 1.5 ~ 2cm；花冠漏斗状，长约 5cm，质薄，稍带肉质，白色，芳香。浆果卵状或近圆球状。花期 4 ~ 8 月，果期 7 月至翌年 3 月。

习性：喜光，耐荫，耐寒不强。海拔 500 ~ 1800m。

分布：台湾、海南、广东、广西和云南南部。

园林应用：园景树、绿篱、盆栽及盆景观赏。

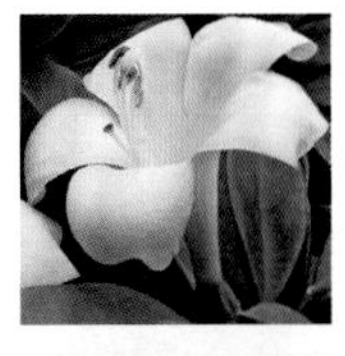

九十三 夹竹桃科 Apocynaceae

1 黄花夹竹桃 *Thevetia peruviana* (Pers.) K. Schum. 黄花夹竹桃属

别名：酒杯花、黄花状元竹

形态特征：常绿灌木或小乔木，高 2 ~ 5m，有乳汁。叶互生，线形或狭披针形，长 10 ~ 15cm，宽 6 ~ 12mm，光亮无毛，边缘稍反卷，无柄。聚伞花序顶生；花萼 5 深裂；花冠色，漏斗状，裂片 5，左旋，喉部有 5 枚被毛鳞片；雄蕊 5，着生于花冠喉部；子房 2 室，花盘黄绿色。核果扁三角状球形，直径 3 ~ 4cm，熟时浅黄色，内有种子 3 ~ 4 粒。花期 5 ~ 12 月，果期 8 月至次年春季。

习性：喜温暖湿润的气候。耐寒力不强。耐旱力强，亦稍耐轻霜。

分布：台湾、福建、云南、广西和广东。

园林应用：树林、防护林、水边绿化、园景树、基础种植、特殊环境绿化（厂矿绿化）、盆栽及盆景观赏。

2 红鸡蛋花 *Plumeria rubra* Linn. 鸡蛋花属

形态特征：落叶小乔木，高达 5m。枝条带肉质，具丰富乳汁。叶厚纸质，长圆状倒披针形，顶端急尖，基部狭楔形，长 14 ~ 30cm，宽 6 ~ 8cm，叶面深绿色；中脉凹陷，侧脉扁平；侧脉每边 30 ~ 40 条，近水平横出，未达叶缘网结；叶柄长 4 ~ 7cm。聚伞花序顶生，长 22 ~ 32cm，直径 10 ~ 15cm，总花梗三歧，长 13 ~ 28cm，肉质；花萼裂片小；花冠深红色，花冠筒圆筒形，长 1.5 ~ 1.7cm，直径约 3mm；雄蕊着生在花冠筒基部，花丝短。蓇葖双生，广歧，长圆形，顶端急尖，长约 20cm。花期 3 ~ 9 月，栽培极少结果，7 ~ 12 月。

习性：喜光、温暖、湿润环境，耐旱，但怕涝。

分布：华南有栽培。

园林应用：园景树、水边绿化、造型树、基础种植、盆栽及盆景观赏。

3 鸡蛋花 *Plumeria rubra* Linn.'Acutifolia' 鸡蛋花属

别名：缅栀子、蛋黄花

形态特征：落叶小乔木，高约 5 ~ 8m；枝条粗壮，带肉质，具丰富乳汁。叶厚纸质，长圆状倒披针形或长椭圆形，长 20 ~ 40cm，宽 7 ~ 11cm，顶端短渐尖，基部狭楔形；中脉在叶面凹入，每边 30 ~ 40 条，未达叶缘网结成边脉；叶柄长 4 ~ 7.5cm，上面基部具腺体。聚伞花序顶生，长 16 ~ 25cm；总花梗三歧，长 11 ~ 18cm，肉质，绿色；花冠外面白色，花冠筒外面及裂片外面左边略带淡红色斑纹，花冠内面黄色，直径 4 ~ 5cm，花冠筒圆筒形，长 1 ~ 1.2cm，直径约 4mm；花冠裂基部向左覆盖，长 3 ~ 4cm，宽 2 ~ 2.5cm。蓇葖双生，圆筒形，长约 11cm，直径约 1.5cm 。花期 5 ~ 10 月，果期 7 ~ 12 月。

习性：喜光，喜高温高湿环境；耐旱；但畏寒冷、忌涝渍。。

分布：广东、广西、海南、云南、福建等省。

园林应用：园景树、水边绿化、造型树、基础种植、盆栽及盆景观赏。

4 络石 *Trachelospermum jasminoides* (Lindl.) Lem. 络石属

别名：石龙藤、万字茉莉

形态特征：常绿木质藤本，茎赤褐色，幼枝被黄色柔毛，常有气生根。叶革质，卵圆形或卵状被针形，长 2.5 ~ 8cm，宽 1.5 ~ 3.5cm，表面无毛，背面有柔毛。花白色，有香气；花萼 5 深裂，裂片线状披针形，花后外卷；花冠筒中部以上扩大，喉部有毛，5 裂片开展并右旋，形如风车；花药内藏。蓇葖果圆柱形，长约 15cm；种子线形而扁，顶端有白色种毛。花期 3 ~ 7 月，果熟期 7 ~ 12 月。

习性：喜温暖、湿润、疏荫环境。较耐寒。

分布：华北以南各地。

园林应用：水边绿化、地被植物、垂直绿化、特殊环境绿化、盆栽及盆景观赏。

5 花叶络石 *Trachelospermum jasminoides* (Lindl.) Lem. 'Variegatum' 络石属

形态特征：常绿木质藤本，茎赤褐色。叶革质，椭圆形至卵状椭圆形或宽倒卵形，长 2 ~ 6cm，宽 1 ~ 3cm。老叶近绿色或淡绿色，第一轮新叶粉红色，少数有 2 ~ 3 对粉红叶，第二至第三对为纯白色叶，在纯白叶与老绿叶间有数对斑状花叶，整株叶色丰富，色彩斑斓。

习性：耐干旱、抗短期洪涝、较抗寒。叶艳丽的色彩要良好的光照和较好的营养。

分布：长江流域以南。

园林应用：水边绿化、地被植物、垂直绿化、特殊环境绿化、盆栽及盆景观赏。

6 蔓长春花 *Vinca major* Linn. 蔓长春花属

别名：攀缠长春花

形态特征：常绿蔓性的半灌木植物，植株丛生，茎细长，匍匐生长，长可达 1m 以上，枝节间可着地生根，快速覆盖地面；叶全缘对生，，厚革质，椭圆形，亮绿有光泽；花单生于叶脉，淡蓝色，花期 3 ~ 5 月。蓇葖骨长约 5cm 。

习性：喜光，较耐荫；稍耐寒。在半阴湿润处的深厚土壤中生长迅速。

分布：广东、江苏、浙江、湖南和台湾有栽培。

园林应用：基础种植、地被植物、垂直绿化、盆栽及盆景观赏。

7 花叶蔓长春花 *Vinca major* Linn.‘Variegata’ Loud. 蔓长春花属

别名：花叶长春蔓

形态特征:矮生、枝条蔓性、匍匐生长，长达 2m 以上。叶椭圆形，对生，有叶柄，亮绿色，有光泽，叶缘乳黄色，分蘖能力十分强。花单生于叶脉，淡蓝色，花期 3 ~ 5 月。蓇葖骨长约 5cm 。

习性:喜光、喜温暖环境，喜肥沃、湿润的土壤。耐 -7℃低温。

分布：在长江中下游地域及长沙表现良好。

园林应用：基础种植、地被植物、垂直绿化、盆栽及盆景观赏。

8 盆架树 *Wincha. calophylla* A. DC 盆架树属

别名：盆架子、亮叶面盆架子

形态特征：常绿乔木，高达 30m。乳汁有浓烈的腥臭味；小枝绿色。叶 3 ~ 4 片轮生，薄纸质，长圆状椭圆形，顶端渐尖呈尾状或急尖，基部楔形或钝，长 7 ~ 20cm、宽 2.5 ~ 4.5cm，两面无毛；侧脉每边 20 ~ 50 条，横出近平行，叶缘网结，两面凸起；叶柄长 1 ~ 2cm。花多朵集成顶生聚伞花序，长约 4cm；花冠高脚碟状，花冠筒圆筒形，长 5 ~ 6mm，花冠裂片广椭圆形，白色，长 3 ~ 6mm，宽约 2.5mm；雄蕊着生在花冠筒中部。蓇葖合生，长 18 ~ 35cm，直径 1 ~ 1.2cm。花期 4 ~ 7 月，果期 8 ~ 12 月。

习性：喜光，喜高温多湿气候，抗风。有一定的耐污染能力。海拔 1100m 以下。

分布：云南及广东南部。

园林应用：庭荫树、园路树、园景树。

9 黄蝉 *Allemanda neriifolia* Hook　　黄蝉属

别名：硬枝花蝉

形态特征：常绿直立或半直立灌木，高约 1m，也有高达 2m 的。具乳汁，叶 3 枚～5 枚轮生，椭圆形或倒披针状矩圆形，全缘，长 5～12cm，宽达 4cm，被短柔毛，叶脉在下面隆起。聚伞花序顶生，花冠鲜黄色，花冠基部膨大呈漏斗状，中心有红褐色条纹斑。裂片 5，长 4～6cm，冠筒基部膨大，喉部被毛；5 枚雄蕊生喉部，花药与柱头分离。蒴果球形，直径 2～3cm，具长刺。花期 5～8 月，果期 10～12 月。

习性：喜高温多湿环境，喜光。耐贫瘠，抗污染。

分布：福建、广西、广东有种植。

园林应用：园景树、基础种植、地被植物、特殊环境绿化、盆栽及盆景观赏。

10 软枝黄蝉 *Allemanda cathartica* Linn. 黄蝉属

别名：软枝花蝉、黄莺

形态特征：常绿藤状灌木，株高 2m，枝条柔软、披散，长可达 4m，向下俯垂；茎叶具乳汁，有毒；叶近无柄，对生或轮生，叶片倒卵形，长 10～15cm；聚伞花序顶生，花冠漏斗状，黄色，中心有红褐色条斑，花冠基部不膨大，花蕊藏于冠喉中；蒴果球形，密生锐刺，结果率很低。花期 4～11 月。

习性：喜光、畏烈日，不耐寒，宜肥沃排水良好的酸性土。

分布：福建、广东、广西、云南、台湾有栽培。

园林应用：园景树、基础种植、绿篱、地被植物、特殊环境绿化、盆栽及盆景观赏。

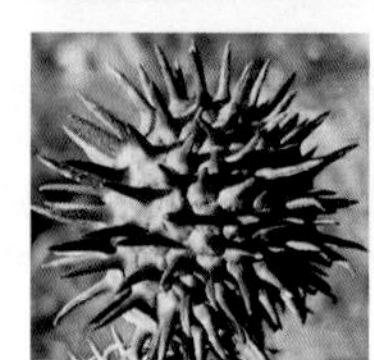

11 夹竹桃 *Nerium indicum* Mill　夹竹桃属

别名：洋桃、柳叶树

形态特征：常绿灌木，高可达 5m。叶 3～4 片轮生，在枝条下部常为对生，线状披针形至长被针形，长 7～15cm，宽 1～3cm，中脉于背面突起，侧脉密生而平行，边缘稍反卷。花红色（栽培品种有白花的），常为重瓣，芳香，蓇葖果长 10～20cm；种子顶端有黄褐色种毛。花期几乎全年，夏秋为最成盛；果期一般在冬春季，栽培很少结果。

习性：喜光；喜温暖湿润气候。不耐寒；畏水涝；耐旱力强。耐烟尘，抗有毒气体。

分布：长江以南各省区均有栽培。

园林应用：防护林、水边绿化、园景树、基础种植、绿篱、特殊环境绿化。

12 狗牙花 *Ervatamia divaricata* (L.) Burk. 'Gouyahua' 狗牙花属

形态特征：常绿灌木，高达 3m。腋内假托叶卵圆形，基部扩大而合生。叶坚纸质，椭圆形或椭圆状长圆形，短渐尖，基部楔形，长 5.5~11.5cm，宽 1.5~3.5cm，叶面深绿色；叶柄长 0.5~1cm。聚伞花序腋生，通常双生，近小枝端部集成假二歧状，着花 6~10 朵；总花梗长 2.5~6cm；花萼基部内面有腺体；花冠白色，花冠筒长达 2cm；雄蕊着生于花冠筒中部之下。蓇葖长 2.5~7cm，极叉开或外弯。花期 6~11 月，果期秋季。有单瓣和重瓣品种。

习性：喜温暖湿润，不耐寒，宜半阴。

分布：云南、广西、广东和台湾。

园林应用：地被植物、盆栽及盆景观赏。

13 红花蕊木 *Kopsia fruticosa* (Ker) A. DC. 蕊木属

形态特征：灌木，高达 3m。叶纸质，椭圆形或椭圆状披针形，长 10 ~ 16cm，宽 2.5 ~ 6cm，顶部具尾尖，基部楔形，两面无毛，上面深绿色，具光泽；中脉和侧脉在叶面扁平、叶背凸起。聚伞花序顶生；总花梗长约 1cm；苞片长约 1.5mm；花冠粉红色，花冠筒细长，长达 3.8cm，喉部膨大，花冠裂片长圆形；雄蕊着生在花冠喉部，花丝短；花柱细长。核果通常单个（另一个不发育），长 1.3 ~ 2.5cm。花期 9 月，果期秋冬季。

习性：喜热带高温、高湿环境。

分布：广东有栽培。

园林应用：绿篱、园景树、盆栽及盆景观赏。

14 沙漠玫瑰 *Adenium obesum* (Forssk.) Roem. & Schult. 天宝花属

形态特征：灌木或小乔木，高达 4.5m；树干肿胀。单叶互生，集生枝端，倒卵形至椭圆形，长达 15cm，全缘，先端钝而具短尖，肉质，近无柄。花冠漏斗状，外面有短柔毛，5 裂，径约 5cm，外缘红色至粉红色，中部色浅，裂片边缘波状；顶生伞房花序。

习性：喜高温、干旱、阳光充足的气候，喜含钙质的砂土，不耐荫蔽，忌涝，忌浓肥和生肥，畏寒冷。

分布：广东、福建、广西。

园林应用：园景树、盆栽及盆景观赏。

15 海杧果 *Cerbera manghas* L. 海芒果属

形态特征：常绿乔木，高 4 ~ 8m，有乳汁。枝粗壮，具明显叶痕。叶厚纸质，倒卵状长圆形或倒卵状披针形，顶端钝或短渐尖，基部楔形，长 6 ~ 37cm，宽 2.3 ~ 7.8cm，叶面深绿色，叶背浅绿色；中脉和侧脉在叶面扁平，在叶背凸起，侧脉在叶缘前网结；叶柄长 2.5 ~ 5cm。顶生聚伞花序，花高脚碟状，花冠白色，中央淡红色，裂片 5。核果双生或单个，阔卵形或球形，长 5 ~ 7.5cm，直径 4 ~ 5.6cm。果皮光滑内为木质纤维层。花期 3 ~ 10 月。果期 11 月至翌年春季。

习性：喜温暖湿润气候。

分布：广东、广西、台湾、海南。

园林应用：行道树、园景树、防护林、。

16 非洲霸王树 *Pachypodium lamerei* Drake 棒棰树属

形态特征：落叶乔木状肉质植物，多刺的主干高 8m。深绿色的叶 15 ~ 20cm 长，簇生在茎顶端。茎表皮褐色，幼龄株茎全被乳突状瘤块，瘤块顶端有 3 根刺，2 长 1 短，非常尖锐。白花，形似普通夹竹桃的花。

习性：热带干湿季气候。

分布：我国华南有引种栽培。

园林应用：园景树、盆栽及盆景观赏。

17 四叶萝芙木 *Rauvolfia tetraphylla* L. 萝芙木属

形态特征：常绿灌木，高达 1.5m。叶 4 片轮生，大小不相等，膜质，卵状椭圆形或长圆形，最大的长 5 ~ 15cm，宽 2 ~ 4cm，最小的长 1 ~ 4cm，宽 0.8 ~ 3cm，顶端急尖或钝头，基部圆形或阔楔形；叶柄长 2 ~ 5mm。花序顶生或侧生；总花梗长 1 ~ 4cm；花冠白色，坛状，花冠筒长 2 ~ 3mm，花冠裂片卵圆形或近圆形，长约 1mm；雄蕊着生于花冠筒的喉部；花柱丝状。核果圆球状或近圆球状，2 个合生，直径 5 ~ 8mm，绿色转红色，成熟时黑色。花期 5 月，果期 5 ~ 8 月。

习性：喜热带高温、高湿、强光环境。

分布：广西、云南、广东等地

园林应用：园景树，地被植物。

九十四 萝藦科 Asclepiadaceae

1 钉头果（气球果）*Gomphocarpus fruticosus* (L.) R. Br. 钉头果属

形态特征：常绿灌木，具乳汁。叶线形，长 6 ~ 10cm，宽 5 ~ 8mm，顶端渐尖，基部渐狭而成叶柄，无毛，叶缘反卷；侧脉不明显。聚伞花序生于枝的顶端叶腋间，长 4 ~ 6cm，着花多朵；花萼裂片披针形，内面有腺体；花冠宽卵圆形或宽椭圆形，反拆，被缘毛；副花冠红色兜状；花药顶端具薄膜片；花粉块长圆形，下垂。蓇葖肿胀，卵圆状，端部渐尖而成喙，长 5 ~ 6cm，直径约 3cm，外果皮具软刺，刺长 1cm。花期夏季，果期秋季。

习性：喜阳光充足，稍耐荫。喜高温湿润气候。不耐寒，越冬温度 5℃以上。耐贫瘠。耐干旱，忌涝。

分布：华南及云南栽培。

园林应用：园景树、绿篱及绿雕、盆栽及盆景观赏。

九十五 茄科 Solanaceae

1 枸杞 *Lycium chinense* Mill. 枸杞属

别名：枸杞菜、枸杞子

形态特征：落叶小灌木，高达 lm 多。枝细长，常弯曲下垂，有棘刺。叶互生或簇生于短枝上，卵形或卵状披针形，长1. 5 ~ 5cm，宽1 ~ 2cm；叶柄长3 ~ 10mm。花单生或 2 ~ 4 朵簇生叶；花萼钟状，3 ~ 5 齿裂；花冠紫红色，漏斗状，裂片长与筒几相等，长9 ~ 12mm，有缘毛；雄蕊 5，花丝基部密生绒毛。浆果卵形或长椭圆状卵形，长 1 ~ 2cm，成熟时红色；种子肾形，黄白色。花果期 6 ~ 11 月。

习性：喜光。耐盐碱、耐肥、耐旱、怕水渍。钙质土的指示植物。

分布：全国各省区。

园林应用：水边绿化、园景树、基础种植、地被植物、盆栽及盆景观赏。

2 宁夏枸杞 *Lycium barbarum* Linn. 枸杞属

别名：中宁枸杞、山枸杞

形态特征：落叶灌木，高 2 ~ 3m。枝上有棘刺。叶互生或簇生，披针形或长椭圆状披针形，顶端短渐尖或急尖，基部楔形，长 2~3cm，宽 4~6mm，栽培时长达 12cm，宽 1.5~2cm，略带肉质，叶脉不明显。花腋生，常 2 ~ 6 朵簇生于短枝上；花梗长 4 ~ 15mm；花萼钟状，长 4~5mm，通常 2 中裂，裂片有小尖头或顶端又 2~3 齿裂；花冠漏斗状，粉红色或紫堇色，具暗紫色条纹，长 1 ~ 1.5cm，5 裂，花冠筒稍长于檐部裂片，裂片卵形，顶端稍圆钝，基部有耳，边缘无缘毛；雄蕊 5，着生在花筒上部，花丝基部稍上处及花冠筒内壁生一圈密绒毛；子房 2 室。浆果宽椭圆形，长 10 ~ 20mm，直径 5 ~ 10mm，红色或橘红色。花期 5 ~ 10 月，果期 7 ~ 10 月。

习性：喜光、水肥；耐寒、旱、盐碱；萌蘖性强。

分布：宁夏、内蒙古、新疆、山西、陕西、甘肃、青海、新疆。

园林应用：园景树、特殊环境绿化。

3 鸳鸯茉莉 *Brunfelsia acuminata* Benth. 鸳鸯茉莉属

别名：二色茉莉、变色茉莉

形态特征：常绿灌木，叶互生，长椭圆形，全缘，平滑，钝头，基部渐细，长 6 ~ 8cm，宽 2.5 ~ 3.5cm，背面浓绿色，背部中肋隆起特甚。花顶生，花冠高盆状，先端 5 裂，裂片略呈圆形，边缘呈波形，始为深紫色，渐次退为白色，而有芬香，不结果。花期 5 ~ 6 月、10 ~ 11 月。

习性：喜高温、湿润、光照充足的气候条件，耐半荫，耐干旱，耐瘠薄，忌涝，畏寒冷。

分布：华南。其它地区盆栽。

园林应用：水边绿化、园景树、基础种植、绿篱、地被植物、盆栽及盆景观赏。

4 木本曼陀罗 *Brugmansia arborea* L. 曼陀罗属

形态特征：常绿灌木，高 2m。叶卵状披针形、矩圆形或卵形，顶端渐尖或急尖，基部不对称楔形或宽楔形，全缘、微波状或有不规则缺刻状齿，长 9 ~ 22cm，宽 3 ~ 9cm；叶柄长 1 ~ 3cm。花单生，俯垂，花梗长 3 ~ 5cm。花萼筒状，长 8 ~ 12cm，直径 2 ~ 2.5cm，裂片长三角形，长 1.5 ~ 2.5cm；花冠白色，脉纹绿色，长漏斗状，筒中部以下较细而向上渐扩大成喇叭状，长达 23cm，裂片有长渐尖头，直径 8 ~ 10cm；雄蕊不伸出花冠筒；花柱伸出花冠筒，柱头稍膨大。浆果状蒴果，表面平滑，长达 6cm。

习性：喜光、喜温暖气候，不耐寒。

分布：福建、广州、广西、云南。其它地区盆栽。

园林应用：园景树、基础种植、水边绿化、盆栽及盆景观赏。

5 旋花茄 *Solanum spirale* Roxb. 茄属

形态特征：常绿灌木，高 0.5 ~ 3m。椭圆状披针形，长 9 ~ 20cm，宽 4 ~ 8cm，先端锐尖或渐尖，基部楔形下延成叶柄，两面均无毛，全缘或略波状，中脉粗壮，侧脉明显；叶柄长 2 ~ 3cm。聚伞花序螺旋状，对叶生或腋外生，总花梗长 3 ~ 12mm；萼杯状，长 2mm；花冠白色，筒部长约 1mm，隐于萼内；花丝长约 1mm；花柱丝状，长约 7mm。浆果球形，桔黄色，直径约 7 ~ 8mm。花期夏秋，果期冬春。

习性：多生长于溪边灌木丛中或林下。海拔 500 ~ 1900m。

分布：云南、广西、湖南。

园林应用：地被植物、盆栽及盆景观赏。

九十六 紫草科 Boraginaceae

1 厚壳树 *Ehretia thyrsiflora* (Sieb. Et Zucc) Nakai 厚壳树属

别名：梭椤树

形态特征：落叶乔木，高达15m。枝上有明显的皮孔。单叶互生，叶厚纸质，长椭圆形，长7 ~ 16cm，宽3 ~ 8cm，先端急尖，基部圆形，叶表沿脉散生白短毛，背面疏生黄褐毛，脉腋有簇毛，缘具浅细尖锯齿。叶柄短，有纵沟。花两性，顶生或腋生圆锥花序，有疏毛，花小无柄，密集，花冠白色，有5裂片，雄蕊伸出花冠外，花萼钟状，绿色，5浅裂，缘具白毛，核果，近球形，橘红色，熟后黑褐色，径3 ~ 4mm。花期4月，果熟7月。

习性：喜光，稍耐荫；喜温暖湿润的气候和深厚肥沃的土壤。耐寒，较耐瘠薄；耐修剪。海拔100 ~ 1700m。

分布：中部及西南地区。山东、河南有栽培。

园林应用：园路树、庭荫树、园景树、风景林、树林。

2 粗糠树 *Ehretia dicksonii* Hance 厚壳树属

别名：破布子

形态特征：落叶乔木，高达10m。小枝幼时稍有毛。叶互生，椭圆形，长9 ~ 25cm，，边缘具锯齿，表面粗糙。背面密生粗毛。花小，白色，芳香。伞房状圆锥花序顶生，长4 ~ 7cm，宽5 ~ 8cm，被毛。核果绿色转黄色，近球形，直径约1 ~ 1.5cm，外面平滑，成熟时分裂成各具2粒种子的分核。花果期5 ~ 9月。

习性：山坡疏林及土质肥沃的山脚阴湿处。海拔125 ~ 2300m。

分布：西南、华南、华东、台湾、河南、陕西、甘肃、青海。

园林应用：庭荫树、园景树。

3 基及树 *Carmona microphylla* (Lam) G. Don. 基及树属

别名：福建茶

形态特征：常绿灌木，高1~3m，具褐色树皮，多分枝；分枝细弱，节间长1~2cm。叶在长枝上互生，在短枝上簇生，革质，倒卵形或匙状倒卵形，长0.9 ~ 5cm，宽0.6 ~ 2.3cm，基部渐狭成短柄，边缘上部有少数牙齿，脉在叶上面下陷，在下面稍隆起。聚伞花序腋生或生短枝上，具细梗；花萼长约4mm，裂片5，比萼筒长，匙状条形；花冠白色，钟状，长约6mm，裂片5，披针形；雄蕊5，稍伸出花冠之外；花柱二深裂。核果球形，直径3 ~ 4mm。

习性：喜光和温暖、湿润的气候；不耐寒；喜疏松肥沃及排水良好的微酸壤。耐修剪。

分布：广东，福建和台湾等省。

园林应用：园景树、基础种植、绿篱、地被植物、盆栽及盆景。

九十七 马鞭草科 Verbenaceae

1 五色梅 *Lantana camara* Linn. 马樱丹属

别名：马缨丹、臭草

形态特征：常绿直立或蔓性的灌木，高 1~2m，有时藤状，长达 4m。。茎枝呈四方形，有短柔毛，通常有短而倒钩状刺。单叶对生，卵形或卵状长圆形，先端渐尖，基部圆形，两面粗糙有毛，揉烂有强烈的气味，头状花序腋生于枝梢上部，每个花序 20 多朵花，花冠筒细长，顶端多五裂，状似梅花。花冠颜色多变，黄色、橙黄色、粉红色、深红色。花期较长，在南方露地栽植几乎一年四季有花。果为圆球形浆果，熟时紫黑色。

习性:喜光，喜温暖湿润气候。耐干旱瘠薄，但不耐寒。喜肥沃、疏松的沙壤。

分布：广东、海南、福建、台湾、广西。

园林应用：园景树、基础种植、绿篱、地被植物、盆栽及盆景观赏

2 假连翘 *Duranta repens* L. 假连翘属

别名：篱笆树、洋刺

形态特征：常绿灌木，植株高 1.5 ~ 3m。枝条常下垂，有刺或无刺，嫩枝有毛。叶对生，稀为轮生；叶柄长约 1cm，有柔毛；叶片纸质，卵状椭圆形、倒卵形或卵状披针形，长 2 ~ 6.5cm，宽 1.5 ~ 3.5cm ，基部楔形，叶缘中部以上有锯齿，先端短尖或钝，有柔毛。核果球形，无毛，有光泽，直径约 5mm，熟时红黄色，有增大宿存花萼包围。花、果期 5 ~ 10 月,在南方可为全年。

习性：喜温暖湿润气候。抗寒力较低，遇 5 ~ 6℃长期低温或短期霜冻，植株受寒害。

分布：华南有栽培。

园林应用：园景树、基础种植、绿篱、地被植物、盆栽及盆景观赏。

3 紫珠 *Callicarpa bodinieri* Lévl. Levl. 紫珠属

别名：珍琼枫、爆竹紫

形态特征：落叶灌木，高约 2m。小枝、叶柄和花序均被粗糠状星状毛。叶片卵状长椭圆形至椭圆形,长 7 ~ 18cm，宽 4 ~ 7cm，顶端长渐尖至短尖，基部楔形，边缘有细锯齿，叶背密被星状柔毛，两面密生暗红色或红色细粒状腺点;叶柄长 0.5 ~ 1cm。聚伞花序宽 3 ~ 4.5cm，4 ~ 5 次分歧，花序梗长不超过 1cm;苞片细小，线形；花柄长约 1mm；花萼长约 1mm，外被星状毛和暗红色腺点，萼齿钝三角形；花冠紫色，长约 3mmm，被星状柔毛和暗红色腺点；雄蕊长约 6mm。果实球形，熟时紫色，径约 2mm。花期 6 ~ 7 月，果期 8 ~ 11 月。

习性：喜温、喜湿、怕风、怕旱，喜红黄壤。

分布：陕西、甘肃以地各省。

园林应用：园景树、基础种植、绿篱、地被植物、盆栽及盆景观赏。

4 短柄紫珠 *Callicarpa brevipes* (Benth.) Hance 紫珠属

形态特征：落叶灌木，高 1 ~ 2.5m。枝略呈四棱形。叶片披针形或狭披针形，长 9 ~ 24cm，宽 1.5 ~ 4cm，顶端渐尖，基部钝，表面无毛，背面有黄色腺点，叶脉上有星状毛，边缘中部以上疏生小齿，侧脉 9 ~ 12 对；叶柄长约 5mm。聚伞花序 2 ~ 3 次分歧，宽约 1.5cm，花序梗纤细，约与叶柄等长；花柄长约 2mm；苞片线形；花萼杯状，具黄色腺点；花冠白色，长约 3.5mm；花丝约与花冠等长，柱头略长于雄蕊。果实径 3 ~ 4mm。花期 4 ~ 6 月，果期 7 ~ 10 月。

习性：海拔 600 ~ 1400m 的山坡林下。

分布：浙江南部、广东、广西。

园林应用：园景树、基础种植、绿篱、地被植物、盆栽及盆景观赏。

5 豆腐柴 *Premna microphylla* Turcz. 豆腐柴属

别名：臭黄荆、豆腐草

形态特征：落叶灌木，高 2 ~ 6m。幼枝有柔毛，老枝渐无毛。单叶对生；叶柄长 0.5 ~ 2cm；叶片卵状披针形、倒卵形、椭圆形或形，有臭味，长 3 ~ 13cm，宽 1.5 ~ 6cm，基部渐狭，全缘或具不规则粗齿，先端急尖至长渐尖，无毛或有短柔毛。聚伞花序组成塔形的圆锥花序，顶生；花萼杯状，绿色或有时带紫色，密被毛至几无毛，边缘常有睫毛，5 浅裂；花冠淡黄以，呈二唇形，裂片 4，外被柔毛和腺点，内面具柔毛，尤以喉部较密；雄蕊 4，2 长 2 短，着生于花冠管上。核果球形至倒卵形，紫色，径约 6mm。花期 5 ~ 6 月，果期 6 ~ 10 月。

习性：向阳山地疏林中。海拔 500 ~ 1500m。

分布：华东、中南及西南各省。

园林应用：园景树、基础种植、地被植物、特殊环境绿化（荒山绿化）。

6 黄荆 *Vitex negundo* Linn. 牡荆属

别名：牡荆、荆条

形态特征：落叶灌木或小乔木，高可达 6m。新枝方形。叶对生；掌状复叶，具长柄，通常 5 出，有时 3 出；小叶片椭圆状卵形，长 4 ~ 9cm，宽 1.5 ~ 3.5cm，中间的小叶片最大，两侧次第减小，先端长尖，基部楔形，全缘或浅波状，或每侧具 2 ~ 5 浅锯齿，上面淡绿色，有稀疏短毛和细油点。下面白色，密被白色绒毛。圆锥花序，顶生；萼钟形，5 齿裂；花冠淡紫色，唇形，长约 6mm；雄蕊 4，2 强。核果，卵状球形，褐色，径约 2.5mm，下半部包于宿萼内。花期 4 ~ 6 月，果期 8 ~ 9 月。

习性：喜光，耐寒，耐干旱瘠薄的土壤。

分布：长江以南地区、北达秦岭淮河。

园林应用：园景树、基础种植、特殊环境绿化（荒山绿化）、盆栽及盆景观赏。

7 海州常山 *Clerodendrum trichotomum* Thunb.

大青属（赫桐属）

别名：臭梧桐、臭桐

形态特征：落叶灌木或小乔木，高达 8m。嫩枝近四棱形，枝髓淡黄色片隔状。单叶对生，叶片宽卵形，长 5 ~ 6cm，宽 3 ~ 13cm，先端渐尖，基部宽契形，叶表成皱无毛，背面脉上密生柔毛，叶全缘。花两性，腋生伞房状聚伞花序。花管状漏斗形，白色略带粉红。花具卵形叶状苞片和花萼，萼与花冠筒进等长，5 裂，红色、宿存。核果球形，熟时蓝紫色，并为宿存的紫红色萼片所包围。花期 6 月，果期 9 ~ 11 月初。

习性：喜光，稍耐荫，喜凉爽湿润、向阳的生长环境。抗寒、抗旱和抗有毒气体。

分布：华北、华东、中南、西北各省。

园林应用：园路树、庭荫树、园景树、风景林、水边绿化、基础种植。

8 臭牡丹 *Clerodendrum bungei* Steud.

大青属（赫桐属）

别名：大红袍、臭八宝

形态特征：落叶小灌木。嫩枝内白色中髓坚实。叶宽卵形或卵形，有强烈臭味，长 10 ~ 20cm，宽 5 ~ 15cm，边缘有锯齿。聚伞花序紧密，顶生，花冠淡红色或红色、紫色，有臭味。核果倒卵形或卵形，直径 0.8 ~ 1.2cm，成熟后蓝紫色。

习性：喜阳光充足和湿润环境，耐寒耐旱，较耐荫。海拔 100m~2600m。

分布：安徽、江西、湖南、华北、西南、西北、江苏、浙江、广西、湖北等地。

园林应用：园景树、基础种植、地被植物、盆栽及盆景观赏。

9 灰毛大青 *Clerodendrum canescens* Wall. ex Walp.

大青属（赫桐属）

别名：毛赪桐、粘毛赪桐

形态特征：落叶灌木，高 1 ~ 3.5m。小枝略四棱形。叶片心形或宽卵形，长 6 ~ 18cm，宽 4 ~ 15cm，顶端渐尖，基部心形至近截形，两面都有柔毛，脉上密被灰褐色平展柔毛，背面尤显著；叶柄长 1.5 ~ 12cm。聚伞花序密集成头状，常 2 ~ 5 枝生于枝顶，花序梗长 1.5 ~ 11cm；苞片叶状，具短柄或近无柄，长 0.5 ~ 2.4cm；花萼由绿变红色，钟状，有 5 棱角，长约 1.3cm，花冠白色或淡红色，花冠管长约 2cm；雄蕊 4 枚，与花柱均伸出花冠外。核果近球形，径约 7mm，成熟时深蓝色或黑色，藏于红色增大的宿萼内。花果期 4 ~ 10 月。

习性：喜光、喜温暖湿润气候及排水良好的土壤，耐寒性较差。海拔 220 ~ 880m。

分布：西地、华地、台湾。

园林应用：园路树、庭荫树、园景树、风景林。

10 龙吐珠 *Clerodendrum thomsonae* Balf.

大青属（赪桐属）

别名：白萼赪桐

形态特征：常绿攀援状灌木，高 2 ~ 5m。幼枝四棱形。叶片纸质，狭卵形或卵状长圆形，长 4 ~ 10cm，宽 1.5 ~ 4cm，顶端渐尖，基部近圆形，全缘，表面被小疣毛，基脉三出；叶柄长 1 ~ 2cm。聚伞花序腋生或假顶生，二歧分枝，长 7 ~ 15cm，宽 10 ~ 17cm；苞片狭披针形，长 0.5 ~ 1cm；花萼白色，基部合生，有 5 棱脊；花冠深红色，裂片长约 9mm，花冠管与花萼近等长；雄蕊 4，与花柱同伸出花冠外。核果近球形，径约 1.4cm，内有 2 ~ 4 分核，外果皮光亮，棕黑色；宿存萼不增大，红紫色。花期 3 ~ 5 月。

习性：喜温暖、湿润和阳光充足的半阴环境，不耐寒。喜肥沃、疏松的砂质土。

园林应用：地被植物、垂直绿化、盆栽及盆景观赏。

11 垂茉莉 *Clerodendrum wallichii* Merr.

大青属（赪桐属）

形态特征：落叶灌木或小乔木，高 2 ~ 4m。小枝锐四棱形或呈翅状。叶片近革质，长圆形或长圆状披针形，长 11 ~ 18cm，宽 2.5 ~ 4cm，顶端渐尖或长渐尖，基部狭楔形，全缘，两面无毛；侧脉近边缘弧状网结；叶柄长约 1cm。聚伞花序排列成圆锥状，长 20 ~ 33cm，下垂，每聚伞花序对生或交互对生；苞片小；花萼长约 1cm，萼管长 7 ~ 8mm，果时增大增厚，鲜红色或紫红色；花冠白色，花冠管长约 1.1cm，裂片倒卵形，长 1.1 ~ 1.5cm；雄蕊及花柱伸出花冠，花丝在花后旋卷。核果球形，径 1 ~ 1.3cm，紫黑色，光亮。花果期 10 月至次年 4 月。

习性：生于海拔 100 ~ 1190m 的山坡、疏林中。

分布：广西、云南、西藏、福建、广东、江苏。

园林应用：园景树、盆栽及盆景观赏。

12 单叶蔓荆 *Vitex trifolia* L. *var. simplicifolia* *Cham.*

牡荆属

形态特征：落叶灌木，高 1.5 ~ 5m。有香味；小枝四棱形。单叶对生，叶柄长 1 ~ 3cm；小叶片卵形、倒卵形或倒卵状长圆形，长 2.5 ~ 9cm，宽 1 ~ 3cm，顶端钝或短尖，基部楔形，全缘，表面绿色，背面密被灰白色绒毛，侧脉约 8 对，两面稍隆起，小叶基部下延成短柄。圆锥花序顶生，长 3 ~ 15cm，花序梗密被灰白色绒毛；花萼钟形，顶端 5 浅裂；花冠淡紫色或蓝紫色，长 6 ~ 10mm；雄蕊 4，伸出花冠外。核果近圆形，径约 5mm，成熟时黑色；果萼宿存。花期 7 月，果期 9 ~ 11 月。

习性：耐寒，耐旱，耐瘠薄，喜光，匍匐茎着地部分生须根。

分布：福建、台湾、广东、广西、云南。

园林应用：园景树、基础种植、特殊环境绿化。

13 红花龙吐珠 *Clerodendrum splendens* G. Don 大青属（赪桐属）

形态特征：常绿攀援状灌木，高 2 ~ 5m。幼枝四棱形，被黄褐色短绒毛。叶片纸质，狭卵形或卵状长圆形，长 4 ~ 10cm，宽 1.5 ~ 4cm，顶端渐尖，基部近圆形，全缘，表面被小疣毛，背面近无毛；基脉三出；叶柄长 1 ~ 2cm。聚伞花序腋生或假顶生，二歧分枝，长 7 ~ 15cm，宽 10 ~ 17cm；苞片长 0.5 ~ 1cm；花萼红色，基部合生，中部膨大，有 5 棱脊，裂片三角状卵形；花冠深红色，裂片椭圆形，长约 9mm；雄蕊 4，与花柱同伸出花冠外。核果近球形，径约 1.4cm，内有 2 ~ 4 分核，外果皮光亮，棕黑色；萼宿存红紫色。花期 3 ~ 5 月。

习性：喜高温、高湿的热带环境。

分布：华南。各地温室栽培。

园林应用：地被植物、垂直绿化、盆栽观赏。

14 冬红 *Holmskioldia sanguinea* Retz. 冬红属

别名：阳伞花、帽子花

形态特征：常绿灌木，高 3 ~ 7m。小枝四棱形。叶对生，膜质，卵形或宽卵形，基部圆形或近平截，叶缘有锯齿，两面均有稀疏毛及腺点，但沿叶脉具毛较密；叶柄长 1 ~ 2cm，具毛及腺点。聚伞花序常 2 ~ 6 个再组成圆锥状，每聚伞花序有 3 花，中间的一朵花柄较两侧为长；花萼砵红色或橙红色，由基部向上扩张成一阔倒圆锥形的碟，直径可达 2cm，边缘有稀疏睫毛；花冠殊红色，花冠管长 2 ~ 2.5cm，有腺点；雄蕊 4。果实倒卵形，长约 6mm，4 深裂，包藏于宿存、扩大的花萼内。花期冬末春初。

习性：喜光，喜温热及排水良好的环境。

分布：原产喜马拉雅。现我国广东、广西、台湾等地有栽培，供观赏。

园林应用：水边绿化、园景树、基础种植、垂直绿化、地被植物、盆栽及盆景观赏。

九十八 唇形科

1 灌丛石蚕 *Teucrium fruticans* L. 香科科属

形态特征：常绿灌木，高 1.8m。叶对生，卵圆形，长 1 ~ 2cm，宽 1cm。小枝四棱形，全株被白色绒毛，以叶背和小枝最多。春季枝头悬挂淡紫色小花，很多，花期 1 个月左右。

习性：喜光，稍耐荫，耐修剪。

分布：长江中下游各省有应用。

园林应用：绿篱及绿雕、地被、盆栽及盆景观赏。

九十九 醉鱼草科 Buddlejaceae

1 醉鱼草 *Buddleja lindleyana* Fortune 醉鱼草属

别名：闭鱼花、痒见消

形态特征：落叶灌木，高 1 ~ 2.5m。小枝四棱形，有窄翅。单叶对生；具柄，柄上密生绒毛；叶片纸质，卵圆形至长圆状披针形，长 3 ~ 8cm，宽 1.5 ~ 3cm，先端尖，基部楔形，全缘或具稀疏锯齿。穗状花序顶生，长 4 ~ 40cm，花倾向一侧；花萼管状，4 或 5 浅裂；花冠细长管状，紫色，长约 15mm，外面具有白色光亮细鳞片，内面具有白色细柔毛，先端 4 裂；雄蕊 4；花柱线形。蒴果长圆形，基部有宿萼。种子细小，褐色。花期 4 ~ 7 月，果期 10 ~ 11 月。

习性：耐土壤瘠薄，抗盐碱。喜通透性较好的土壤。

分布：西南、长江中下游、福建、广东。

园林应用：园景树、基础种植、绿篱、地被植物。

一百 木犀科 Oleaceae

1 雪柳 *Fontanesia fortunei* Carr. 雪柳属

别名：五谷树

形态特征：落叶灌木或小乔木，高达 8m。小枝四棱形。叶纸质，披针形、卵状披针形或狭卵形，长 3 ~ 12cm，宽 0.8 ~ 2.6cm，先端锐尖至渐尖，基部楔形，全缘，中脉在上面稍凹入或平，下面凸起，侧脉 2 ~ 8 对；叶柄长 1 ~ 5mm。圆锥花序顶生或腋生，顶生花序长 2 ~ 6cm，腋生花序较短；花两性或杂性同株；苞片锥形或披针形，长 0.5 ~ 2.5mm；花冠深裂至近基部，裂片卵状披针形，长 2 ~ 3mm，宽 0.5 ~ 1mm，先端钝，基部合生；雄蕊花丝长 1.5 ~ 6mm。倒卵形至倒卵状椭圆形，扁平，长 7 ~ 9mm，先端微凹，花柱宿存，边缘具窄翅。花期 4 ~ 6 月，果期 6 ~ 10 月。

习性：喜光，稍耐荫；喜肥沃、排水良好的土壤；较耐寒。海拔 800m。

分布：河北、陕西、山东、江苏、安徽、浙江、河南及湖北东部。

园林应用：园景树、水边绿化、基础种植。

2 白蜡树 *Fraxinus chinensis* Roxb. 梣属（白蜡树属）

别名：白荆树

形态特征：落叶乔木，高 10 ~ 12m。小枝光滑无毛。奇数羽状复叶，对生，小叶 5 ~ 7 枚，常 7 枚，硬纸质，卵圆形或卵状披针形，长 3 ~ 10cm，先端渐尖，基部钝圆或楔形，不对称，缘有齿及波状齿，表面无毛，背面沿脉有短柔毛；顶生小叶与侧生小叶近等大或稍大。圆锥花序侧生或顶生于当年生枝上，大而疏松。花萼钟状；无花瓣。翅果倒披针形，长 3 ~ 4cm。花期 3 ~ 5 月；果期 7 ~ 9 月。翅果扁平，披针形。

习性：喜光，稍耐荫，喜温暖湿润气候，颇耐寒，喜湿耐涝，也耐旱。

分布：北自东北中南部，南达华南，西至甘肃。

园林应用：行道树、园路树、庭荫树、园景树、风景林、树林、防护林、水边绿化、特殊环境绿化（工矿区绿化）。

3 苦枥木 *Fraxinus insularis* Hemsl.

梣属（白蜡树属）

形态特征：落叶大乔木，高 20 ~ 30m。小枝具膨大的节并密被皮孔。羽状复叶长 10 ~ 30cm；叶柄长 5 ~ 8cm，基部稍增厚；小叶 5 ~ 7 枚，后期变硬纸质或革质，长圆形或椭圆状披针形，长 6 ~ 9cm，宽 2 ~ 3.5cm，顶生小叶与侧生小叶近等大，先端急尖、渐尖以至尾尖，基部楔形至钝圆，两侧不等大，叶缘具浅锯齿，或中部以下近全缘，侧脉 7 ~ 11 对；小叶柄长 1 ~ 1.5cm。圆锥花序生于当年生枝端，顶生及侧生叶腋，长 20 ~ 30cm，多花，叶后开放；花芳香；花萼钟状；花冠白色；雄蕊伸出花冠外；柱头 2 裂。翅果红色至褐色，长 2 ~ 4cm，宽 3.5 ~ 4mm，先端钝圆，坚果近扁平；花萼宿存。花期 4 ~ 5 月，果期 7 ~ 9 月。

习性：适应性强，生于山地、河谷。

分布：长江以南，台湾至西南各省区。

园林应用：园景树、风景林、树林、防护林。

4 对节白腊 *Fraxinus hupehensis* Ch'u Shang et Su

梣属（白蜡树属）

别名：湖北梣

形态特征：落叶乔木，高达 19m。侧生小枝常呈棘刺状，奇数羽状复叶对生，长达 7 ~ 15cm，小叶 7 ~ 9 枚，小叶柄很短；叶片披针形至卵状披针形，长 1.7 ~ 5cm，宽 0.6 ~ 1.8cm，先端渐尖，缘具细锐锯齿，侧脉 4 ~ 6 对。花簇生，花两性，有苞片和花萼，无花冠，雄蕊 2 枚，花丝 5.5 ~ 6.0mm，柱头棒状。翅果，长 4 ~ 5cm，先端尖，花萼宿存。花期 2 ~ 3 月，果熟 9 月。

习性：喜光，稍耐荫，较耐寒。萌芽力极强。北京有引起栽培，生长状况良好。海拔 130 ~ 500m 处。

分布：湖北省荆州地区之大洪山余脉，各地有栽培。

园林应用：园路树、庭荫树、园景树、风景林、造型树、盆栽及盆景观赏。

5 连翘 *Forsythia suspensa* (Thunb.) Vahl.

连翘属

别名：黄花杆

形态特征：落叶灌木。枝开展或下垂，小枝土黄色或灰褐色，略呈四棱形，疏生皮孔，节间中空，节部具实心髓。单叶或三出复叶，缘有粗锯齿。叶柄长 8 ~ 20mm；叶片卵形、长卵形、广卵形以至圆形，长 3 ~ 7cm，宽 2 ~ 4cm，先端渐尖、急尖或钝。基部阔楔形或圆形，边缘有不整齐的锯齿；半革质。花先叶开放，腋生，金黄色，通常具橘红色条纹。蒴果狭卵形略扁，长约 15cm，先端有短喙，成熟时 2 瓣裂。花期 3 ~ 4 月。蒴果卵球形，果期 7 ~ 9 月。

习性：喜光，较耐荫；耐寒；耐干旱极薄，怕涝。

分布：辽宁、河北、河南、山东、江苏、湖北、江西、云南、山西、陕西、甘肃等地。

园林应用：园景树、水边绿化、造型树、基础种植、地被植物、盆栽及盆景观赏。

6 金钟 *Forsythia viridissima* Lindl.　　连翘属

别名：金钟、迎春条、金梅花

形态特征：落叶灌木。茎丛生，枝开展，拱形下垂，小枝绿色，微有四棱状，髓心薄片状。单叶对生，椭圆形至披针形，先端尖，基部楔形，中部以上有锯齿，中脉及支脉在叶面上凹入，在叶背隆起。花期 3 ~ 4 月，先叶开放，深黄色，1 ~ 3 朵腋生。蒴果卵球形，先端嘴状。

习性：喜光，略耐荫。喜温暖、湿润环境，较耐寒。耐干旱，较耐湿。萌蘖力强。海拔 300 ~ 2600m。

分布：除华南地区外，全国各地均有栽培。

园林应用：水边绿化、园景树、基础种植、绿篱、地被植物、盆栽及盆景观赏。

7 紫丁香 *Syringa oblata* Lindl.　　丁香属

别名：华北紫丁香

形态特征：落叶灌木或小乔木，高 4 ~ 5m；小枝较粗壮，无毛。单叶对生，广卵形，宽通常大于长，宽 5 ~ 10 cm，基部近心形，全缘。花紫色，花筒细长，长 1 ~ 1.2 cm，成密集圆锥花序；芳香。花期 4 月。

习性：喜光，稍耐荫；耐干旱。耐寒。

分布：华北地区，分布以秦岭为中心，北到黑龙江，南到云南和西藏均有。

园林应用：园景树、树林、水边绿化、基础种植、专类园、盆栽及盆景观。

8 暴马丁香 *Syringa reticulata* (Blume) Hara *var. amurensis* (Rupr.) Pringle　　丁香属

形态特征：落叶乔木，高 4~10m。叶片厚纸质，宽卵形、卵形至椭圆状卵形，长 2.5 ~ 13cm，宽 1 ~ 6cm，先端短尾尖至尾状渐尖或锐尖，基部常圆形，上面黄绿色，侧脉和细脉明显凹入使叶面呈皱缩，中脉和侧脉在下面凸起；叶柄长 1 ~ 2.5cm。圆锥花序由 1 到多对着生于同一枝条上的侧芽抽生，长 10 ~ 20cm，宽 8 ~ 20cm；花梗长 0 ~ 2mm；花冠白色，呈辐状，长 4 ~ 5mm，裂片卵形，长 2 ~ 3mm。果长椭圆形，长 1.5 ~ 2cm，先端常钝。花期 6 ~ 7 月，果期 8 ~ 10 月。

习性：喜光，稍耐荫。较耐寒和耐旱。耐瘠薄，忌水淹。海拔 10 ~ 1200m。

分布：黑龙江、吉林、辽宁。

园林应用：园路树、庭荫树、园景树。

9 花叶丁香 *Syringa* × *persica* Linn. 丁香属

别名：波斯丁香

形态特征：小灌木，高 1 ~ 2m。叶片披针形或卵状披针形，长 1.5 ~ 6cm，宽 0.8 ~ 2cm，先端渐尖或锐尖，基部楔形，全缘；叶柄长 0.5 ~ 1.3cm，无毛。花序由侧芽抽生，长 3 ~ 10cm，通常多对排列在枝条上部呈顶生圆锥花序状；花序轴无毛；花梗长约 1.5 ~ 3mm；花芳香；花萼无毛，长约 2mm，具浅而锐尖的齿，或萼齿呈三角形；花冠淡紫色，花冠管细弱，长 0.6 ~ 1cm，花冠裂片呈直角开展，宽卵形、卵形或椭圆形，长 4 ~ 7mm。花期 5 月。

习性：喜光，耐寒、耐旱。

分布：华北栽培。

园林应用：园景树、绿篱、专类园。

10 桂花 *Osmanthus fragrans* (Thunb.)Lour. 木犀属

别名：木犀

形态特征：常绿乔木或灌木，高 3 ~ 18m。小枝干灰白色，枝上皮孔明显。叶对生；革质，椭圆形、长椭圆形或椭状披针形，长 7 ~ 14.5cm，宽 2.6 ~ 4.5cm，先端渐尖，基部渐狭楔形或宽楔形，全缘或上半部疏生细锯齿。花序簇生于叶腋。花期 9 ~ 10 月，果期次年 3 ~ 4 月。核果椭圆形，紫黑色。花可作香料和入药。

习性：喜温暖，湿润气候。忌碱性土、低洼地或过于粘重、排水不畅的土壤外。

分布：黄河下游以南地区广泛种置。

园林应用：行道树、园景树、庭荫树、风景林、树林、基础种植、绿篱、地被植物、盆栽及盆景观赏。

11 牛矢果 *Osmanthus matsumuranus* Hayata 木犀属

形态特征：常绿灌木或乔木，高 2.5 ~ 10m。叶片薄革质或厚纸质，倒披针形，长 8 ~ 14cm，宽 2.5 ~ 4.5cm，先端渐尖，具尖头，基部狭楔形，下延至叶柄，全缘或上半部有锯齿，中脉下面明显凸起，侧脉 10 ~ 12 对；叶柄长 1.5 ~ 3cm。聚伞花序组成短小圆锥花序，着生于叶腋，长 1.5 ~ 2cm；花梗长 2 ~ 3mm；花芳香；花萼长 1.5 ~ 2mm；花冠淡绿白色或淡黄绿色，长 3 ~ 4mm；雄蕊着生于花冠管上部，花丝长 1 ~ 1.5mm；雌蕊长约 4mm。果椭圆形，长 1.5 ~ 3cm，直径 0.7 ~ 1.5cm，成熟时紫红色至黑色。花期 5 ~ 6 月，果期 11 ~ 12 月。

习性：生海拔 800 ~ 1500m 山坡密林、山谷林中和灌丛中。

分布：安徽、浙江、江西、台湾、广东、广西、贵州、云南等省区。

园林应用：园路树、园景树。

12 女贞 *Ligustrum lucidum* Ait. 女贞属

别名：白蜡树

形态特征：常绿乔木，树冠卵形。树皮灰绿色，平滑不开裂。枝条开展，光滑无毛。单叶对生，卵形或卵状披针形，先端渐尖，基部楔形或近圆形，全缘，表面深绿色，有光泽，无毛，叶背浅绿色，革质。5 ~ 6 月开花，花白色，圆锥花序顶生。浆果状核果近肾形，10 ~ 11 月果熟，熟时深蓝色。

习性：喜光，稍耐荫。稍耐寒。不耐干旱和瘠薄，耐修剪。抗氯气、二氧化硫和氟化氢。海拔 2900m 以下。

分布：长江以南至华南、西南各省区，向西北分布至陕西、甘肃。

园林应用：行道树、园路树、庭荫树、园景树、风景林、树林、防护林、绿篱、特殊环境绿化（工矿区的抗污染树种）。

13 日本女贞 *Ligustrum japonicum* Thunb. 女贞属

形态特征：常绿灌木，高 3 ~ 5m。小枝灰褐色，散布皮孔。单叶对生，广卵形或卵状长椭圆形，具叶柄，叶基锐形，先端钝或锐，全缘，新叶鹅黄色，老叶呈绿色；中脉在上面凹入，下面凸起，侧脉 4 ~ 7 对，两面凸起。多数小花密生成圆锥花序，顶生于小枝末梢，花冠白色 4 裂，裂片较冠筒短，漏斗状，筒部呈长筒形，先端 4 裂，雄蕊 2 枚，柱头 2 裂。果实：核果状，长椭圆形，细而圆，直径约半公分，成熟时紫黑色。花期 4 ~ 5 月，果期 11 月。

习性：喜光稍耐荫湿，耐寒力较强。

分布：全国各地有栽培。

园林应用：绿篱、地被植物、盆栽及盆景观赏。

14 小蜡 *Ligustrum sinense* Lour 女贞属

别名：水黄杨

形态特征：半常绿灌木，一般高2m左右，可高达6～7m；枝条幼时密被淡黄色柔毛，老时近无毛。叶薄革质，椭圆形至椭圆状矩圆形，长3～7cm，顶端锐尖或钝，基部圆形或宽楔形，叶下面，特别沿中脉有短柔毛。圆锥花序长4～10cm，有短柔毛；花白色，花梗明显；花冠筒比花冠裂片短；雄蕊超出花冠裂片。核果近圆状，直径4～5mm。花期4～5月。果期9～12月。

习性：喜光，稍耐荫，较耐寒，耐修剪。抗二氧化硫等多种有毒气体。

分布：长江以南各省区。

园林应用：造型树、园景树、基础种植、绿篱、地被植物、盆栽及盆景观赏。

15 小叶女贞 *Ligustrum quihoui* Carr. 女贞属

形态特征：落叶或半常绿灌木，高2～3m。小枝密生细柔毛，后脱落。叶薄革质，椭圆形或倒卵状长圆形，长1.5～5cm，宽0.8～1.5cm，无毛，顶端钝，基部楔形；叶柄无毛或被微柔毛。圆锥花序长7～22cm，有细柔毛；花白色，芳香，无柄；花冠筒和裂片等长，花药略伸出花冠外。核果宽椭圆形，黑色，长5～9mm。花期5～7月，果期10～11月。

习性：喜光照，稍耐荫，较耐寒，华北地区可露地栽培；对二氧化硫、氯等毒气有较好的抗性。耐修剪。海拔100～2500m。

分布：中部、东部和西南部。

园林应用：造型树、园景树、基础种植、绿篱、地被植物、盆栽及盆景观赏。

16 金叶女贞 *Ligustrum × vicaryi* Hort. 女贞属

形态特征：常绿灌木，高1～2m，冠幅1.5～2m。叶片较女贞稍小，单叶对生，椭圆形或卵状椭圆形，长2～5cm。总状花序，小花白色。核果阔椭圆形，紫黑色。金叶女贞叶色金黄，尤其在春秋两季色泽更加璀璨亮丽。金叶女贞是由金边卵叶女贞与欧洲女贞杂交育成的。

习性：喜光，稍耐荫，耐寒。

分布：华北南部至我国南方均能栽培。

园林应用：造型树、园景树、基础种植、绿篱、地被植物、盆栽及盆景观赏。

17 迎春 *Jasminum nudiflorum* Lindl. 素馨属（茉莉属）

别名：北迎春

形态特征：落叶灌木。高可达 5m，枝条软而开张，枝绿色四棱形；叶对生，小叶 3 片，长圆形或卵圆形，长约 3cm；叶缘有短睫毛，表面有基部突起的短刺毛。花黄色单生，展叶前开放，萼齿叶状，长约 1cm 与冠筒等长，花冠 5 裂～ 6 裂，倒卵形，裂片短于花筒；早春开花。在春季花卉中比较领先开放，故名迎春。

习性：耐干旱、耐盐碱、较耐寒。

分布：北京以南各省。

园林应用：水边绿化、基础种植、地被植物、盆栽及盆景。

18 云南黄馨 *Jasminum mesnyi* Hance

素馨属（茉莉属）

别名：南迎春、金腰带

形态特征：常绿直立亚灌木，高 0.5 ～ 5m，枝条下垂。小枝四棱形，具沟。叶对生，三出复叶或小枝基部具单叶；叶柄长 0.5 ～ 1.5cm；叶片和小叶片近革质，两面几无毛，叶缘反卷，中脉在下面凸起，侧脉不甚明显；小叶片基部楔形，顶生小叶片长 2.5 ～ 6.5cm，宽 0.5 ～ 2.2cm，基部延伸成短柄，侧生小叶片较小，长 1.5 ～ 4cm，宽 0.6 ～ 2cm，无柄。花通常单生于叶腋；花梗粗壮，长 3 ～ 8mm；花萼钟状，裂片 5 ～ 8 枚，小叶状；花冠黄色，漏斗状，径 2 ～ 4.5cm，花冠管长 1 ～ 1.5cm，裂片 6 ～ 8 枚，栽培时出现重瓣。果椭圆形，径 6 ～ 8mm。花期 11 月至翌年 8 月，果期 3 月～ 5 月。

习性：喜光稍耐荫，喜温暖湿润气候。耐寒性不强。

分布：南方庭园中颇常见。

园林应用：水边绿化、基础种植、地被植物、盆栽及盆景。

19 探春花 *Jasminum floridum* Bunge

素馨属（茉莉属）

别名：迎夏

形态特征：半常绿直立或攀援灌木，高 0.4 ～ 3m。当年生枝条草绿色，扭曲，四棱，无毛。叶互生，奇数羽状复叶，小叶通常为 3 枚至 5 枚，小枝基部常有单叶；叶柄长 2 ～ 10mm；叶片和小叶上面光亮；小叶卵形或长椭圆状卵形，先端尖；中脉上面凹入，下面凸起，侧脉不明显。顶生聚伞花序，花冠金黄色，有花 3 ～ 25 朵，花形比迎春花稍大。果长圆形或球形，长 5 ～ 10mm，径 5 ～ 10mm，成熟时黑色。花期 5 ～ 9 月，果期 9 ～ 10 月。

习性：适应性强，较耐寒。海拔 2000m 以下。

分布：河北、陕西南部、山东、河南西部、湖北西部、四川、贵州北部。

园林应用：基础种植、地被植物、盆栽及盆景观赏。

20 厚叶素馨 *Jasminum pentaneurum* Hand.-Mazz. 素馨属（茉莉属）

形态特征：常绿攀援灌木，高 1 ~ 9m。枝中空。叶对生，单叶，叶片革质，干时呈黄褐色或褐色，宽卵形、卵形或椭圆形，有时几近圆形，长 4 ~ 10cm，宽 1.5 ~ 6.5cm，先端渐尖或尾状渐尖，基部圆形或宽楔形，叶缘反卷，基出脉 5 条，最外一对常不明显或缺而成三出脉；叶柄长 0.5 ~ 1.8cm。聚伞花序密集似头状，花多朵；花梗长 1 ~ 5mm；花芳香；花萼裂片 6 ~ 7 枚；花冠白色，花冠管长 2 ~ 3cm，径 1.5 ~ 2mm，裂片 6 ~ 9 枚，长 1 ~ 2cm，宽 2 ~ 6mm。果球形、椭圆形或肾形，长 0.9 ~ 1.8cm，径 6 ~ 10mm，呈黑色。花期 8 月至翌年 2 月，果期 2 ~ 5 月。

习性：生山谷、灌丛或混交林中。海拔 900m 以下。

分布：广东、海南、广西。

园林应用：园景树、地被植物、垂直绿化、盆栽及盆景观赏。

21 尖叶木樨榄 *Olea cuspidata* (Wall.) Ciferri 木犀榄属

形态特征：常绿灌木或小乔。单叶对生，叶柄长 3 ~ 5mm，被锈色鳞片；叶片革质，狭披针形至长圆状椭圆形，长 3 ~ 10cm，宽 1 ~ 2cm，先端渐尖，具长凸尖头，基部渐窄，叶缘稍反卷，两面无毛或在上面中脉被微毛，下面密被锈色鳞片。圆锥花序腋生；花序梗具棱；苞片线形或鳞片状，长约 1mm；花梗长 0 ~ 1mm；花白色，两性；花萼小，杯状，齿裂；花冠长 2.5 ~ 3.5mm，花冠管与花萼近等长，裂片椭圆形；花丝极短，花药长椭圆形，内藏，稍短于花冠裂片。果宽椭圆形或近球形，长 7 ~ 9mm，径 4 ~ 6mm，成熟时呈暗褐色。花期 4 ~ 8 月，果期 8 ~ 11 月。

习性：海拔 600 ~ 2800m 林中。

分布：云南、四川、广西。

园林应用：庭荫树、园景树、绿篱及绿雕。

一百零一 玄参科 Scrophulariaceae

1 泡桐 *Paulownia fortunei* (Seem.) Hemsl. 泡桐属

别名：白花泡桐、大果泡桐

形态特征：落叶乔木，高达 20 ~ 25m。假二杈分枝。小枝中空。单叶对生，叶大，卵形，全缘或有浅裂，具长柄。花大，淡紫色或白色，顶生圆锥花序，由多数聚伞花序复合而成。花萼钟状或盘状，5 深裂，裂片不等大。花冠钟形或漏斗形，上唇 2 裂、反卷，下唇 3 裂，直伸或微卷；雄蕊 4 枚，2 长 2 短；雌蕊 1 枚，花柱细长。蒴果卵形或椭圆形，熟后背缝开裂。花期 3 ~ 4 月，果期 9 ~ 10 月。

习性：喜光稍耐荫；耐旱。不太耐寒。

分布：河北、陕西以南各省。

园林应用：庭荫树、园景树、风景林、树林、防护林、特殊环境绿化。

2 紫花泡桐 *Paulownia tomentosa* (Thunb.) Steud. 泡桐属

别名：毛泡桐

形态特征：落叶乔木，高达 15 ~ 20m。叶广卵形至卵形，长 20 ~ 29cm，基部心形，全缘，有时三浅裂，表面有柔毛及腺毛，背面密被具有长柄的树枝状毛，幼叶有黏腺毛，叶柄常有粘性腺毛。聚伞圆锥花序的侧枝不发达，小具伞花序具有 3 ~ 5 朵花，花萼浅钟状，密被星状绒毛，5 裂至中部，花冠紫色漏斗状钟形；蒴果卵圆形，外果皮革质。花期 4 ~ 5 月，果期 8 ~ 9 月。

习性：喜光、耐旱，耐盐碱，耐风沙，-25℃时受冻害。

分布：淮河流域至黄河流域。朝鲜、日本也有分布。

园林应用：庭荫树、园景树、风景林、树林、防护林、特殊环境绿化。

一百零二 爵床科 Acanthaceae

1 金脉爵床 *Sanchezia speciosa* J. Leonard 金脉爵床属（黄脉爵床属）

别名：斑马爵床、金脉单药花

形态特征：常绿灌木状，盆栽种植株高一般 50 ~ 80cm。多分枝，茎干半木质化。叶对生，无叶柄，阔披针形，长 15 ~ 30cm、宽 5 ~ 10cm，先端渐尖，基部宽楔形，叶缘锯齿；叶片嫩绿色，叶脉橙黄色。夏秋季开出黄色的花，花为管状，簇生于短花茎上，每簇 8 ~ 10 朵，整个花簇为一对红色的苞片包围。

习性：喜光、喜高温多湿环境。生长适温 20 ~ 25℃。越冬温度在 10℃以上。忌日光直射。要求排水良好的砂质壤土。

分布：热带地区广泛栽培。

园林应用：水边绿化、园景树、基础种植、地被植物、盆栽及盆景观赏。

2 金苞花 *Pachystachys lutea* Nees 金苞花属

别名：金苞爵床、黄虾衣

形态特征：常绿亚灌木，茎节膨大，叶对生，长椭圆形，有明显的叶脉，因其茎顶穗状花序的黄色，苞片层层叠叠，并伸出白色小花，形似虾体而得名。

习性：喜高温高湿和阳光充足的环境，比较耐荫。

分布：华南有栽培。

园林应用：水边绿化、基础种植、地被植物、盆栽及盆景观赏。

3 大花芦莉 *Ruellia* elegans 芦莉草属

形态特征：常绿小灌木，高 60~100cm。叶椭圆状披针形，叶面微卷、对生，盛开期春夏秋。腋生，花冠圆筒状，先端五裂，花色浓鲜桃红色，开花不断。

习性：喜高温，抗寒、抗风性强，耐旱，半荫至全阳均适合。

分布：华南有栽培。

园林应用：绿篱及绿雕、基础种植、地被植物、垂直绿化、盆栽及盆景观赏。

4 假杜鹃 *Barleria cristata* L. 假杜鹃属

形态特征：常绿小灌木，高达 2m。叶片纸质，椭圆形、长椭圆形或卵形，长 3 ~ 10cm，宽 1.3 ~ 4cm，先端急尖，基部楔形，下延，侧脉 4 ~ 5 对，长枝叶常早落；腋生短枝的叶小，具短柄，叶片椭圆形或卵形，长 2 ~ 4cm，宽 1.5 ~ 2.3cm，叶腋内通常着生 2 朵花。花在短枝上密集。花的苞片叶形，无柄，小苞片披针形或线形，长 10 ~ 15mm，宽约 1.5mm。有时花退化而只有 2 枚不孕的小苞片；花冠蓝紫色或白色，2 唇形，通常长 3.5 ~ 5cm；能育雄蕊 4，2 长 2 短，不育雄蕊 1。蒴果长圆形，长 1.2 ~ 1.8cm，两端急尖。花期 11 ~ 12 月。

习性：喜温热，不耐寒。海拔 700 ~ 1100m。

分布：台湾、华南、西南和西藏等省区。

园林应用：园景树、绿篱及绿雕。

一百零三 紫葳科 Bignoniaceae

1 梓树 *Catalpa ovata* G.Don 梓属

别名：梓、臭梧桐

形态特征：落叶乔木，高达 15m。叶对生或近于对生，有时轮生，阔卵形，长宽近相等，长约 25cm，顶端渐尖，基部心形，全缘或浅波状，常 3 浅裂，叶片上面及下面均粗糙，侧脉 4 ~ 6 对，基部掌状脉 5 ~ 7 条；叶柄长 6 ~ 18cm。顶生圆锥花序；花序梗微被疏毛，长 12 ~ 28cm。花冠钟状，淡黄色，内面具 2 黄色条纹及紫色斑点，长约 2.5cm，直径约 2cm。子房上位，棒状。蒴果线形，下垂，长 20 ~ 30cm，粗 5 ~ 7mm。花期 4 ~ 5 月，果熟期 8 ~ 9 月。

习性：喜光，稍耐荫，耐寒，适生于温带地区。不耐干旱和瘠薄，能耐轻盐碱土。抗污染性较强。

分布：长江流域及以北地区。

园林应用：园路树、庭荫树、园景树、防护林。

2 黄金树 *Catalpa speciosa* (Barney) Engelm 梓属

别名：白花梓树

形态特征：落叶乔木，高 6 ~ 10m。叶卵心形至卵状长圆形，长 15 ~ 30cm，顶端长渐尖，基部截形至浅心形，上面无毛，下面密被短柔毛；叶柄长 10 ~ 15cm。圆锥花序顶生，有少数花，长约 15cm；苞片 2，线形，长 3 ~ 4mm。花萼 2 裂，舟状。花冠白色，喉部有 2 黄色条纹及紫色细斑点，长 4 ~ 5cm，裂片开展。蒴果圆柱形，黑色，长 30 ~ 55cm，宽

10 ~ 20mm，2 瓣开裂。花期 5 ~ 6 月，果期 8 ~ 9 月。

习性：喜温暖湿润气候，喜深厚肥沃土壤。

分布：河北以南、云南等省有栽培。

园林应用：园路树、庭荫树、园景树、防护林。

3 楸树 *Catalpa bungei* C.A.Mey 梓属

别名：楸

形态特征：落叶乔木，高达 30m，胸径达 60cm。树冠狭长倒卵形。树干通直，主枝开阔伸展。树皮灰褐色、浅纵裂，小枝灰绿色。叶三角状的卵形、上 6 ~ 16cm，先端渐长尖，叶基部背面有多个紫斑。 总状花序伞房状排列，顶生。花冠浅粉紫色，内有紫红色斑点。种子扁平，具长毛。花期 4 ~ 5 月。果期 6 ~ 10 月。

习性：喜光，较耐寒。不耐旱、积水，忌地下水位过高，稍耐盐碱。耐烟尘、抗有害气体能力强。

分布：河北以南至长江流域。

园林应用：园路树、庭荫树、园景树、风景林、树林。

4 十字架树 *Crescentia alata* H.B.K. 炮弹果属（葫芦树属）

别名：叉叶树、三叉木

形态特征：常绿小乔木，高 3 ~ 6m。叶簇生于小枝上；小叶 3 枚，长倒披针形至倒匙形，几无柄，侧生小叶 2 枚，长 1.5 ~ 6cm，宽 1.5 ~ 2cm，顶生小叶长 5 ~ 8cm，宽 1.5 ~ 2cm；叶柄长 4 ~ 10cm，具阔翅。花 1 ~ 2 朵生于小枝或老茎上；花梗长约 1cm。花萼 2 裂达基部，淡紫色。花冠褐色，具有紫褐色脉纹，近钟状，长 5 ~ 7cm。雄蕊 4，插生于花冠筒下部。花柱长 6cm。果近球形，直径 5 ~ 7cm，光滑，不开裂，淡绿色。

习性：喜光、喜高温湿润气候，不耐干旱和寒冷。

分布：广东、福建、云南有栽培。

园林应用：园景树、水边绿化、盆栽及盆景观赏。

5 炮弹果树 *Crescentia cujete* L. 炮弹果属（葫芦树属）

别名：葫芦树、瓠瓜木

形态特征：常绿乔木，高 5 ~ 18m。叶丛生，2 ~ 5 枚，大小不等，阔倒披针形，长 10 ~ 16cm，宽 4.5 ~ 6cm，顶端微尖，基部狭楔形，具羽状脉，中脉被棉毛。花单生于老干上，下垂。花萼 2 深裂，裂片圆形。花冠钟状，一侧膨大，一侧收缩，淡绿黄色，具有褐色脉纹，长 5cm，直径 2.5 ~ 3cm，裂片 5，不等大，花冠夜间开放，发出一种恶臭气体。果近球形，浆果，径约 30cm，黄色至黑色，果壳坚硬。

习性：喜温暖湿润环境，抗寒性不强。

分布：广东、海南、云南、福建有栽培。

园林应用：园景树、水边绿化、盆栽及盆景观赏。

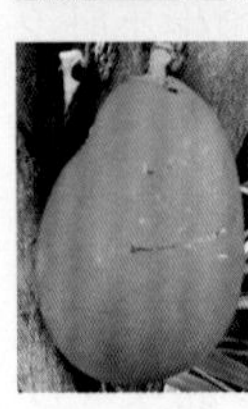

6 黄花风铃木 *Tabebuia chrysantha* (Jacq.) Nichols. 掌叶紫薇属（风铃木属）

别名：金花风铃木、掌叶紫薇

形态特征：落叶乔木。高达 15m。树冠圆伞形。掌状复叶对生，小叶 5(4) 枚，倒卵形，纸质有疏锯齿，叶色黄绿至深绿，全叶被褐色细茸毛。春季约 3 ~ 4 月开花，花冠漏斗形，像风铃状，花缘皱曲，花色鲜黄；花季时花多叶少，颇为美丽。果实为蓇葖果，向下开裂，有许多绒毛以利种子散播。花期仅十余天。

习性：喜光，喜高温，不耐寒。

分布：华南有引种栽培。

园林应用：行道树、园路树、园景树、水边绿化、风景林、树林。

7 炮仗花 *Pyrostegia venusta*(Ker-Gawl.)Miers. 炮仗藤属

别名：黄鳝藤

形态特征：常绿木质藤本，茎长达 8m 以上，茎枝纤细，多分枝。三出复叶对生，顶生小叶常变为 2 ~ 3 分叉的叶卷须，常藉以攀附它物；小叶卵圆形至长椭圆形，长 4 ~ 10cm。多花组成圆锥状聚伞花序；花冠长筒形，桔红色，长约 5 ~ 7cm，先端略唇状，雄蕊 4，伸出花冠外；花繁密，成串下垂，故名。花期 5 ~ 6 月，果长达 30cm，但少见结实。

习性：喜温暖、湿润气候，喜光，耐半荫，不耐寒；忌水湿。

分布：广东、海南、广西、云南、福建有栽培。

园林应用：基础种植、地被植物、垂直绿化、盆栽及盆景观赏。

8 硬骨凌霄 *Tecomaria capensis* (Thunb.) Spach 硬骨凌霄属

别名：南非凌霄

形态特征：半常绿攀援性灌木。叶对生，单数羽状复叶；总叶柄长 3 ~ 6cm，小叶柄短；小叶多为 7 枚，卵形至阔椭圆形，长 1 ~ 2.5cm，先端短尖或钝，基部阔楔形，边缘有不甚规则的锯齿，秃净或于背脉腋内有绵毛。总状花序顶生；萼钟状，5 齿裂；花冠漏斗状，橙红色至鲜红色，有深红色的纵纹，长约 4cm，上唇凹入；雄蕊突出。蒴果线形，长 2.5 ~ 5cm。花期为 6 ~ 9 月；蒴果扁线形，多不结实。

习性：喜光，喜温暖、湿润环境。不耐寒，不耐荫。切忌积水。萌发力强。

分布：华南和西南有栽培。

园林应用：垂直绿化、地被植物、盆景观赏。

9 凌霄 *Campsis grandiflora* (Thunb.)Schum. 凌霄属

别名：紫葳、凌霄花

形态特征：落叶攀援藤本。叶对生，为奇数羽状复叶；小叶 7 ~ 9 枚，卵形至卵状披针形，顶端尾状渐尖，基部阔楔形，两侧不等大，长 3 ~ 6cm，宽 1.5 ~ 3cm，侧脉 6 ~ 7 对；边缘有粗锯齿；叶轴长 4 ~ 13cm；小叶柄长 5mm。顶生疏散的短圆锥花序，花序轴长 15 ~ 20cm。花萼钟状，长 3cm，分裂至中部，裂片长约 1.5cm。花冠内面鲜红色，外面橙黄色，长约 5cm，裂片半圆形。雄蕊着生于花冠筒近基部，花丝长 2 ~ 2.5cm。蒴果顶端钝。花期 6 ~ 8 月，果期 11 月。

习性：喜光，耐寒，稍耐荫。喜欢排水良好土壤，较耐水湿、并有一定的耐盐碱能力。

分布：黄河以南各地。

园林应用：垂直绿化、园景树、盆栽观赏。

10 蒜香藤 *Pseudocalymma alliaceum* (Lam.) Sandwith 蒜香藤属

别名：紫铃藤

形态特征：常绿攀缘灌木。茎叶揉之有大蒜香味。复叶对生，小叶 2 枚，卷须 1 或缺，小叶倒卵形至长椭圆形，长 6 ~ 10 分宽 2 ~ 5 公分，全缘，革质而有光泽，先端尖。花冠漏斗状 5 裂，长达 7.5cm，淡紫色至粉红色，雌蕊 4；聚伞花序状圆锥花序。蒴果长条形，长约 28cm，径约 1.5cm 。

习性：喜光，喜暖热气候，生长季水、肥要充足。

分布：华南及台湾有引种。

园林应用：地被植物、垂直绿化、盆栽及盆景观赏。

11 吊灯树 *Kigelia africana* (Lam.) Benth 吊灯树属（吊瓜树属）

别名：吊瓜木、腊肠树

形态特征：常绿乔木，高 13 ~ 20m。奇数羽状复叶交互对生或轮生，叶轴长 7.5 ~ 15cm；小叶 7 ~ 9 枚，长圆形或倒卵形，顶端急尖，基部楔形，全缘，叶面光滑，亮绿色，背面淡绿色，羽状脉明显。圆锥花序生于小枝顶端，花序轴下垂，长 50 ~ 100cm；花稀疏，6 ~ 10 朵。花萼钟状，革质，长 4.5 ~ 5cm，直径约 2cm，3 ~ 5 裂齿不等大。花冠桔黄色或褐红色，裂片卵圆形，上唇 2 片较小，下唇 3 片较大。雄蕊 4，2 强。果下垂，圆柱形，长 38cm 左右，直径 12 ~ 15cm，坚硬，肥硕，不开裂，果柄长 8cm。花期 4 ~ 5 月，果期 9 ~ 10 月。

习性：喜光，喜温暖湿润气候，耐粗放管理。

分布：广东、海南、云南、台湾、福建有种植。

园林应用：园路树、园景树、水边绿化。

12 猫尾木 *Dolichandrone cauda-felina* (Hance) Benth. et Hook. f.

猫尾木属

别名：猫尾

形态特征：常绿乔木，高达 10m 以上。叶近于对生，奇数羽状复叶，长 30 ~ 50cm，小叶 6 ~ 7 对，无柄，长椭圆形或卵形，长 16 ~ 21cm，宽 6 ~ 8cm，顶端长渐尖，基部阔楔形至近圆形，有时偏斜，全缘纸质，顶生小叶柄长达 5cm；但常有退化的单叶生于叶柄基部而极似托叶。花大，直径 10 ~ 14cm，组成顶生、具数花的总状花序。花萼长约 5cm，与花序轴均密被褐色绒毛。花冠黄色，长约 10cm，漏斗形，下部紫色，花冠裂片长约 4.5cm。蒴果极长，达 30 ~ 60cm，宽达 4cm，厚约 1cm，悬垂，密被褐黄色绒毛。花期 10 ~ 11 月，果期 4 ~ 6 月。

习性：生于疏林边、阳坡。海拔 200 ~ 300m。

分布：广东、海南、广西、云南、福建。

园林应用：园路树、庭荫树、园景树。

13 蓝花楹 *Jacaranda mimosifolia* D.Don

蓝花楹属

别名：含羞草叶蓝花楹

形态特征：落叶乔木，高达 15m。叶对生，二回羽状复叶，羽片在 16 对以上，每一羽片有小叶 16 ~ 24 对；小叶长约 6 ~ 12mm，宽 2 ~ 7mm，顶端急尖，基部楔形，全缘。花蓝 色，花序长达 30cm，直径约 18cm。花萼筒状，长宽约 5mm，萼齿 5。花冠筒细长，蓝色，下部微弯，上部膨大，长约 18cm，花冠裂片圆形。雄蕊 4，2 强，花丝着生于花冠筒中部。子房圆柱形，无毛。蒴果木质，扁卵圆形，中部较厚，四周逐渐变薄，不平展。花期 5 ~ 6 月。

习性：喜光，喜温暖、干燥气候；抗风，耐旱，不耐寒。

分布：四川西昌、华南和云南有栽培。

园林应用：行道树、园路树、庭荫树和风景林。

14 火焰树 *Spathodea campanulata* Beauv. 火焰树属

别名：火烧花、喷泉树

形态特征：常绿乔木，高 10m。奇数羽状复叶，对生，连叶柄长达 45cm；小叶 13 ~ 17 枚，叶片椭圆形至倒卵形，长 5 ~ 9.5cm，宽 3.5 ~ 5cm，顶端渐尖，基部圆形，全缘，基部具 2 ~ 3 枚脉体；叶柄短。伞房状总状花序，顶生；花序轴长约 12cm；花梗长 2 ~ 4cm；苞片披针形，长 2cm；小苞片 2 枚。花萼佛焰苞状，外面被短绒毛，顶端外弯并开裂，基部全缘，长 5 ~ 6cm，宽 2 ~ 2.5cm。花冠一侧膨大，基部紧缩成细筒状，直径约 5 ~ 6cm，长 5 ~ 10cm，桔红色，具紫红色斑点，外面桔红色，内面桔黄色。雄蕊 4。蒴果黑褐色，长 15 ~ 25cm，宽 3.5cm。花期 4 ~ 5 月。

习性：喜强光。耐热、耐旱、耐湿、耐瘠；不耐风。

分布：广东、福建、台湾、云南均有栽培。

园林应用：园路树、庭荫树、园景树、水边绿化、盆栽及盆景观赏。

15 菜豆树 *Radermachera sinica* (Hance) Hemsl. 菜豆树属

别名：幸福树、豆角树

形态特征：常绿小乔木，高达 10m。二回羽状复叶，稀为 3 回羽状复叶，叶轴长约 30cm 左右；小叶卵形至卵状披针形，长 4 ~ 7cm，宽 2 ~ 3.5cm，顶端尾状渐尖，基部阔楔形，全缘，侧脉 5 ~ 6 对；侧生小叶柄长在 5mm 以下，顶生小叶柄长 1 ~ 2cm。顶生圆锥花序，直立，长 25 ~ 35cm，宽 30cm；苞片线状披针形，长可达 10cm，早落，苞片线形，长 4 ~ 6cm。花冠钟状漏斗形，白色至淡黄色，长约 6 ~ 8cm 左右，裂片 5，圆形，具皱纹，长约 2.5cm。雄蕊 4，2 强。蒴果细长，下垂，长达 85cm，径约 1cm。花期 5 ~ 9 月，果期 10 ~ 12 月。

习性：喜高温多湿；喜光。畏寒冷。海拔 340 ~ 750m。

分布：台湾、广东、广西、海南、贵州、云南等。

园林应用：园路树、庭荫树、园景树、盆栽及盆景观赏。

一百零四 茜草科 Rubiaceae

1 细叶水团花 *Adina rubella* Hance 水团花属

别名：木本水杨梅、水杨梅

形态特征：落叶小灌木，高 1 ~ 3m。叶对生，近无柄，薄纸质，卵状披针形或卵状椭圆形，表面深绿色，有光泽，背面侧脉有微毛，全缘，全长 2.5 ~ 4cm，宽 8 ~ 12mm。头状花序，单生或兼有腋生。花萼疏生短柔毛；花冠紫红色。蒴果长卵状楔形。花果期 5 ~ 12 月。

习性：喜光，耐水淹，耐冲击。喜沙质土。较耐寒。

分布：长江中下游及华南地区。

园林应用：园景树、水边绿化、绿篱。

2 六月雪 *Serissa japonica* (Thunb.) Thunb.

白马骨属

别名：满天星、白马骨

形态特征：常绿小灌木，高 60 ~ 90cm，有臭气。叶革质，卵形至倒披针形，长 6 ~ 22mm，宽 3 ~ 6mm，顶端短尖至长尖，边全缘，无毛；叶柄短。花单生或数朵丛生于小枝顶部或腋生，有被毛、边缘浅波状的苞片；萼檐裂片细小，锥形，被毛；花冠淡红色或白色，长 6 ~ 12mm，裂片扩展，顶端 3 裂；雄蕊突出冠管喉部外；花柱长突出。花期 5 ~ 7 月。

习性：喜温暖、阴湿环境，不耐严寒。不耐积水。耐修剪。

分布：长江流域及以南各地。

园林应用：园景树、基础种植、绿篱、地被植物、盆栽及盆景观赏。

3 大叶白纸扇 *Mussaenda esquirolli* Levl

玉叶金花属

别名：黐花

形态特征：常绿直立或攀援灌木，高 1 ~ 3m。叶对生，薄纸质，广卵形或广椭圆形，长 10 ~ 20cm，宽 5 ~ 10cm，顶端骤渐尖或短尖，基部楔形或圆形，上面淡绿色，下面浅灰色；侧脉 9 对，向上拱曲；叶柄长 1.5 ~ 3.5cm，有毛；托叶卵状披针形，常 2 深裂或浅裂，短尖，长 8 ~ 10mm，外面疏被贴伏短柔毛。聚伞花序顶生，有花序梗；苞片托叶状，较小；花梗长约 2mm；萼裂片近叶状，白色，披针形，长达 1cm，宽 2 ~ 2.5mm；花冠黄色，花冠管长 1.4cm，花冠裂片卵形；雄蕊着生于花冠管中部。浆果近球形，直径约 1cm。花期 5 ~ 7 月，果期 7 ~ 10 月。

习性：生于山坡水沟边或竹林下阴湿处。但适应性较强。

分布：长江以南各地。

园林应用：园景树、水边绿化。

4 红纸扇 *Mussaenda erythrophylla Schumach* et Thom.

玉叶金花属

别名：红玉叶金花

形态特征：常绿或半落叶直立性或攀缘状灌木，叶纸质，披针状椭圆形，长 7 ~ 9cm，宽 4 ~ 5cm，顶端长渐尖，基部渐窄，两面被稀柔毛，叶脉红色。聚伞花序。花冠黄色。一些花的一枚萼片扩大成叶状，深红色，卵圆形，长 3.5 ~ 5cm。顶端短尖，被红色柔毛，有纵脉 5 条。花期夏秋季。

习性：喜高温。不耐寒、不耐旱。

分布：华南有栽培。

园林应用：水边绿化、园景树、基础种植、地被植物、垂直绿化、盆栽及盆景观赏。

5 粉叶金花 *Mussaenda hybrida* Hort.'Alicia' 玉叶金花属

别名：粉萼金花、粉纸扇

形态特征：常绿灌木，株高 1 ~ 2m，生性强健，喜高温，耐旱。半落叶灌木，叶对生，长椭形，全缘，叶面粗，尾锐尖，叶柄短，小花金黄色，高杯形合生呈星形，花小很快掉落，经常只看到其萼片，且萼片肥大，盛开时满株粉红色，非常醒目。花期夏至秋冬，聚散花序顶生，很少结果。

习性：喜光、耐热，耐旱，忌长期积水或排水不良。

分布：华南地区有引种。

园林应用：水边绿化、园景树、基础种植、地被植物、垂直绿化、盆栽及盆景观赏。

6 五星花 *Pentas lanceolata* (Forsk.) K.Schum. 五星花属

别名：繁星花

形态特征：直立或外倾的亚灌木，高 30 ~ 70cm，被毛。叶对生，叶卵形、椭圆形或披针状长圆形，长可达 15cm，有时仅 3cm，宽达 5cm，有时不及 1cm，顶端短尖，基部渐狭成短柄。聚伞花序密集，顶生；花无梗，二型，花柱异长，长约 2.5cm；花冠淡紫色，喉部被密毛，冠檐开展，直径约 1.2cm。花期夏秋。

习性：喜高温、高湿、阳光充足的气候条件，不耐寒。

分布：我国南部栽培。

园林应用：水边绿化、园景树、基础种植、地被植物、盆栽及盆景观赏。

7 栀子 *Gardenia jasminoides* Ellis 栀子属

别名：水横枝、山栀子、山栀

形态特征：常绿灌木，高达高 0.3 ~ 3m。叶革质，倒卵形至矩圆状倒卵形，长 5 ~ 14cm，翠绿色，上面光亮，叶脉上面下陷明显。花单生枝顶，白色，芳香。果卵形或长椭圆形，黄色，具 5 ~ 9 纵棱。花期 3 ~ 7 月，果期 5 月至翌年 2 月。

习性：喜光，喜温暖湿消气候，耐寒性较差，耐修剪。

分布：长江流域以南各地。山东青岛、济南及河南有栽培。

园林应用：水边绿化、造型树、基础种植、绿篱、地被植物、特殊环境绿化、盆栽及盆景观赏。

8 雀舌栀子 *Gardenia jasminoides* Ellis *var. radicans*. Mak. 栀子属

别名：小花栀子、雀舌花

形态特征：常绿灌木，植株矮生平卧，通常不超过 20cm 。枝丛生，干灰色，小枝绿色。叶小狭长，倒披针形，对生或三叶轮生，有短柄，革质，色深绿，有光泽，托叶鞘状。花期 4 ~ 6 月，白色，重瓣，具浓郁芳香，有短梗，单生于枝顶。果实卵形，果熟期为 10 ~ 11 月。

习性：喜光，喜温暖湿润，耐高温，典型的酸性花卉。稍耐寒，耐修剪。具有抗烟尘、抗二氧化硫能力。

分布：长江流域及以南各省区 。

园林应用：基础种植、地被植物、盆栽及盆景观赏盆景。

9 白蟾 *Gardenia jasminoides* Ellis *var. fortuniana* (Lindl.) Hara 栀子属

形态特征：常绿灌木，株高 1 ~ 2m，茎灰色，小枝绿色。单叶对生或 3 叶轮生，叶片革质，稀纸质，全缘，倒卵形或矩圆状倒卵形，长 3~25cm，宽 1.5~8cm，顶端渐尖、骤然长渐尖或短尖而钝，基部楔形或短尖，两面常无毛，上面亮绿，下面色较暗；侧脉 8~15 对，在下面凸起，在上面平；叶柄长 0.2~1cm；托叶膜质。花单生于枝顶或叶腋，花大，重瓣，白色具浓香。花期 3 ~ 7 月，果期 5 月至第二年 2 月。

习性：喜光，耐半荫，但怕曝晒。不甚耐寒。

分布：陕西省以南各省。

园林应用：行道树、园路树、庭荫树、园景树、风景林、树林、防护林、水边绿化、绿篱及绿雕、基础种植、地被植物、垂直绿化、专类园、特殊环境绿化、盆栽及盆景观赏。

10 龙船花 *Ixora chinensis* Lam. 龙船花属

别名：卖子木、山丹

形态特征：常绿灌木，高 0.8 ~ 2m。叶对生，披针形、长圆状披针形至长圆状倒披针形，长 6 ~ 13cm，宽 3 ~ 4cm，顶端钝或圆形，基部短尖或圆形；侧脉每边 7 ~ 8 条，近叶缘处彼此连结；叶柄极短而粗或无；托叶长 5 ~ 7mm。花序顶生，多花，具短总花梗；总花梗红色；苞片和小苞片微小；花冠红色或红黄色，盛开时长 2.5 ~ 3cm，顶部 4 裂；花丝极短，花药长圆形。果近球形，双生，中间有 1 沟，成熟时红黑色。

花期 5 ~ 7 月。每到端午节赛龙舟时盛开,故名龙船花。

习性：喜光，喜温暖、湿润环境；不耐寒。酸性土壤的指示植物。海拔 200 ~ 800m。

分布：台湾、广东、福建、广西等地

园林应用：园景树、基础种植、绿篱、地被植物、盆栽及盆景观赏。

11 香果树 *Emmenopterys henryi* Oliv. 香果树属

别名：小冬瓜、茄子树

形态特征：落叶大乔木，高达 30m。叶纸质或革质，阔椭圆形、阔卵形或卵状椭圆形，长 6 ~ 30cm，宽 3.5 ~ 14.5cm，顶端短尖或骤然渐尖，基部短尖或阔楔形，全缘；侧脉 5 ~ 9 对，在下面凸起；叶柄长 2 ~ 8cm；托叶大早落。圆锥状聚伞花序顶生；花芳香，花梗长约 4mm；变态的叶状萼裂片白色、淡红色或淡黄色,纸质或革质,长 1.5 ~ 8cm,宽 1 ~ 6cm,有纵平行脉数条，有长 1 ~ 3cm 的柄；花冠漏斗形，白色或黄色，长 2 ~ 3cm。蒴果长圆状卵形或近纺锤形，长 3 ~ 5cm，径 1 ~ 1.5cm 。花期 6 ~ 8 月，果期 8 ~ 11 月。

习性：喜光，喜温和或凉爽的气候和湿润肥沃的土壤。能耐极端低温 -15℃。

分布：陕西、甘肃以南各省。

园林应用：园路树、庭荫树、园景树、风景林、树林。

12 希茉莉 *Hamelia patens* Jacq. 长隔木属

别名：长隔木

形态特征：常绿灌木，高 2 ~ 4m。叶通常 3 枚轮生，椭圆状卵形至长圆形,长 7 ~ 20cm,宽 5 ~ 6cm,纸质，腹面深绿色，背面灰绿色，叶面较粗糙，全缘；幼枝、幼叶及花梗被短柔毛，淡紫红色。聚伞花序有 3 ~ 5 个放射状分枝；花无梗，沿着花序分枝的一侧着生；萼裂片短，三角形；花冠橙红色，冠管狭圆筒状，长 1.8 ~ 2cm;雄蕊稍伸出。浆果卵圆状,直径 6 ~ 7mm，暗红色或紫色。花期几乎全年，或花期 5~10 月。全株具白色乳汁。

习性：喜光，耐半荫；喜高温、高湿环境，耐荫蔽，耐干旱，忌瘠薄，畏寒冷。耐修剪。

分布：南部和西部有栽培。

园林应用：园景树、基础种植、绿篱、地被植物、盆栽及盆景观赏。

13 团花 *Neolamarckia cadamba* (Roxb.) Bosser 黄梁木属

形态特征：落叶大乔木，高达 30m；树干通直，基部略有板状根；枝平展，老枝圆柱形，灰色。叶对生，薄革质，椭圆形或长圆状椭圆形，长 15 ~ 25cm，宽 7 ~ 12cm，顶端短尖，基部圆形或截形，萌蘖枝的幼叶长 50 ~ 60cm，宽 15 ~ 30cm，基部浅心形，上面有光泽，下面无毛或被稠密短柔毛；叶柄长 2 ~ 3cm；托叶披针形，脱落。头状花序单个顶生，不计花冠直径 4 ~ 5cm，花序梗粗壮，长 2 ~ 4cm；花萼管长 1.5mm，无毛，萼裂片长圆形，长 3 ~ 4mm，被毛；花冠黄白色，漏斗状，无毛，花冠裂片披针形，长 2.5mm。果序直径 3 ~ 4cm，成熟时黄绿色。花期 5 月，果期 9 月。

习性：喜光，喜高温高湿，大树能耐 0℃左右极端低温及轻霜。

分布：广东、广西和云南。

园林应用：园路树、庭荫树、园景树、风景林、树林。

14 银叶郎德木 *Rondeletia leucophylla* Kunth 郎德木属

形态特征：常绿灌木，高可达 2m。嫩枝被棕黄色硬毛。叶对生，革质，具短柄，粗糙，卵形、椭圆形或长圆形，长 2 ~ 5cm，宽 1 ~ 3.5cm，顶端钝或短尖，基部钝或近心形，边缘背卷，叶两面常皱，正面绿色有光泽，上面布满小凸点，背面带银白色，下面被疏柔毛；侧脉 3 ~ 6 对，在下面凸起，上面凹下；叶柄长 1 ~ 2mm；托叶三角形。聚伞花序顶生，有花数朵至多朵，长约 3cm，宽 3 ~ 4.5cm，被棕黄色柔毛；花直径约 1cm，有花梗；萼管近球形，长约 6.5mm；花冠鲜红色，喉部带黄色，外面有短柔毛，冠管柔弱，长约 1cm。蒴果球形，密被柔毛，直径 3 ~ 4mm。花期 7 ~ 9 月。。

习性：性喜温暖和充足的阳光，排水良好的土壤。

分布：华南有栽培。

园林应用：园景树、水边绿化、基础种植、地被植物、盆栽及盆景观赏。

一百零五 忍冬科 Caprifoliaceae

1 接骨木 *Sambucus williamsii* Hance 接骨木属

别名：续骨木

形态特征：落叶灌木或小乔木，高 5 ~ 6m。羽状复叶有小叶 2 ~ 3 对，侧生小叶片卵圆形、狭椭圆形至倒矩圆状披针形，长 5 ~ 15cm，宽 1.2 ~ 7cm，顶端尖、渐尖至尾尖，边缘具不整齐锯齿，有时基部或中部以下具 1 至数枚腺齿，基部楔形或圆形，两侧不对称，最下一对小叶有时具长 0.5cm 的柄，顶生小叶卵形或倒卵形，顶端渐尖或尾尖，基部楔形，具长约 2cm 的柄，，叶搓揉后有臭气。花与叶同出，圆锥形聚伞花序顶生，长 5 ~ 11cm，宽 4 ~ 14cm，具总花梗，花序分枝多成直角开展；花小而密；花冠蕾时带粉红色，开后白色或淡黄色。果实红色。花期 4 ~ 5 月，果熟期 9 ~ 10 月。

习 性：喜光，耐寒，耐旱。萌蘖性强。海拔 800 ~ 2000m。

分布：东北至南岭以北，西至甘肃、四川和云南。

园林应用：园景树、水边绿化、基础种植、盆栽及盆景观赏。

2 西洋接骨木 *Sambucus nigra* L. 接骨木属

形态特征：落叶乔木或大灌木，达 4~10m。羽状复叶有小叶 1~3 对，通常 2 对，具短柄，椭圆形或椭圆状卵形，长 4~10cm，宽 2 ~ 3.5cm，顶端尖或尾尖，边缘具锐锯齿，基部楔形或阔楔形至钝圆而两侧不等，揉碎后有恶臭，中脉基部、小叶柄基部及叶轴均被短柔毛；托叶叶状或退化成腺形。圆锥形聚伞花序分枝 5 出，平散，直径 12cm；花小而多；花冠黄白色，裂片长矩圆形;花柱柱头 3 裂。果实亮黑色。花期 4~5 月，果熟期 7~8 月

习性：喜光，耐荫。较耐寒，又耐旱。忌水涝。

分布：山东、江苏、上海引种栽培 .

园林应用：园景树、盆栽及盆景观赏。

3 天目琼花 *Viburnum sargentii* Koehne 荚蒾属

别名：鸡树条荚蒾、鸡树条

形态特征：落叶灌木，高约 3m。灰色浅纵裂，，小枝有明显皮孔。叶宽卵形至卵圆形，长 6 ~ 12cm，通常 3 裂，裂片边缘具不规则的齿，掌状 3 出脉 . 复聚伞形花序，径 8 ~ 12cm，生于侧枝顶端，边缘有大型不孕花，中间为两性花；花冠乳白色，辐状；核果近球形，径约 1cm，鲜红色。花期 5 ~ 6 月；果期 8 ~ 9 月。

习性：喜光又耐荫；耐寒。根系发达。

分布：浙江、内蒙古、河北、甘肃及东北地区。

园林应用：园景树、水边绿化、基础种植、盆栽及盆景观赏。

4 南方荚蒾 *Viburnum fordiae* Hance 荚蒾属

别名：东南荚蒾

形态特征：落叶灌木或小乔木，高 3 ~ 5m。叶对生；叶柄长 5 ~ 12mm；叶纸质至厚纸质，叶片宽卵形或鞭状卵形，长 4 ~ 7cm，宽 2.5 ~ 5cm，先端尖至渐尖，

基部钝或圆形，边缘基部以上疏生浅波状小尖齿，上面绿色，下面淡绿色，侧脉每边 5 ~ 7 条，伸达齿端，与中脉在叶上面凹陷，在下面突起。复伞形式降伞花序顶生叶生于具 1 对叶的侧生小枝之顶，直径 3 ~ 8cm；总梗长 1 ~ 3.5cm，第 1 级辐射枝 5 条;花着生于第 3 ~ 4 级辐射枝上;花冠白色，辐状，直径 4 ~ 5mm，裂片卵形，长约 1.5mm;雄蕊 5，近等长或超出花冠。核果卵状球形，长 6 ~ 7mm，红色。花期 4 ~ 5 月，果期 10 ~ 11 月。

习 性：喜温暖湿润气候，抗寒性不强。海拔 200 ~ 1300m。

分布：江西、福建、台湾、湖南、广东、广西、贵州。

园林应用：园景树、水边绿化、基础种植、盆栽及盆景观赏。

5 珊瑚树 *Viburnum odoratissimum* Ker-Gawl. *var. awabuki* K. Koch　荚蒾属

别名：法国冬青

形态特征：常绿灌木或小乔木，高 15m。枝皮灰色。枝有小瘤状皮孔。叶革质，对生，长椭圆形，长 7 ~ 15cm，先端急尖或钝，基部阔楔形，全缘或近顶部有不规则的浅波状钝齿，表面深绿而有光泽，背面浅绿色。圆锥状聚伞花序顶生，萼筒钟状；花冠辐状，白色，芳香，5 裂。核果卵圆形或卵状椭圆形，长约 8mm，直径 5 ~ 6mm，先红后黑。花期 4 ~ 5 月，果熟期 7 ~ 9 月。

习性:喜光、稍耐荫;不耐寒。对有毒气体有一定的抗性。耐修剪。

分布：华南、华东、西南。长江流域有栽培。

园林应用:园景树、风景林、防护林（防风林）、绿篱、基础种植、特殊环境绿化（防火、隔音及厂矿绿化）。

6 蝴蝶戏珠花 *Viburnum plicatum* Thunb. *f.tomentosum* (Miq.) Rehd.　荚蒾属

别名：蝴蝶树

形态特征：落叶灌木，高达 3m。叶对生，叶片宽卵形或长圆状卵形，叶背面具星状毛，先端尖，边缘有锯齿。聚伞形花序，外围有 4 朵大的黄白色不孕花，裂片 2 大 2 小，中部的可孕花白色，芳香。核果椭圆形，先红色后渐变黑色。得名于边花不孕性，大型，似蝴蝶。中部为淡黄色两性花，似珍珠。花期 4 ~ 6 月份。果期 8 ~ 10 月。

习性：喜湿润气候，较耐寒，稍耐半荫。

分布：陕西、河南和长江流域以南地区。

园林应用：园景树、水边绿化、基础种植、盆栽及盆景观赏。

7 绣球荚蒾 *Viburnum macrocephalum* Fort.

荚蒾属

别名：绣球、木绣球

形态特征：落叶或半常绿灌木，高达 4m；树皮灰褐色或灰白色；芽、幼枝及花序密被灰白色或黄白色簇状短毛，后渐变无毛。叶卵形或椭圆，长 5 ~ 11cm，端钝，基圆形，边缘有细齿。大型聚伞花序呈球形，几全由白色不孕花组成，直径约 5 ~ 15cm；花萼筒无毛；花冠辐射，纯白。花期 4 月。

习性：喜光略耐荫，颇耐寒。

分布：长江流域，南北各地都有栽培。

园林应用：园景树、水边绿化、基础种植、盆栽及盆景观赏。

8 琼　花 *Viburnum macrocephalum* Fort. *f. keteleeri* (Carr.) Rehd.

荚蒾属

别名：聚八仙、蝴蝶木

形态特征：半常绿灌木，高 2 ~ 3 m；小枝、叶柄、叶下面、花序均密被毛。叶厚纸质，卵状椭圆形，长 5 ~ 10 cm，叶脉在上面凹陷，边缘有尖锯齿。聚伞花序组成伞形或圆锥式，花序直径 7 ~ 10 cm；外缘不孕花径 3 ~ 4 cm，白色；中间为可孕花。核果近球形，深红色。花期 4 月。果期 10 月 ~ 11 月。一般 4、5 月间开花，花大如盘，洁白如玉，晶莹剔透。10、11 月果实鲜红，果实诱鸟。

习性：喜光，稍耐荫。较耐寒，萌蘖力均强。

分布：甘肃、山东以南各地。

园林应用：园景树、水边绿化、基础种植、盆栽及盆景观赏。

9 地中海荚蒾 *Viburnum tinus*

荚蒾属

形态特征：常绿灌木。树冠呈球形，冠径可达 2.5 ~ 3m。叶椭圆形，深绿色，叶长 10cm，聚伞花序，单花小，仅 0.6cm，花蕾粉红色，花蕾期很长，可达 5 个多月，盛开后花白色，整个花序直径达 10cm。盛花期在 3 月中下旬。果卵形，深蓝黑色，径 0.6cm。

习性：喜光，也耐荫；能耐 −10 ~ −15℃的低温，较耐旱，忌土壤过湿。

分布：长江中下游地区有栽培。

园林应用：园景树、基础种植、绿篱、地被植物、盆栽及盆景观赏。

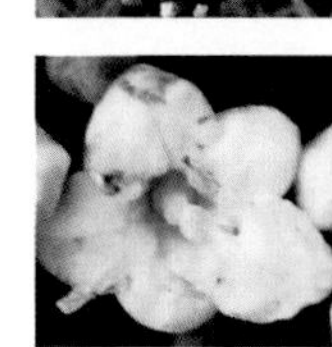

10 茶荚蒾 *Viburnum setigerum* Hance

荚蒾属

形态特征：落叶灌木，高达 4m。叶纸质，卵状矩圆形至卵状披针形，稀卵形或椭圆状卵形，长 7 ~ 12cm，顶端渐尖，基部圆形，边缘基部除外疏生尖锯齿，上面初时中脉被长纤毛，后变无毛，下面仅中脉及侧脉被浅黄色贴生长纤毛，侧脉 6 ~ 8 对；叶柄长 1 ~ 1.5cm。

复伞形式聚伞花序，有极小红褐色腺点，直径2.5 ~ 4cm，常弯垂，总花梗长1 ~ 2.5cm，花生于第三级辐射枝上，芳香；花冠白色，辐状，直径4 ~ 6mm；雄蕊与花冠几等长。果序弯垂，果实红色，卵圆形，长9 ~ 11mm。花期4 ~ 5月，果熟期9 ~ 10月。

习性：生林下或灌丛中，海拔800 ~ 1300m。

分布：四川、贵州、广西、湖北、湖南、江西、福建、安徽、浙江。

园林应用：园景树、水边绿化、基础种植、盆栽及盆景观赏。

11 粉团 *Viburnum plicatum* Thunb. 荚蒾属

形态特征：落叶灌木，高达3m。叶纸质，宽卵形、圆状倒卵形或倒卵形，长4 ~ 10cm，顶端圆或急狭而微凸尖，基部圆形或宽楔形，边缘有不整齐三角状锯齿，上面疏被短伏毛，中脉毛较密，下面密被绒毛，侧脉10 ~ 12对，上面常深凹陷，下面显著凸起；叶柄长1 ~ 2cm；无托叶。聚伞花序伞形式，球形，直径4 ~ 8cm，常生于具1对叶的短侧枝上，全部由大型的不孕花组成，第一级辐射枝6 ~ 8条，花生于第四级辐射枝上；花冠白色，辐状，直径1.5 ~ 3cm；雌、雄蕊均不发育。花期4 ~ 5月。

习性：喜光，稍耐荫。喜湿忌涝。喜湿润、富含腐殖质且排水良好的土壤。

分布：湖北西部和贵州中部。各地常有栽培。

园林应用：园景树、水边绿化、基础种植、盆栽及盆景观赏。

12 金银花 *Lonicera japonica* Thunb. 忍冬属

别名：忍冬、金银藤

形态特征：半常绿木质藤本植物。小枝细长，中空，幼枝洁红褐色，密被黄褐色、开展的硬直糙毛、腺毛和短柔毛，下部常无毛。叶对生，卵形或长卵形。先端渐尖，全缘，两面有短柔毛，入冬叶片略带红色。花成对着生叶腋，花冠 呈筒状，上端4小裂片，下端一片向下翻卷。4 ~ 7月间开放，花初开放时呈白色，逐渐转为金黄 色，新旧相参，黄白相间，故称“金银花”，气味芳香。8 ~ 9月份果熟，小浆果球形，黑紫色。

习性：喜光耐荫，较耐寒。耐旱又耐水湿，海拔1500m以下。

分布：除东北、西北、海南和西藏外，全国各省均有分布。

园林应用：水边绿化、园景树（灌木型金银花）、地被植物、垂直绿化、特殊环境绿化（荒山绿化）、盆栽及盆景观赏。

13 鞑靼忍冬 *Lonicera tatarica* Linn. 忍冬属

别名：新疆忍冬

形态特征：落叶灌木，高达 3m。叶纸质，卵形或卵状矩圆形，有时矩圆形，长 2 ~ 5cm，顶端尖，稀渐尖或钝形，基部圆或近心形，稀阔楔形，两侧常稍不对称，边缘有短糙毛；叶柄长 2 ~ 5mm。总花梗纤细，长 1 ~ 2cm；苞片条状披针形或条状倒披针形，长与萼筒相近或较短，有时叶状而远超过萼筒；相邻两萼筒分离，长约 2mm，萼檐具三角形或卵形小齿；花冠粉红色或白色，长约 1.5cm，唇形，筒短于唇瓣，长 5 ~ 6mm；雄蕊和花柱稍短于花冠。果实红色，圆形，直径 5 ~ 6mm 。花期 5 ~ 6 月，果熟期 7 ~ 8 月。

习性：耐寒。海拔 900 ~ 1600m。

分布：新疆北部，北京等地有栽培。

园林应用：园景树、水边绿化、盆栽及盆景观赏。

14 金银木 *Lonicera maackii* (Rupr.) Maxim.

别名：金银忍冬、王八骨头

形态特征：落叶灌木，高达 6m。叶纸质，形状变化较大，通常卵状椭圆形至卵状披针形，稀矩圆状披针形或倒卵状矩圆形，更少菱状矩圆形或圆卵形，长 5 ~ 8cm，顶端渐尖或长渐尖，基部宽楔形至圆形；叶柄长 2 ~ 5 (8) mm。花芳香，生于幼枝叶腋，总花梗长 1 ~ 2mm，短于叶柄；苞片条形，有时条状倒披针形而呈叶状，长 3 ~ 6mm；花冠先白色后变黄色，长 (1 ~) 2cm，外被短伏毛或无毛，唇形；雄蕊与花柱长约达花冠的 2/3，花丝中部以下和花柱均有向上的柔毛。果实暗红色，圆形，直径 5 ~ 6mm。花期 5 ~ 6 月，果熟期 8 ~ 10 月。花开之时初为白色，后变为黄色，故得名“金银木”。

习性：喜光，耐半阴，稍耐旱，耐寒。海拔 1800m 以下。

分布：北自哈尔滨，南至广州。

园林应用：园景树、水边绿化、基础种植、盆栽及盆景观赏。

15 郁香忍冬 *Lonicera fragrantissima* Lindl. et Paxt. 忍冬属

形态特征：半常绿或有时落叶灌木，高达 2m。叶厚纸质或带革质，形态变异大，从倒卵状椭圆形、椭圆形、圆卵形、卵形至卵状矩圆形，长 3 ~ 7cm，顶端短尖或具凸尖，基部圆形或阔楔形，叶两面有毛或无毛；叶柄长 2 ~ 5mm。花先于叶或与叶同时开放，芳香，总花梗长 5 ~ 10mm；苞片长约为萼筒的 2 ~ 4 倍；花冠白色或淡红色，长 1 ~ 1.5cm，唇形；雄蕊内藏，花丝长短不一；花柱无毛。果实鲜红色，矩圆形，长约 1cm。花期 2 ~ 4 月，果熟期 4 ~ 5 月。

习性：喜光，耐荫。耐寒、耐旱、忌涝，萌芽性强。

分布：河北、河南、湖北、安徽、浙江、江西，上海、杭州、庐山和武汉等地有栽培。海拔 200 ~ 700m。

园林应用：园景树、水边绿化、绿篱及绿雕、基础种植、地被植物、盆栽及盆景观赏。

16 蝟实 *Kolkwitzia amabilis* Graebn.　蝟实属

别名：猬实

形态特征：落叶灌木，高 1.5 ~ 3m；幼枝被柔毛，老枝皮剥落。叶对生，有短柄，椭圆形至卵状长圆形，长 3 ~ 8cm，宽 1.5 ~ 3（5.5）cm，近全缘或疏具浅齿，先端渐尖，基部近圆形，上面疏生短柔毛，下面脉上有柔毛。伞房状的聚伞花序具长 1 ~ 1.5cm 的总花梗，花梗几不存在；萼筒外密生刚毛，上部缢缩似颈；裂片钻状披针形，长 0.5cm，有短柔毛；花冠钟状，淡红色，长 1.5 ~ 2.5cm，直径 1 ~ 1.5cm，外有短柔毛。果实密实皮黄色刺刚毛，顶端伸长如角，冠以宿存的萼齿。花期 5 ~ 6 月，果期 8 ~ 9 月。

习性：喜光，耐寒、耐旱良。海拔 350 ~ 1340m。

分布：华中、华北和西北，山西，陕西、河南、湖北及安徽等省。

园林应用：园景树、水边绿化、基础种植、绿篱、地被植物、盆栽及盆景观赏。

17 糯米条 *Abelia chinensis* R. Br.　六道木属

形态特征：落叶灌木，高达 2m。叶对生，有时三枚轮生，圆卵形至椭圆状卵形，顶端急尖或长渐尖，基部圆或心形，长 2 ~ 5cm，宽 1 ~ 3.5cm，边缘有稀疏圆锯齿，上面初时疏被短柔毛，下面基部主脉及侧脉密被白色长柔毛，花枝上部叶向上逐渐变小。聚伞花序生于小枝上部叶腋，由多数花序集合成一圆锥状花簇，总花梗被短柔毛；花芳香，具 3 对小苞片；萼筒圆柱形，被短柔毛，萼檐 5 裂，裂片长 5 ~ 6mm，果期变红色；花冠白色至红色；雄蕊着生于花冠筒基部。果实具宿存而略增大的萼裂片。花期 9 月，果期 10 月。

习性：喜光，较耐荫，忌强光曝晒；稍耐寒；有一定的耐旱、耐贫瘠能力。海拔 170 ~ 1500m。

分布：长江以南及西南各省。

园林应用：水边绿化、基础种植、地被植物、绿篱、盆栽及盆景观赏。

18 六道木 *Abelia biflora* Turcz.　六道木属

别名：六条木

形态特征：落叶灌木，高 1 ~ 3m。叶矩圆形至矩圆状披针形，长 2 ~ 6cm，宽 0.5 ~ 2cm，顶端尖至渐尖，基部钝至渐狭成楔形，全缘或中部以上羽状浅裂而具 1 ~ 4 对粗齿，上面深绿色，下面绿白色，两面疏被柔毛；叶柄长 2 ~ 4mm，基部膨大且成对相连，被硬毛。花单生于小枝上叶腋；花梗长 5 ~ 10mm，被硬毛；小苞片三齿状，齿 1 长 2 短；花冠白色、淡黄色或带浅红色，狭漏斗形或高脚碟形，外面被短柔毛，4 裂，裂片圆形，筒为裂片长的三倍，内密生硬毛；雄蕊 4 枚，二强。早春开花，8 ~ 9 月结果。

习性：耐半荫，耐寒，耐旱，亦耐干旱瘠薄。海拔 1000 ~ 2000m。

分布：黄河以北的辽宁、河北、山西等省。

园林应用：水边绿化、园景树、基础种植、盆栽及盆景观赏。

19 二翅六道木 *Abelia macrotera* (Graebn. et Buchw.) Rehd.

六道木属

形态特征：落叶灌木，高 1 ～ 2m。叶卵形至椭圆状卵形，长 3 ～ 8cm，宽 1.5 ～ 3.5cm，顶端渐尖或长渐尖，基部钝圆或阔楔形至楔形，边缘具疏锯齿及睫毛，中脉及侧脉基部密生白色柔毛。聚伞花序常由未伸展的带叶花枝所构成，含数朵花，生于小枝顶端或上部叶腋；花大，长 2.5 ～ 5cm；苞片红色；小苞片 3 枚；花冠浅紫红色，漏斗状，长 3 ～ 4cm，外面被短柔毛，裂片 5，略呈二唇形，上唇 2 裂，下唇 3 裂；雄蕊 4 枚，二强。果实长 0.6 ～ 1.5cm，被短柔毛，冠以 2 枚宿存而略增大的萼裂片。花期 5 ～ 6 月，果熟期 8 ～ 10 月。

习性：生于海拔 950 ～ 1000m 的路边灌丛、溪边林下等处。

分布：陕西、河南、湖北、湖南、四川、贵州和云南。

园林应用：水边绿化、园景树、基础种植、盆栽及盆景观赏。

20 大花六道木 *Abelia×grandiflora* (André) Rehd.

六道木属

别名：大罗伞树

形态特征：半常绿灌木，高达 2m；幼枝红褐色，有短柔毛。叶卵形至卵状椭圆形，长 2 ～ 4cm，缘有疏齿，表面暗绿而有光泽。花冠白色或略带红晕，钟形，长 1.5 ～ 2cm，端 5 裂；花萼 2 ～ 5，多少合生，粉红色；雄蕊通常不伸出；成松散的顶生圆锥花序；7 月至晚秋开花不断。

习性：喜光，耐半荫；耐寒，耐旱，耐修剪。

分布：华东、西南及华北可露地栽培。

园林应用：水边绿化、造型树、园景树、基础种植、地被植物、绿篱、盆栽及盆景观赏。

21 锦带花 *Weigela florida* (Bunge) A. DC.

锦带花属

别名：锦带、海仙

形态特征：落叶灌木，高达 1 ～ 3m。幼枝稍四方形。叶矩圆形、椭圆形至倒卵状椭圆形，长 5 ～ 10cm，顶端渐尖，基部阔楔形至圆形，边缘有锯齿，上面疏生短柔毛，下面密生短柔毛或绒毛，具短柄至无柄。花单生或成聚伞花序生于侧生短枝的叶腋或枝顶；萼筒长圆柱形，萼齿长约 1cm，深达萼檐中部；花冠紫红色或玫瑰红色，长 3 ～ 4cm，直径 2cm，外面疏生短柔毛，裂片不整齐，开展，内面浅红色。果实长 1.5 ～ 2.5cm。花期 4 ～ 6 月。

习性：喜光，耐荫，耐寒；对土壤要求不严，能耐瘠薄土壤，怕水涝。海拔 100 ~ 1450m。

分布：华北及东北，我国长江中下游地区有栽培。

园林应用：园景树、水边绿化、基础种植、绿篱、盆栽及盆景观赏。

22 海仙花 *Weigela coraeensis* Thunb. 锦带花属

形态特征：落叶灌木。小枝粗壮，无毛或疏松柔毛；叶片宽椭圆形或倒卵形，先端突尾尖，基部宽楔形，边缘具细钝锯齿，上面仅中脉疏松平贴毛外，下面中脉及侧脉疏松平贴毛，侧脉 4 ~ 6 对，明显，叶柄被柔毛；聚伞花序，生于短枝叶腋或顶端，花 1 至数朵，萼筒无毛，萼裂片线状披针形；花冠初淡红色或带黄白色，后变深红色，漏斗状钟形，基部 1/3 以下突狭。花期 5 ~ 6 月。

习性：喜光，耐寒，适应性强。

分布：山东、浙江、江西等省。

园林应用：园景树、水边绿化、基础种植、地被植物、盆栽及盆景观赏。

一百零六 棕榈科 Palmae（槟榔科 Arecaceae ）

1 加那利海枣 *Phoenix canariensis* Hort. Ex Chabaud 刺葵属

别名：长叶刺葵、加拿利刺葵

形态特征：常绿乔木，高可达 10 ~ 15m。杆单生，其上覆以不规则的老叶柄基部。叶大型，长可达 4 ~ 6m，呈弓状弯曲，集生于茎端。单叶，羽状全裂，成树叶片的小叶有 150 ~ 200 对，形窄而刚直，端尖，上部小叶不等距对生，中部小叶等距对生，下部小叶每 2 ~ 3 片簇生，基部小叶成针刺状。叶柄短，基部肥厚，黄褐色。叶柄基部的叶鞘残存在干茎上，形成稀疏的纤维状棕片。5 ~ 7 月开花。果期 8 ~ 9 月，果实卵状球形，先端微突，成熟时橙黄色。

习性：喜光，耐热、耐寒性，能耐受 -10℃低温。

分布：热带至亚热带地区广泛栽培。

园林应用：园路树、园景树、水边绿化。

2 软叶刺葵 *Phoenix roebelenii* O’Brien 刺葵属

别名：江边刺葵、美丽针葵

形态特征：常绿灌木或小乔木。茎丛生，栽培时常为单生，高 1 ~ 3m，具宿存的三角状叶柄基部。叶羽状全裂，长 1m，常下垂，裂片长条形，柔软，2 排，近对生，长 20 ~ 30cm，宽 1cm，顶端渐尖而成一长尖头，背面沿叶脉被灰白色鳞秕，下部的叶片退化成细长的刺。肉穗花序生于叶丛中，长 30 ~ 50cm，花序轴扁平，总苞 1，上部舟状，下部管状，与花序等长，雌雄异株，雄花花萼长 1mm，3 齿裂，裂片 3 角形，花瓣 3，披针形，稍肉质，长 9mm，具尖头，雄蕊 6，雌花卵圆形，长 4mm。果矩圆形，长 1.4cm，直径 6mm，具尖头，枣红色，果肉薄，有枣味。花期 4 ~ 5 月，果期 6 ~ 9 月。

习性：喜阳，喜湿润、肥沃土壤。不耐寒。

分布：华南有栽培。

园林应用：园景树、风景林、盆栽观赏。

3 棕榈 *Trachycarpus fortunei* (Hook.) H. Wendl.

棕榈属

别名：棕树

形态特征：常绿乔木，3 ~ 10m 或更高，树干圆柱形，被不易脱落的老叶柄基部和密集的网状纤维，除非人工剥除，否则不能自行脱落。叶片呈 3/4 圆形或者近圆形，深裂成 30 ~ 30 片具皱折的线状剑形，宽约 2.5 ~ 4cm，长 60 ~ 70cm 的裂片，裂片先端具短 2 裂或 2 齿，硬挺甚至顶端下垂。雌雄异株，圆锥状肉穗花序腋生，花小而黄色。核果肾状球形，蓝褐色，被白粉。花期 4 ~ 5 月，10 ~ 11 月果熟。

习性：喜温暖湿润的气候，极耐寒，较耐荫，耐旱。抗和吸收烟尘、二氧化硫、氟化氢等多种有害气体。海拔 300 ~ 1500m。

分布：秦岭、长江流域以南温暖湿润多雨地区。

园林应用：园景树、水边绿化、风景林。

4 棕竹 *Rhapis excelsa* (Thunb.) Henry ex Rehd.

棕竹属

别名：观音竹、筋头竹

形态特征：常绿丛生灌木，茎干直立，高 1 ~ 3m。茎纤细如手指，不分枝，有叶节，包以有褐色网状纤维的叶鞘。叶集生茎顶，掌状，深裂几达基部，有裂片 3 ~ 12 枚，长 20 ~ 25cm、宽 1 ~ 2cm；叶柄细长，约 8 ~ 20cm。肉穗花序腋生，花小，淡黄色，极多，单性，雌雄异株。浆果球形，种子球形。花期 4 ~ 5 月，果 10 ~ 12 月成熟。

习性：喜温暖湿润和半荫环境，不耐积水，极耐荫，越冬温度不低于 5℃。不耐瘠薄和盐碱。

分布：南部至西南部。

园林应用：基础种植、绿篱、地被植物、盆栽及盆景观赏。

5 蒲葵 *Livistona chinensis* (Jacq.) R. Br. 蒲葵属

别名：扇叶葵

形态特征：常绿乔木，高 10 ~ 20m。叶掌状中裂，圆扇形，灰绿色，向内折叠，裂片先端再二浅裂，向下悬垂，软纯状，叶柄粗大，两侧具相互分离的尖锐倒刺(逆刺)。肉穗花序，作稀疏分歧，小花淡黄色、黄白色或青绿色。果核椭圆形，熟果黑褐色。每年有两次开花，主花季 3 月上旬至 5 月上旬，副花季 9 月中旬至 10 月下旬，出现较少。

习性：喜光，喜喜高温多湿，耐荫，耐寒能力差，能耐短期 0 ℃低温及轻霜。

分布：秦岭、淮河以南。

园林应用：园景树、风景林、水边绿化、基础种植、特殊环境绿化(厂矿绿化)、盆栽及盆景观赏。

6 丝 葵 *Washingtonia filifera* (Lind. Ex Andre) H. Wendl. 丝葵属

别名：华盛顿棕榈、老人葵

形态特征：常绿大乔木，高达 18 ~ 21m。树干粗壮通直，近基部略膨大。树冠以下被以垂下的枯叶。叶簇生干顶，斜上或水平伸展，下方的下垂，灰绿色，掌状中裂，圆形或扇形折叠，边缘具有白色丝状纤维。肉穗花序，多分枝。花小，白色。核果椭圆形，熟时黑色。花期 6 ~ 8 月。

习性：喜温暖、湿润、向阳的环境。较耐寒，能短暂忍受 -5℃低温。较耐旱和耐瘠薄土壤。

分布：华南地区。

园林应用：园路树、园景树、专类园、盆栽及盆景观赏。

7 鱼尾葵 *Caryota ochlandra* Hance 鱼尾葵属

别名：青棕

形态特征：常绿大乔木，高可达 20m。单干直立，有环状叶痕。二回羽状复叶，大而粗壮，先端下垂，羽片厚而硬，形似鱼尾。花序长达约 3m，多分枝，悬垂。花 3 朵聚生，黄色。果球形，成熟后淡红色。花期 7 月。

习性：不耐盐碱，不耐干旱，不耐水涝。喜温暖，不耐寒。耐荫性强，忌阳光直射

分布：华南、西南有分布。

园林应用：庭荫树、园景树、水边绿化、基础种植、特殊环境绿化(厂矿绿化)、盆栽及盆景观赏。

8 短穗鱼尾葵 *Caryota mitis* Lour. 鱼尾葵属

别名：丛生鱼尾葵、酒椰子

形态特征：常绿丛生、小乔木，高 5 ~ 8m。叶长 3 ~ 4m，下部羽片小于上部羽片；羽片呈楔形或斜楔形，外缘笔直，内缘 1/2 以上弧曲成不规则的齿缺，

且延伸成尾尖或短尖，淡绿色，幼叶较薄，老叶近革质；叶柄被褐黑色的毡状绒毛；叶鞘边缘具网状的棕黑色纤维。佛焰苞与花序被糠秕状鳞秕，花序短，长25～40cm，具密集穗状的分枝花序；雄花萼片宽倒卵形，长约2.5mm，宽4mm，顶端全缘，具睫毛，花瓣狭长圆形，长约11mm，宽2.5mm，淡绿色，雄蕊15～20枚，花瓣卵状三角形，长3～4mm；退化雄蕊3枚。果球形，直径1.2～1.5cm，成熟时紫红色，具1颗种子。花期4～6月，果期8～11月。

习性：阳性树种，喜温暖，较耐寒，越冬温度为3℃。

分布：华南及云南有种植。

园林应用：园景树、水边绿化、基础种植。

9 王棕 *Roystonea regia* (Kunth) O.F.Cook 王棕属

别名：大王椰子

形态特征：常绿乔木，高达20m。茎挺直，不分枝，淡灰色，中部最粗，向上及向下稍细，基部膨大，环形叶痕略可见。叶羽状全裂，互生，长约3m，螺旋状簇生于茎顶端，下部的叶下垂；裂片线形，长约100cm，宽约4cm，在叶轴上不整齐地排成4行，全缘；叶柄基部形成叶鞘，长约2m，紧密包裹茎顶端。花单性，雌雄同株，辐射对称，细小，白色，花3朵簇生于花序分枝上，雌花在中央，雄花在两侧；肉穗花序腋生于叶鞘基部，多分枝，起初直立并包藏在两片大佛焰苞内，佛焰苞张开后，花序伸展直径达1m并下垂，较大的佛焰苞宿存。浆果球形，直径13mm，肉质，熟时蓝紫色。花期3～4月，果期10月。

习性：喜阳，喜温暖气候，不耐寒；对土壤适应性强。

分布：华南、西南栽培。

园林应用：行道树、园路树、庭荫树、园景树。

10 散尾葵

***Chrysalidocarpus lutescens* H. Wendl. 散尾葵属**

别名：黄椰子

形态特征：常绿丛生灌木，高2～5m。茎基部略膨大。茎干光滑，黄绿色，无毛刺，上有明显叶痕，呈环纹状。叶面滑细长，羽状复叶，全裂，长40～150cm，叶柄稍弯曲，先端柔软；裂片条状披针形，左右两侧不对称，中部裂片长约50cm，顶部裂片仅10cm，端长渐尖，常为2短裂，背面主脉隆起；叶柄、叶轴、叶鞘均淡黄绿色；叶鞘圆筒形，包茎。肉穗花序圆锥状，生于叶鞘下，多分枝，长约40cm，宽50cm；花小，金黄色。果近圆形，长1.2cm，宽1.1cm，橙黄色。花期5月，果期8月。

习性：喜温暖、潮湿、半荫环境。不耐寒，冬季5℃会冻死。

分布：华南引种栽培。

园林应用：园景树、水边绿化、基础种植、盆栽及盆景观赏。

11 槟榔 *Areca catechu* Linn. 槟榔属

别名：槟榔子、青仔

形态特征：常绿乔木，高 10 多 m，有明显的环状叶痕。叶簇生于茎顶，长 1.3 ~ 2m，羽片多数，两面无毛，狭长披针形，长 30 ~ 60cm，宽 2.5 ~ 4cm，上部的羽片合生，顶端有不规则齿裂。雌雄同株，花序多分枝，花序轴粗壮压扁，长 25 ~ 30cm，上部纤细，着生 1 列或 2 列的雄花，而雌花单生于分枝的基部；雄花小，无梗，常单生，花瓣长圆形，长 4 ~ 6mm，雄蕊 6 枚，雌蕊 3 枚；雌花较大，花瓣近圆形，长 4 ~ 6mm，退化雄蕊 6 枚，合生。果实长圆形或卵球形，长 3 ~ 5cm，橙黄色，中果皮厚，纤维质。花果期 3 ~ 4 月。

习性：喜高温湿润气候，耐肥，不耐寒，5℃就受冻害。

分布：海南、台湾、广西、云南、福建。

园林应用：园景树、水边绿化。

12 三药槟榔 *Areca triandra* Roxb. Ex Buch. 槟榔属

别名：亚历山大椰子

形态特征：常绿丛生灌木，高 3~4m。具明显的环状叶痕。叶羽状全裂，长 1m 或更长，约 17 对羽片，顶端 1 对合生，羽片长 35 ~ 60cm 或更长，宽 4.5 ~ 6.5cm，具 2 ~ 6 条肋脉，下部和中部的羽片披针形，镰刀状渐尖，上部及顶端羽片较短而稍钝，具齿裂；叶柄长 10cm 或更长。佛焰苞 1 个，革质，压扁，光滑，长 30cm 或更长，开花后脱落。花序和花与槟榔相似，但雄花更小，只有 3 枚雄蕊。果实比槟榔小，卵状纺锤形，长 3.5cm，直径 1.5cm，顶端变狭，具小乳头状突起，果熟时由黄色变为深红色。果期 8 ~ 9 月。

习性：喜温暖、湿润和背风、半荫蔽的环境。不耐寒。耐荫性很强。

分布：台湾、广东、广西、云南等省区有栽培

园林应用：园景树、风景林、水边绿化、盆栽及盆景观赏。

13 假槟榔 *Archontophoenix alexandrae* (F. Muell.) H.Wendl. et Drude 假槟榔属

形态特征：常绿乔木，植株高 10 ~ 25m，单干直立如旗杆状，落叶处有环状痕。叶簇生于干的顶端，伸展如盖，叶长约 2.5m，羽状全裂，叶鞘宽大，可作睡椅，羽叶扁平，条状披针形，2 列，整齐，线状披针形，长达 45cm，宽 1.2 ~ 3.5cm，先端渐尖，全缘或有缺刻，叶面绿色，叶背面被灰白色鳞秕状物，中脉明显。花序生于叶鞘下，呈圆锥花序式，下垂，长 30 ~ 40cm，多分枝，花序轴具 2 个鞘状佛焰苞，长 45cm；花雌雄同株，白色，雄花萼片 3，三角状圆形；花瓣 3；雌花萼片和花瓣各 3 片，圆形。果实小、圆形，鲜红色。花期 4 月，果期 4 ~ 7 月。

习性：喜高温，能耐 5 ~ 6℃的长期低温及极端 0℃左右低温。抗 10 ~ 12 级台风。

分布：福建、台湾、广东、海南、广西、云南有栽培。

园林应用：行道树、园路树、庭荫树、园景树、风景林、防护林（防风林）、水边绿化。

14 椰子 *Cocos nucifera* Linn. 椰子属

别名：可可椰子

形态特征：常绿乔木，高 15 ~ 30m。叶羽状全裂，长 3 ~ 4m，裂片多数，革质，线状披针形，长 65 ~ 100cm，宽 3 ~ 4cm 先端渐尖；叶柄粗壮，长超过 1m。佛焰花序腋生，长 1.5 ~ 2m，多分枝，雄花聚生于分枝上部，雌花散生于下部；雄花具萼片 3，鳞片状，长 3 ~ 4mm，花瓣 3，革质，卵状长圆形，长 1 ~ 1.5cm；雄蕊 6 枚；雌花基部有小苞片数枚，宽约 2.5cm，花瓣与萼片相似，但较小。果倒卵形或近球形，顶端微具三棱，长 15 ~ 25cm，内果皮骨质，近基部有 3 个萌发孔。

习性：喜高温、多雨、阳光充足和海风吹拂的环境。

分布：海南、台湾、广东、云南西双版纳。

园林应用：行道树、园路树、庭荫树、园景树、风景林、树林、水边绿化、专类园。

15 布迪椰子 *Butia capitata* (Mart.) Becc 布迪椰子属

别名：冻子椰子

形态特征：常绿乔木。株高 7 ~ 8m。叶片为最典型的羽状叶，长约 2m，叶柄明显弯曲下垂如弓，叶柄具刺，叶片蓝绿色。花序源于下层的叶腋，逐渐往上层叶腋生长。果实椭圆形，长 2.5cm，黄至红色，肉甜。 种子 18mm（3/4 英寸）长，椭圆，一端是三个芽孔。

习性：喜光；耐严寒，可耐 -22℃低温两周。

分布：我国南方各省引种栽培。

园林应用：园路树、园景树、水边绿化。

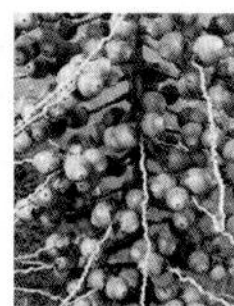

16 酒瓶椰子 *Hyophorbe lagenicaulis* (L. H. Bailey) H.E. Moore 酒瓶椰子属

别名：德利椰子

形态特征：常绿灌木，高 1~3m，最大茎粗 38~60cm。上部细，中下部膨大似酒瓶。羽状复叶集生茎端，叶数较少，常不超过 5 片；小叶披针形，40 ~ 60 对小叶线状披针形，淡绿色，叶鞘圆筒形。小苗时叶柄及叶而均带淡红褐色。肉穗花序多分枝，油绿色。浆果椭圆，熟时黑褐色。花期 8 月，果期为翌年 3 ~ 4 月。

习性：喜高温、湿润、阳光充足的环境，耐盐碱，冬季越冬需 10℃以上。怕移栽。喜湿怕涝。

分布：海南、广东南部、福建南部、广西东南部和台湾中南部。

园林应用：园景树、水边绿化、造型树、基础种植、盆栽及盆景观赏。

一百零七 露兜树科 Pandanaceae

1 露兜树 *Pandanus tectorius* Sol. 露兜树属

别名：林投、露兜簕

形态特征：常绿灌木或小乔木，常左右扭曲，具多分枝或不分枝的气根。叶簇生于枝顶，三行紧密螺旋状排列，条形，长达 80cm，宽 4cm，先端渐狭成一长尾尖，叶缘和背面中脉均有粗壮的锐刺。雄花序由若干穗状花序组成，每一穗状花序长约 5cm；佛焰苞长披针形，长 10 ~ 26cm，宽 1.5 ~ 4cm，近白色，先端渐尖，边缘和背面隆起的中脉上具细锯齿；雄花芳香，雄蕊 10 余枚，可达 25 枚；雌花序头状，单生于枝顶，圆球形；佛焰苞多枚，乳白色，长 15 ~ 30cm，宽 1.4 ~ 2.5cm，边缘具疏密相间的细锯齿。聚花果大，向下悬垂，由 40 ~ 80 个核果束组成，长达 17cm，直径约 15cm，果成熟时桔红色。花期 1 ~ 5 月。

习性：喜光，喜高温、多湿气候。

分布：华南、台湾、海南、贵州和云南。

园林应用：园景树、防护林、水边绿化、绿篱、盆栽及盆景观赏。

一百零八 禾本科 Gramineae

1 大佛肚竹 *Bambusa vulgaris* Schrader ex Wendland 'Wamin' McClure 簕竹属

形态特征：中型丛生竹，高仅 2 ~ 3m，直径可达 4 ~ 5cm，下部各节间极其缩短，形如算盘珠状，形态奇特，颇为美观，竹株生长粗壮密集，为观赏珍品。

习性：冬季不能耐受 5℃以下的低温。

分布：华南地区。

园林应用：园景树、基础种植、盆栽观赏。

2 小佛肚竹 *Bambusa ventricosa* McClure 簕竹属

别名：佛竹

形态特征：具两种秆形：正常秆常生于野外，高可达8～10m，径5～7cm，节间长20～35cm，下部略呈"之"字形曲折；秆下部者具软刺，中部为多枝簇生，但其中3枝较粗长。畸形植株常用于盆栽，秆高25～60cm，径0.5～2cm，节间短缩肿胀呈花瓶状，长2～5cm。两种秆初时均被薄白粉，光滑无毛，秆环和箨环下有一圈易脱落的棕灰色毯毛状毛环。箨鞘硬脆，橄榄色，无毛，先端为近非对称的宽弧形拱凸或近截形；箨耳不等大，大耳约比不耳大一倍，皱褶，边缘具波折状毛;箨舌中部隆起，边缘有纤毛;箨叶松散直立或外展，宽卵状三角形，基部呈心形。叶片线状披针形至披针形，长6～18cm,宽1～2cm,背面披短柔毛。笋期7～9月。

习性：不耐严寒，0℃以下低温易受冻害。

分布：广西、广东、福建。

园林应用：园景树、基础种植、盆栽观赏。

3 龙头竹 *Bambusa vulgaris* Schrader ex Wendland 簕竹属

别名：泰山竹

形态特征：秆高8～15m，径5～9cm，节间长20～30cm，绿色，光滑无毛，基部节上具根点；箨环隆起，初时有一圈棕色刺毛。箨鞘硬脆，背面密被棕色刺毛尤以上部为密，鞘口截平形或中部略隆起呈弓形；箨耳发达，圆形至镰刀状向上耸起，边缘有淡棕色曲折毛；箨舌高1～2mm，边缘锯齿状；箨叶直立，三角形，基部两边缘有灰色曲折毛，腹面有向上的短硬毛。叶片披针形，长10～30cm，宽1.5～2.5cm。笋期5月，花期5～10月。

习性：多生于河边或疏林中。

分布：云南南部。

园林应用：园景树、树林、基础种植、风景林。

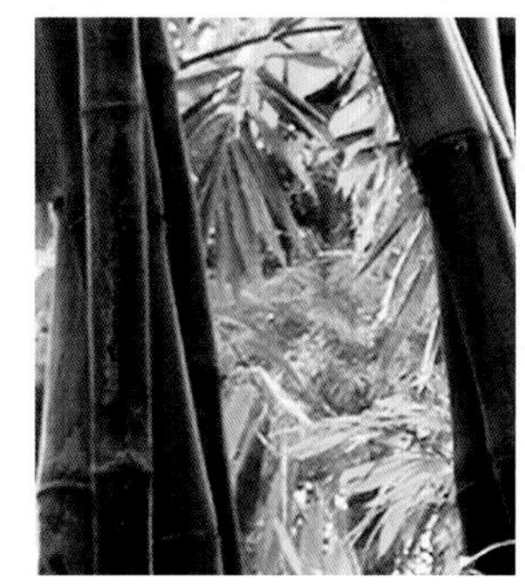

4 凤尾竹 *Bambusa multiplex* (Lour.) Raeusch. ex Schult. 'Fernleaf' R. A. Young 簕竹属

别名：观音竹、米竹

形态特征：丛生竹，孝顺竹的一种变异。株型矮小，绿叶细密婆娑，风韵潇洒，好似凤尾。竹秆直径间于牙签和筷子之间，叶色浓密成球状，粗生易长，年产竹可达100支。此竹由于富有灵气而被命名为"观音"竹。

习性：喜温暖湿润和半阴环境。耐寒性稍差，不耐强光曝晒，怕渍水，冬季温度不低于0℃。

分布：广东、广西、四川、福建、湖南等地，江、浙一带也有栽培。

园林应用：园景树、基础种植、盆栽观赏。

5 孝顺竹 *Bambusa multiplex* (Lour.) Raeuschel ex J. A. et J. H. Schult 簕竹属

别名：凤凰竹、慈孝竹

形态特征：灌木型丛生竹，地下茎合轴丛生。竹秆密集生长，秆高 2 ~ 7m，径 1 ~ 3cm。幼秆微被白粉，节间圆柱形，上部有白色或棕色刚毛。秆绿色，老时变黄色（二年生以上的竹杆），梢稍弯曲。枝条多数簇生于一节，每小枝叶 5 ~ 10 片，叶片线状披针形或披针形，顶端渐尖，叶表面深绿色，叶背粉白色，叶质薄。

习性：喜光，稍耐荫。喜温暖、湿润环境，不甚耐寒。

分布：广东、广西、福建、西南等省区。

园林应用：园景树、绿篱、基础种植、盆栽及盆景观赏。

6 小琴丝竹 *Bambusa multiplex* (Lour.) Raeuschel ex J. A. et J. H. Schult 'Alphonse-Kar' R. A. Young 簕竹属

别名：花孝顺竹

形态特征：丛生竹。秆高 2 ~ 8m，径 1 ~ 4cm。新秆浅红色，老秆金黄色，并不规则间有绿色纵条纹。本种为孝顺竹的变种，其区别在于秆与枝金黄色，并间有粗细不等的纵条纹，初夏出笋不久，竹箨脱落，秆呈鲜黄色，在阳光照耀下显示鲜红色。著名的观赏竹品种。

习性：喜光，稍耐荫。喜温暖、湿润环境，不甚耐寒。

分布：广东、广西、福建、西南等省区。长江流域及以南栽培能正常生长。山东青岛有栽培。

园林应用：园景树、绿篱、基础种植、盆栽及盆景观赏。

7 黄金间碧玉竹 *Bambusa vulgaris* Schrader ex Wendland 'Vittata' (Riviere & C. Riviere) T. P. Yi 簕竹属

别名：青丝金竹

形态特征：丛生竹，竹秆鲜黄色具显著绿色纵条纹。秆径粗达 10 公分。

习性：阳性，喜肥沃排水良好的壤土或沙壤土 。

分布：我国广西、海南、云南、广东和台湾等省区的南部地区庭园中有栽培。

园林应用：园景树、基础种植、盆栽观赏 。

8 碧玉间黄金竹 *Bambusa vulgaris* var. *Striata* 簕竹属

别名：绿皮黄筋竹

形态特征：丛生竹，竹秆绿色，节金黄色条纹。杆粗达 10cm，高达 18m。

习性：阳性，喜肥沃排水良好的壤土或沙壤土。

分布：华南南亚热带常绿阔叶林区热带季雨林及雨林区。

园林应用：园景树、基础种植、盆栽观赏。

9 粉单竹 *Bambusa chungii* McClure　　簕竹属

别名：单竹

形态特征：秆高 3 ~ 7m，径约 5cm,. 顶端下垂甚长，秆表面幼时密被白粉，节间长 30 ~ 60cm。每节分枝多数且近相等。箨鞘坚硬，鲜时绿黄色，被白粉，背面遍生淡色细短毛；箨落后箨环上有一圈较宽的木栓质环；箨耳长而狭窄；箨叶反转，卵状披针形，近基部有刺毛。每小枝有叶 4 ~ 8 枚，叶片线状披针形，长 20cm，宽 2cm，质地较薄，背面无毛或疏生微毛。

习性：喜温暖湿润环境。生长快，繁殖易。海拔 500m 以下。

分布：两广、湖南、福建。

园林应用：园景树、基础种植、盆栽观赏。

10 龟甲竹 *Phyllostachys heterocycla* (Carr.) Mitford　　刚竹属

别名：龟文竹

形态特征：秆直立，粗大，高可达 20 公尺，表面灰绿，节粗或稍膨大，从基部开始，下部竹竿的节间歪斜，节纹交错，斜面突出，交互连接成不规则相连的龟甲状，愈基部的节愈明显；叶披针形，2 ~ 3 枚一束。地径 8 ~ 12 分，高 2.5 ~ 4.5m。竹杆的节片像龟甲又似龙鳞，凹凸，有致，坚硬粗糙。

习性：喜光，喜温湿气候及肥沃疏松土壤。

分布：秦岭、淮河以南，南岭以北。

园林应用：园景树、基础种植、盆栽观赏。

11 紫竹 *Phyllostachys nigra* (Lodd. Ex Lindl.) Munro　　刚竹属

别名：黑竹

形态特征：散生竹。秆高 4 ~ 10m，径 2 ~ 5cm。新竹绿色，当年秋冬即逐渐呈现黑色斑点，以后全秆变为紫黑色。有两个品种，秆一年变紫和三年变紫，我国两种皆有。

习性：阳性，喜温暖湿润气候，稍耐寒。

分布：黄河流域以南各地，北京亦有栽培。

园林应用：园景树、基础种植、盆栽观赏。

12 斑 竹 *Phyllostachys bambussoides* Sieb. et Zucc. f. *lacrima-deae* Keng f. et Wen 刚竹属

别名：湘妃竹、泪竹

形态特征：中小型竹，竿高达 5 ~ 10m，径达 3 ~ 5cm。竿环及箨环均隆起；竿箨黄褐色，有黑褐色斑点，疏生直立硬毛。箨耳较小，矩圆形或镰形，有长而弯曲之遂毛。箨叶三角形或带形，桔红色，边缘绿色，微皱，下垂。每小枝 2 ~ 4 片，叶带状披针形，长 7 ~ 15cm，宽 1.2 ~ 2.3cm。叶舌发达，有叶耳及长肩毛。笋期 5 月 ~ 6 月。是我国竹家具的优质用材。

习性：对土壤要求不严，喜酸性、肥沃和排水良好的砂壤土。

分布：湖南、河南、江西、浙江等地。

园林应用：园景树、基础种植、盆栽观赏。

13 毛 竹 *Phyllostachys heterocycla* (Carr.) Mitford 'Pubescens' 刚竹属

别名：楠竹、孟宗竹

形态特征：秆箨厚革质，密被糙毛和深褐色斑点和斑块，箨耳和縒毛发达，箨舌发达，箨片三角形，披针形，外翻。高大，秆环不隆起，叶披针形，笋箨有毛。

习性：喜温暖湿润气候，忌排水不良的低洼地。海拔 1000m 以下。

分布：秦岭、汉水流域至长江流域以南。

园林应用：园景树、树林、风景林。

14 鹅毛竹 *Shibataea chinensis* Nakai 鹅毛竹属

别名：倭竹

形态特征：地下茎中空极小或几为实心。竿直立，高 1m，中空亦小，表面光滑无毛，淡绿色或稍带紫色；竿下部不分枝的节间为圆筒形，竿上部具分枝的节间在接近分枝的一侧具沟槽，因此略呈三棱型；竿环甚隆起；竿边缘生纤毛，分枝基部留有枝箨，后者脱落性或迟落。箨鞘纸质，早落，背部无毛，无斑点，边缘生短纤毛；箨舌发达，高可达 4mm 上下；箨耳及鞘口缝毛均无；箨片小，锥状；每枝仅具 1 叶；叶鞘厚纸质或近于薄革质；叶耳及鞘口缝毛俱缺；叶舌膜质，长 4 ~ 6mm 或更长；外叶舌密被短毛；叶片纸质，幼时质薄，鲜绿色，老熟后变为厚纸质乃至稍呈革质，卵状披针形，长 6 ~ 10cm，宽 1 ~ 2.5cm，基部较宽且两侧不对称，次脉 5 ~ 8，小横脉明显，叶缘有小锯齿。笋期 5 ~ 6 月。

习性：喜温暖湿润气候，不耐寒。

分布：长江中下游各省。

园林应用：基础种植、地被、盆栽观赏。

15 方 竹 *Chimonobambusa quadrangularis* (Fenzi) Makino 方竹属

别名：方苦竹，四方竹

形态特征：竿直立，高 3 ~ 8m，粗 1 ~ 4cm，节间长 8 ~ 22cm，呈钝圆的四棱形，幼时密被向下的黄褐色小刺毛，毛落后仍留有疣基，故甚粗糙（尤以竿基部的节间为然），竿中部以下各节环列短而下弯的刺状气生根；竿环位于分枝各节者甚为隆起，不分枝的各节则较平坦；箨鞘纸质或厚纸质，早落性，短于其节间，鞘缘生纤毛，纵肋清晰，小横脉紫色，呈极明显方格状；箨耳及箨舌均不甚发达；箨片极小，锥形，长 3 ~ 5mm，基部与箨鞘相连接处无关节。末级小枝具 2 ~ 5 叶；叶鞘革质，在背部上方近于具脊，外缘生纤毛。

习性：喜光，喜温暖湿润气候。

分布：江苏、安徽、浙江、江西、福建、台湾、湖南、广东和广西等省区。

园林应用：园景树、基础种植、盆栽观赏。

16 阔 叶 箬 竹 *Indocalamus latifolius* (Keng) McClure 箬竹属

别名：寮竹

形态特征：竿高可达 2m，直径 0.5 ~ 1.5cm；节间长 5 ~ 22cm，被微毛，尤以节下方为甚；竿环略高，箨环平；竿每节每 1 枝，惟竿上部稀可分 2 或 3 枝，枝直立或微上举。箨鞘硬纸质或纸质，下部竿箨者紧抱竿，而上部者则较疏松抱竿，背部常具棕色疣基小刺毛或白色的细柔毛。箨耳无或稀可不明显，疏生粗糙短縫毛；箨舌截形，高 0.5 ~ 2mm，先端无毛或有时具短縫毛而呈流苏状；叶舌截形，高 1 ~ 3mm，先端无毛或稀具縫毛；叶耳无；叶片长圆状披针形，先端渐尖，长 10 ~ 45cm，宽 2 ~ 9cm，下表面灰白色或灰白绿色，次脉 6 ~ 13 对，小横脉明显，形成近方格形，叶缘生有小刺毛。圆锥花序长 6 ~ 20cm。笋期 4 ~ 5 月。地下茎为复轴形，有横走之鞭。

习性：喜光，喜温暖湿润的气候，耐寒性较差。

分布：山东、长江中下游各省、福建、广东、四川等省。

园林应用：基础种植、盆栽观赏。

17 箬竹 *Indocalamus tessellatus* (Munro) Keng f. 箬竹属

别名：簹竹

形态特征：竿高 0.75 ~ 2m，直径 4 ~ 7.5mm；节间长约 25cm；竿环较箨环略隆起，节下方有红棕色贴竿的毛环。箨鞘长于节间，上部宽松抱竿，下部紧密抱竿，密被紫褐色伏贴疣基刺；箨耳无；箨舌厚膜质，截形，高 1 ~ 2mm，背部有棕色伏贴微毛；箨片大小多变化，窄披针形，竿下部者较窄，竿上部者稍宽，易落。小枝具 2 ~ 4 叶；叶鞘紧密抱竿，有纵肋，背面无毛或被微毛；无叶耳；叶舌高 1 ~ 4mm，截形；叶片宽披针形或长圆状披针形，长 20 ~ 46cm，宽 4 ~ 10.8cm，先端长尖，基部楔形，下面密被贴伏的短柔毛或无毛，中脉两侧或仅一侧生有一条毡毛，次脉 8 ~ 16 对，小横脉明显，形成方格状，叶缘生有细锯齿。笋期 4 ~ 5 月，花期 6 ~ 7 月。

习性：喜温暖湿润的气候，耐寒性较差。海拔300 ~ 1400m。

分布：浙江、湖南。生于山坡路旁。

园林应用：地被、基础种植、盆栽观赏。

18 菲白竹 *Sasa fortunei* (Van Houtte) Fiori 赤竹属

形态特征：丛生状，节间无毛，秆每节具2至数分枝或下部为1分枝。箨片有白色条纹，先端紫色。末级小枝具叶4 ~ 7枚；叶鞘无毛；鞘口有白色繸毛；叶片长5 ~ 9cm，宽7 ~ 10mm，叶片狭披针形，绿色底上有黄白色纵条纹，边缘有纤毛，两面近无毛，有明显的小横脉，叶柄极短；叶鞘淡绿色，一侧边缘有明显纤毛，鞘口有数条白缘毛。笋期4 ~ 6月。

习性：喜温暖湿润气候，好肥，较耐寒，忌烈日，宜半阴。

分布：中国华东地区有栽培。

园林应用：地被植物、基础种植、盆栽观赏。

19 菲黄竹 *Arundinaria viridistriata* (Regel) Makino ex Nakai 赤竹属

形态特征：混生竹。秆高30 ~ 50cm，径2 ~ 3mm。嫩叶纯黄色，具绿色条纹，老后叶片变为绿色。园林绿化彩叶地被、色块或做山石盆景栽观赏。

习性：喜温暖湿润气候，较耐寒，忌烈日，宜半阴，喜肥沃疏松排水良好的砂质土壤。

分布：原产日本。我国长江中下游地区能露地栽培。

园林应用：基础种植、地被植物、盆栽观赏。

一百零九 百合科 Liliaceae

1 凤尾兰 *Yucca gloriosa* L. 丝兰属

别名：厚叶丝兰、凤尾丝兰

形态特征：常绿灌木或小乔木。干短，有时分枝，高可达 5m。叶密集，螺旋排列茎端，质坚硬，有白粉，剑形，长 40 ~ 70cm，顶端硬尖，边缘光滑，老叶有时具疏丝。圆锥花序高 1 m 多，花大而下垂，乳白色，常带红晕，花期 8 ~ 10 月。蒴果干质，下垂，椭圆状卵形，不开裂。

习性：喜温暖湿润和阳光充足环境，耐荫，抗污染，萌芽力强。耐寒、耐旱、耐湿、耐瘠薄。能抗污染。对有害气体如 SO_2、HCl、HF 等都有很强的抗性，不耐盐碱。

分布：长江流域各地普遍栽植。

园林应用：园景树、基础种植、绿篱、地被植物、盆栽及盆景观赏。

2 丝兰 *Yucca smalliana* Fern. 丝兰属

别名：软叶丝兰、毛边丝兰

形态特征：常绿灌木，茎短，叶基部簇生，呈螺旋状排列，叶片坚厚，长 50~80cm，宽 4~7cm，边缘常有刺或有丝状纤维，顶端具硬尖刺，叶面有皱纹，相对较柔软。夏秋间开花，花轴发自叶丛间，直立高 1 ~ 1.5m，圆锥花序，花杯形，下垂，白色，外缘绿白色略带红晕，径 8~10cm。花瓣匙形 6 枚，6 个扁平状离生雄蕊，三根三角形棒状组成复雌蕊，子房上位。蒴果长圆状卵形，有沟 6 条，长 5~6cm，不裂开。

习性：喜光，极耐寒冷，抗旱能力特强。对有害气体如二氧化硫、氟化氢、氯气、氨气等均有很强的抗性和吸收能力。

分布：华北以南地区均能种植。

园林应用：园景树、基础种植、绿篱、地被植物、盆栽及盆景观赏、特殊环境绿化（厂矿绿化）。

3 朱蕉 *Cordyline fruticosa* (Linn) A. Chevalier 朱蕉属

别名：千年木、红竹、铁树

形态特征：常绿灌木状，直立，高 1 ~ 3m。叶聚生于茎或枝的上端，矩圆形至矩圆状披针形，长 25 ~ 50cm，宽 5 ~ 10cm，绿色或带紫红色，叶柄有槽，长 10 ~ 30cm，基部变宽，抱茎。圆锥花序长 30 ~ 60cm，侧枝基部有大的苞片，每朵花有 3 枚苞片；花淡红色、青紫色至黄色，长约 1cm；花梗通常很短，较少长达 3 ~ 4mm；外轮花被片下半部紧贴内轮而形成花被筒，上半部在盛开时外弯或反折；雄蕊生于筒的喉部，稍短于花被；花柱细长。花期 11 月至次年 3 月。

习性：喜高温多湿气候，耐半荫，不耐寒，不耐旱。

分布：广东、广西、福建、台湾等省。

园林应用：园景树、基础种植、绿篱、地被植物、盆栽及盆景观赏。

4 龙血树 *Dracaena draco* L.　　龙血树属

别名：非洲龙血树

形态特征：常绿灌木或乔木。株形矮壮，茎干挺直，幼树高不及100cm。叶片剑形，长45～60cm，宽3～4.5cm，基部抱茎，无叶柄；密生枝端，幼时，色泽鲜绿，成型时，则变为鲜红色或紫红色、乳白色、青铜色、粉红色、五彩缤纷，美丽观。

习性：喜光，喜高温多湿。不耐寒，冬季最低温度5～10℃。

分布：华南有栽培。

园林应用：园景树、基础种植、盆栽及盆景观赏。

5 香龙血树 *Dracaena fragrans* (L.) Ker-Gawl.　　龙血树属

别名：巴西木、巴西铁

形态特征：常绿灌木。叶狭长椭圆形，丛生于茎顶，长宽线形，无柄，叶缘具波纹，深绿色，叶长40～90cm，宽5～10cm常见品种有黄边香龙血树（Linderii），叶缘淡黄色。中斑香龙血树（Massangeana），叶面中央具黄色纵条斑。金边香龙血树（Victoriae），叶缘深黄色带白边。

习性：冬季温度低于13℃进入休眠，5℃以下植株受冻害。对光照的适应性较强。

分布：华南有栽培。

园林应用：园景树、基础种植、盆栽及盆景观赏。

6 富贵竹 *Dracaena sanderiana* Sander ex Mast.　　龙血树属

别名：仙达龙血树、万年竹

形态特征：常绿小灌木。株高1m以上，植株细长，直立上部有分枝。根状茎横走，结节状。叶互生或近对生，纸质，叶长披针形，长10～15cm，宽1.8～3.2cm，有明显3～7条主脉，具柄7～9cm，基部抱茎，叶浓绿色。伞形花序有花3～10朵生于叶腋或与上部叶对花，花被6，花冠钟状，紫色。浆果近球球，黑色。其品种有绿叶、绿叶白边银边、绿叶黄边、绿叶银心，绿叶富贵竹又称万年竹，其叶片浓绿色，长势旺，栽培较为广泛。

习性：喜荫湿环境。喜疏松、肥沃土壤。

分布：广华南地区泛栽培观赏。

园林应用：园景树、造型树、基础种植、地被植物、盆栽及盆景观赏。

中文名称索引

J

拉丁文名称索引

F

G

H

I

J

K

L

Q

R

S

T